U0209836

鄂尔多斯西南缘流域地貌响应构造隆升研究

韩　玲　刘志恒　著

科 学 出 版 社

北　京

内 容 简 介

本书首先介绍了利用遥感技术解译地质构造的基本理论背景、国内外研究现状及存在的问题，以鄂尔多斯西南缘千河流域为研究区域，阐述了利用遥感技术开展构造地貌研究的必要性；提出了基于张量投票耦合霍夫变换的地质线性体提取算法，从长度、密度和方位等角度分析了该区域线性构造空间展布规律及成因，同时利用分形理论探讨了构造意义；利用遥感数据提取纵剖面裂点，揭示了千河流域瞬时河道地貌响应活动构造隆升过程；利用遥感数据提取横截面，揭示了其地貌演化的地质意义；最后从横纵剖面探讨了流域地貌对构造隆升的响应。

本书可作为遥感、地质、自然地理、地理信息系统等专业的高等院校和科研院所的研究生用书，也可供从事构造地貌、遥感地质和测绘等领域的研究人员及政府、企事业单位相关人员参考。

图书在版编目（CIP）数据

鄂尔多斯西南缘流域地貌响应构造隆升研究 / 韩玲，刘志恒著．—北京：科学出版社，2023. 11

ISBN 978-7-03-076871-1

Ⅰ. ①鄂… Ⅱ. ①韩… ②刘… Ⅲ. ①遥感技术-应用-流域-地质构造-研究-鄂尔多斯市 Ⅳ. ①P548. 226. 3

中国国家版本馆 CIP 数据核字（2023）第 209288 号

责任编辑：韩 鹏 崔 妍 / 责任校对：何艳萍

责任印制：肖 兴 / 封面设计：图阅盛世

科 学 出 版 社 出版

北京东黄城根北街 16 号

邮政编码：100717

http://www.sciencep.com

北京中科印刷有限公司 印刷

科学出版社发行 各地新华书店经销

*

2023 年 11 月第 一 版 开本：720×1000 1/16

2023 年 11 月第一次印刷 印张：11 1/4

字数：230 000

定价：158. 00 元

（如有印装质量问题，我社负责调换）

前　言

鄂尔多斯西南缘与青藏高原东北缘连接处的活动构造及地貌演化是区域滑坡和地震灾害研究的重点对象，然而传统野外地质测量无法量化其活动性程度。近年来，遥感技术由于全天时、全天候、易获取、高分辨率等优点，逐渐克服了传统地质野外调查困难等不足，用遥感的手段分析浅表地质现象揭示深度地球物理构造已成为地球科学的主要趋势。因此，本研究针对黄土覆盖区地质构造被大面积掩盖、区域构造地貌演化无法量化等难题，考虑多源遥感数据的特性，结合遥感、地质、流体力学等，实现了基于多源遥感数据的线性体和河宽提取算法，并分析了河流纵剖面和横截面响应区域构造差异性隆升过程，主要内容和成果如下。

1. 基于遥感数据的黄土覆盖区地质线性体提取研究

根据地质线性体在多源遥感影像上的线性特征，结合遥感图像信息提取技术，提出了“一种基于张量投票耦合霍夫变换的地质线性体提取算法”，经与STA、PCI等图像处理算法对比，验证了本研究算法的正确性，具有空间连续性强、与断裂构造空间上更吻合的特点。千河流域的线性体主要表现出短而密、集中分布在大断裂周围等特点；其主要方向为NW-SE，次要方向为NE-SW；其分维值和分维谱间接证实该区断裂为中等规模的断裂，结构复杂，发育不稳定，活动性虽强但不频繁。

2. 基于多源遥感数据的千河流域纵剖面特征提取研究

探讨了多源遥感数据（SRTM1、ASTER-GDEM和资源三号立体像对提取的DEM）的垂直精度在瞬时河道地貌参数提取中的影响，验证了资源三号卫星立体像在提取的DEM在构造地貌中的可行性和不足。提取了该区河流纵剖面上的裂点、空间分布及归一化陡度指数k_{sn}，揭示了该区是区域构造差异性隆升的结果，对活动构造存在瞬时响应，即隆升速率从西北向东南逐渐降低，南岸隆升大于北岸的趋势；量化了坡断型裂点水平回退速率（0.3～27.3mm/a），且断层活动引起的基准面下降的裂点回退速率较慢；结合断层连接模式和位移-长度模型，分析了研究区南岸TGF断层演化趋势，并预测了研究区断层连接前、后的潜在地震震级（分别为M_w6.3～6.7和M_w6.8～7.0）。

3. 基于多源遥感数据的千河流域横截面特征提取研究

提出了“一种基于遥感影像和 DEM 数据的河宽提取算法”，该算法与野外实测结果更接近（$R^2=0.92$），减少了人为因素的干预；利用河道宽度 W、流域面积–河道宽度指数 b'和归一化河道宽度指数 k_{wn}探索了对千河流域构造差异性隆升的响应：千河流域南岸构造隆升速率的升高致使其 W、b'和 k_{wn}低于隆升速率更低的北岸。分析了河道宽度和陡度的调整对单位河道功率 ω 和河道边界剪切应力 $\boldsymbol{\tau}_b$的沿程分布的影响，揭示了两者呈现出“先增后减”趋势的原因，得出 TGF 的垂直活动速率是 QMF 的 1.3～1.4 倍，即 0.033～0.059mm/a。

本书是在国家地质调查重点项目“陕西 1∶5 万草碧镇（I48E008021）等六幅黄土覆盖区地质填图遥感新方法试点项目”和“中央高校基本科研业务费黄河专项资金项目”的资助下完成的。正值本书完成之际，诚挚地感谢长安大学等单位的支持，感谢中国地质科学院地质力学研究所胡健民研究员、长安大学樊双虎副教授、陈淑娥教授、刘磊教授等专家的热情帮助与指点。

全书共 6 章，第 1 章主要介绍研究背景、国内外研究现状及存在的问题，对拟解决的关键问题进行了梳理和阐述；第 2 章主要介绍鄂尔多斯西南缘千河流域的区域地质背景，进一步阐述开展本研究的必要性；第 3 章介绍基于多源遥感数据的千河流域地质线性体提取方法，揭示千河流域线性体提取的地质意义；第 4 章介绍千河流域瞬时河道地貌响应活动构造隆升过程；第 5 章介绍基于遥感的河宽提取方法及其活动构造隆升过程响应，揭示其地貌演化的地质意义；第 6 章总结了本研究研究成果、创新点及未来研究方向。本书由长安大学韩玲教授和西安电子科技大学刘志恒助理研究员共同撰写，全书由韩玲统合定稿。

由于作者水平有限，构造地貌研究领域较为宽广，书中难免有不足之处，请广大读者批评指正。

作　者

2022 年 9 月于西安

目　　录

第1章　绪　　论

1.1　研究背景及意义

活动构造是指晚更新世（距今10～12万年）以来，持续活动且将会继续活动的各类构造，如断裂、褶皱、盆地等（邓起东等，2002）。其中，活动断裂是地质研究最为关注的活动构造表现形式，因为其是控制地表地貌隆升变形演化、灾害发生、威胁人类生命安全的构造过程（姜文亮等，2018）。活动构造的研究可以追溯到19世纪80年代，而我国的活动构造研究，则是从20世纪50年代（吴鸣，1958）开始，经历了从定性到定量逐步过渡的活动构造工作。而之所以关注活动构造，是因为大地震的产生威胁着人类生命和财产的安全。单以我国为例，有邢台地震（1966年，7.2级）、海城地震（1975年，7.3级）、唐山地震（1976年，7.8级）、澜沧地震（1988年，7.6级）、南投地震（1999年，7.6级）、汶川地震（2008年，8.0级）、玉树地震（2010年，7.1级）、雅安地震（2013年，7.0级）、九寨沟地震（2017年，7.0级）等（吕晓健等，2010）。仅汶川地震，就造成了69227人死亡，374643人受伤，17923人失踪（数据统计截至2008年9月18日）。大地震对人类生命财产安全是极其重大的威胁，一次次的事实证明：研究地震的成因刻不容缓。单以鄂尔多斯地块黄土区为例（图1.1），历史上7级以上大地震就发生过10次以上，造成了数以亿计的损失。而根据图1.1中地震的空间分布，不难发现，地震的位置主要集中在活动断裂的中部、交叉位置或活动断裂线的附近区域。因此，地震及其级数与活动断裂的产生和长度关系重大（Wells and Coppersmith，1994），开展活动断裂研究至关重要，尤其是孕震诱震机制研究。在活动构造带，查明区域活动构造的基本产状等特征（走向、倾向、断距等）、活动性程度（隆升速率）、控灾机制，不仅对区域地貌形成和板块运动等地球动力学过程具有重要的科学意义，而且能对区域抗震救灾、合理防御提供科学的指导依据，是国家经济发展和战略规划的重要资料。那么，黄土覆盖区活动断裂的诱灾孕灾可能性是怎样的？

新生代以来（～50Ma），受连续的板块运动作用影响（如印度板块持续向欧亚板块楔入），我国青藏高原呈现出连续的快速隆升阶段（图1.1）（梁宽，2019）。也正是由于青藏高原东北缘的挤压与隆升，不仅极大地阻挡了来自印度洋的空气，也受到了来自鄂尔多斯地块的刚性阻挡（Zhang et al.，2004）。究其原因，板块的隆升与活动断裂的隆升有关。其结果是在地块周边发生断裂，形成一系列断陷盆地（张岳桥等，2006）。随着活动断裂的持续性隆升，在我国西北地区呈现出大面积荒漠。由于黄土自身质量及风力作用，不断在荒漠周围形成了大面积第四系黄土沉积物（樊双虎等，2016），几乎覆盖了整个鄂尔多斯地块，对研究活动断裂及其孕震诱震机制带来了极大的困难。因此，活动构造的隆升不仅改变了地貌的隆升，同时反映了古气候演化。由于在第四纪沉积物蕴含着丰富的构造变形记录（程亚莉，2018），在黄土覆盖区开展活动构造研究，将有助于分析两者之间的关系在地貌演化中的作用，同时对研究高原扩展和构造变形有重要的意义。而近年来，研究人员更多地关注邻近地块交接位置的活动断裂变形模式及活动特征等（郑文俊等，2009），同时通过地貌的不断调整演化间接反映新构造运动程度，而忽视了在黄土这种特殊地貌区的活动构造研究（如快速识别定位及活动速率研究）。那么，地貌的差异性隆升是否通过板块内构造活动表现？如果是通过构造运动改变，板块间的差异性隆升如何改变板块间地貌的形成？黄土区特殊地貌区是否可以通过其他技术快速识别与定位？

21世纪以来，研究人员基于地质学、地貌学、年代学、测绘学等，针对鄂尔多斯地块周缘晚新生代活动断裂的构造运动特征、几何特征、变形模式、构造地貌、形成年代等开展了一系列研究（施炜，2006；王双绪等，2017；Dong et al.，2017）。如施炜（2006）利用年代测量和沉积物发现六盘山两侧的多期隆升事件导致其地貌格局由东高西低向西高东低转变，而这种转变主要体现在区域地貌形态上，与构造过程、强度和应力场有关；王双绪等（2017）利用GPS数据发现鄂尔多斯西侧地块垂直形变速率差异，六盘山山区上升速率达4～5mm/a，渭河盆地下降速率达-4mm/a；Chen等（2018）利用阶地年代测量得出渭河支流千河流域的5级阶地的年代从T5到T1分别为1.2Ma、0.8Ma、0.5Ma、0.13Ma、和0.01Ma；李小强等（2015）利用古地磁等研究表明六盘山西侧活动速率强于六盘山东侧，且北段活动性更强。这些结果的基础是大量野外实测剖面定点的结果。而事实上，黄土的厚度远远超出了研究人员的预期。尤其是盆地与山脉交接的地区（图1.1c），因其所处地理位置复杂，蕴含着地块运动和气候、岩性等多种因素综合作用的结果，加之第四纪沉积物覆盖深度过大（部分区域厚度可达上千米）（程亚莉，2018），导致断裂露头极少，难以单一说明其运动成因。因此，关于地块连接部位的活动断裂行迹及隆升程度鲜有人研究。鄂尔多斯西南缘的黄土区为探讨活动断裂变形及隆升程度提供了更为理想的场所，为在黄土区开展“揭盖子、探基岩”等区域填图工作提供了重要的指导依据。

大量的实例证明活动断层的行迹、出露和滑动量等，往往是地质人员通过野

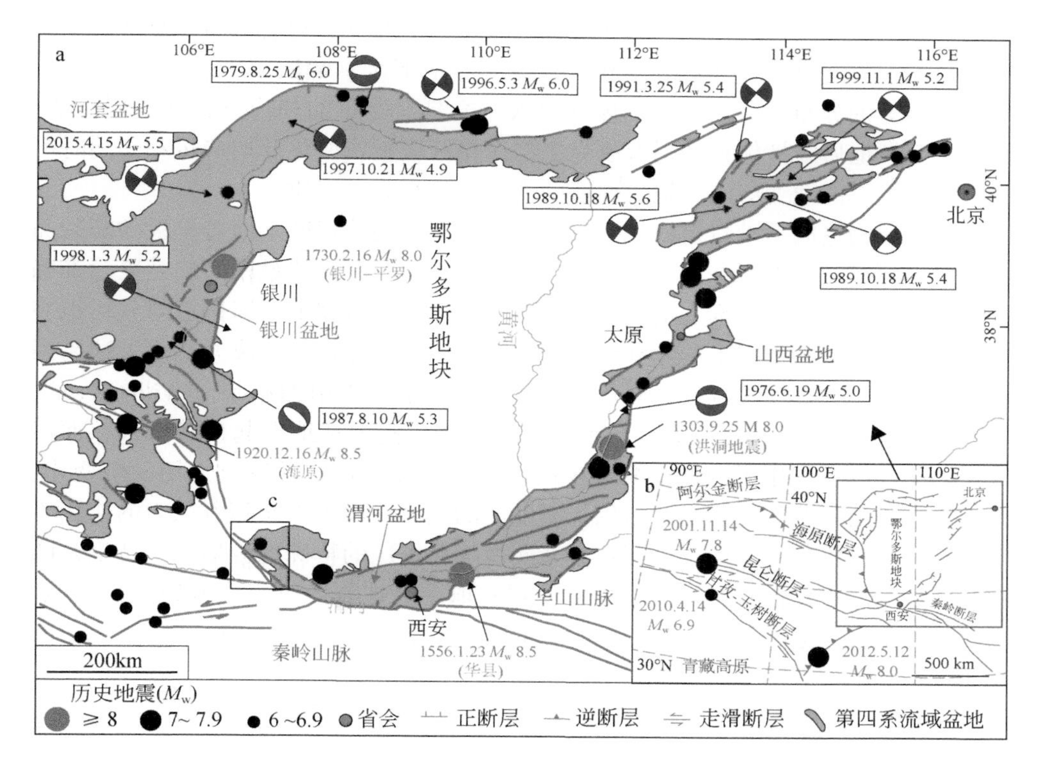

图1.1　鄂尔多斯活动构造与地震分布图（Rao et al.，2018，有删改）

a-鄂尔多斯地块周缘活动构造分布图；b-青藏高原东北缘大地构造分布图；c-千河流域周缘

外实地勘测所得的结果，是非常耗时耗力的。事实上，地质客体的时空变化往往可以通过地表景观特征和地物辐射特征反映在遥感数据上（王润生和杨文立，1992）。而遥感地质学，正是研究深部地质结构与浅表地质现象在遥感数据上的客观反映，并结合电磁波谱理论、图像处理及空间分析技术，解译识别分析地质体物理性质及其运动状态的一门科学。遥感技术在活动构造领域的研究，主要是利用多源遥感数据及图像增强处理技术，解译识别活动构造的地理位置及其活动性程度，从而突破传统野外构造地质调查的局限，力求在最短的时间获取最新的地质体特征。

从地质构造的地理位置而言，主要通过遥感数据上的线性体表征。具体来说，地质线性体是遥感数据上与背景像素相比更亮或更暗的线条或线状结构，可以按照有无断裂位移区分，如断层、节理、劈理、裂隙和破碎带等，同时也包括一些地壳断裂、深大断裂、隐伏断裂等（余敏，2014），微地貌呈现出线状排列也可视为线性体，或一些在遥感影像上显示出的明显色调异常也同样是线性体。

地质线性体是地质构造在地表的体现，反映地壳中的重要构造格局和异常以及矿产形成的有利地带（陈娟等，2017），控制着地下水、地质灾害、地热、地震、地貌形态等的分布，所以对线性体的深入研究具有一定的理论意义和实用价值。因此，开展地质线性体自动提取研究，将深化区域板块演化及构造运动，同时可提供地貌形态的演变原因、地质要素的变化趋势和分布规律。

从地质构造的活动量上而言，主要关注断裂活动性程度。而黄土区的断裂面出露对于研究人员而言是极为棘手的，上覆黄土的厚度致使难以实测到更为准确的活动速率。因此，研究人员将目光转移到构造地貌研究上，即构造隆升对地貌的调整及其在遥感数据上的差异性变化，从而间接地分析区域隆升程度。这是因为区域地貌的形成是构造、气候、侵蚀等因素综合作用的结果（Willett et al., 2006）。如图 1.2 所示，构造隆升致使流域面积、侵蚀和地形起伏等增大，而河流侵蚀又同样反作用于构造，缩短了造山的高度和面积，导致应力场发生变化。此外，正是由于断裂的隆升，阻挡了印度洋的气流，而黄土又随着风力的作用不断在地块周缘沉积，才形成了鄂尔多斯西南缘黄土区的特殊地貌形态。特别是随着遥感数据的多样性及其快速发展，使得获取多期地貌形态变化差异成为可能。因此，黄土区构造地貌演化成为一种新的研究断裂隆升速率的手段。

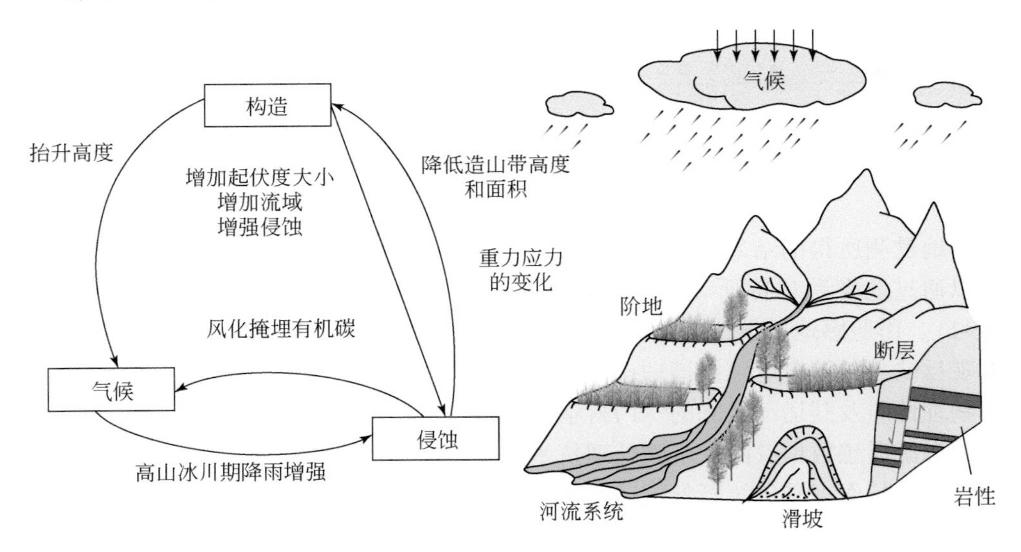

图 1.2 区域地貌成因（Willett et al., 2006；有删改）

综上所述，基于多源遥感数据及图像处理技术，开展千河流域黄土区活动构造研究，具有如下重要意义：

（1）将深化区域板块运动等地球动力学意义，对探索晚新生代以来新构造运动活动规律和构造变形模式提供参考；

（2）对区域抗震救灾、合理防御提供科学的指导依据和现实意义，为区域发展与规划起到重要支撑的作用；

（3）丰富构造对地貌的塑造和高原扩展等理论研究，对覆盖区活动构造提取和资源勘探有重要的借鉴意义。

1.2 国内外研究现状

1.2.1 基于遥感影像提取地质线性体

从活动构造位置识别的角度来看，主要是研究线性体的识别与提取。传统线性体提取方法则主要以人工目视的方式提取，精度难以保证且耗时耗力。为了更高效地识别线性体，遥感地质人员主要利用地质线性体在遥感影像上往往反映为沟壑纵横的山脊线与山谷线的特征，结合地质知识识别提取。近年来，大量研究人员针对遥感影像和数字高程模型（digital elevation model，DEM）获取方式便利、可视化表达丰富、受时间和人为因素少等特点，设计并实现了一系列计算机自动解译算法，如线索追踪（segment tracing algorithm，STA）法（Koike et al., 1995）、霍夫变换（hough transform，HT）法、水文分析法等。

以 STA 法为例，首先，对图像进行滤波，使得图像光滑和除去大部分噪声；其次，在给定的搜索窗口中，以搜索中心像素为原点，等间隔放射性搜索一定方位角（θ）、一定距离（h）的像素，并通过求得连续性函数 $\varepsilon(x)$ 最小值表达同一直线上两点的连续性：

$$\varepsilon(x) = \int_{-a}^{a} w(x + h)[z(x) - z(x + h)]^2 \mathrm{d}h \tag{1.1}$$

式中，$w(x)$ 为权重；a 为距离范围；$z(x)$ 为像素灰度。

再设置一定的像素变化率阈值（T）计算同一直线上两点的像素变化率 λ [式（1.2）]，根据变化率判定像素是否为线性体的组成部分，予以保留或舍弃。再根据方向进行山谷线和山脊线判定，保留山谷像素并连接成线，从而实现遥感影像线性构造识别。基于此，Koike 等（1995）使用 STA 法提取了日本西南山区 TM 影像上的线性体，同样在 DEM 数据上得到了验证；Haeruddin 等（2016）利用该法提取印度尼西亚西爪哇省的 ALOS PALSAR 数据上的线性体，用于分析其和地热资源的空间关系；Ni 等（2016）利用该法提取了 Gaosong 矿区 ETM+影像上的线性体，用于线性体长度和密度对成矿的影响。这些实例证明这种算法的优点是连续性更好、可靠性更强、与实测断层的吻合程度更高；缺点是提取线性体时自动连接不强，这与设置的方向间隔及搜索窗口的大小有关。

$$\lambda = \frac{\left[\frac{\partial^2 z(x)}{\partial x^2}\right]^2}{z(x)} \tag{1.2}$$

事实上，线性体的提取都是基于边缘检测算法。传统方式的边缘检测算子（Roberts、Sobel、Prewitt、LOG 和 Canny），则主要根据导数、最优化等算子可表征线性体边缘灰度变化大的特点进行识别。如 Roberts、Sobel 和 Prewitt 是基于一阶导数等梯度变化算法，是根据像素邻近区域的梯度值来计算某个像素的梯度和线性边缘的强度决定了边缘梯度的大小。因此，通过寻找线性边缘的梯度极大值来提取边缘，而边缘噪声的出现会导致边缘梯度的变化，从而影响最终边缘提取的正确性（Gonzalez et al.，2011）。如 Roberts 算子［式（1.3）］定位比较精确，但边界不平滑，因此对噪声比较敏感。事实上，如果不提前处理噪声，那么当进行 Roberts 运算时，这些基于导数运算的算子会将噪声放大，从而增加虚假边缘。

$$g(x,y) = \left[\sqrt{f(x,y)} - \sqrt{f(x+1,y+1)}\right]^2 + \left[\sqrt{f(x,y+1)} - \sqrt{f(x+1,y)}\right]^2 \tag{1.3}$$

式中，$f(x, y)$、$f(x+1, y)$、$f(x, y+1)$ 和 $f(x+1, y+1)$ 分别是 Roberts 算法像素 4 个邻域的坐标。

而 Sobel 和 Prewitt 算子也是利用一阶导数的变化提取线性边缘（式 1.4），区别在于滤波方式不一样，Sobel 是在 Prewitt 平均滤波的基础上加权，这是因为 Sobel 算子认为像素之间的影响是不等价的，可以根据距离远近衡量其对邻域像素的权重，从而识别灰度变化，但这两种算子对于影像上存在多类型噪声的边缘检测效果较差，对边缘的定位不是很准确，其提取的边缘结果对应的不止一个像素。其计算方法如式（1.4）所示：

$$s = \sqrt{\mathrm{d}x^2 + \mathrm{d}y^2} \tag{1.4}$$

式中，$\mathrm{d}x$ 和 $\mathrm{d}y$ 为 Sobel 和 Prewitt 算子的卷积核。

如式（1.5）所示，LOG 算子是基于二阶导数的拉普拉斯算法，通过检测二阶导数过零点来判断边缘点（曾脉，2008），且该算子利用平滑函数可以降低图像对噪声的敏感性。对于边缘灰度变化较快的区域效果较好。但同时它对于噪声也是极其敏感的，因此会在结果中带来其他噪声。越平滑噪声越低，但与此同时也会损失图像细节，提取的边缘结果及精度就越差。因此，尽管该算子可以同时实现平滑和滤波，但两者存在一定矛盾性，导致该算子在大多数边缘检测情况时需要进行取舍。

$$\mathrm{LOG}(x,y) = \nabla^2 G = \left(\frac{\partial^2}{\partial x^2} + \frac{\partial^2}{\partial y^2}\right) G = \frac{x^2+y^2-\sigma^2}{2\pi\sigma^6} \cdot \mathrm{e}^{-\frac{x^2+y^2}{2\sigma^2}} \tag{1.5}$$

式中，σ 为标准差，∇^2 是拉普拉斯算子，G 是标准差为 σ 的二维高斯函数。

与LOG算子一样，Canny算子也是先平滑后求导。该方法提供了基于最优化准则的边缘检测算法，利用边缘灰度的梯度大小［式（1.6）］和梯度方向［式（1.7）］计算像素梯度矩阵 $g_{xy}(i, j)$，并寻找梯度放行上像素点的局部梯度最大值，而将非极大值点对应的灰度设为0。所检测的边缘对一条边只有一个响应，且利用带有滞后的自适应阈值，消除多个响应的可能。因此，Canny算子由于受噪声干扰小，且检测结果相对较好，可识别弱边缘，已广泛应用于边缘检测和线性体提取研究中，已集成在PCI软件中（Salui，2018）。然而，该算子也容易将细小的噪点识别为边缘，从而增加结果中的假边缘的产生。

$$g_{xy}(i,j)=\sqrt{g_x(i,j)^2+g_y(i,j)^2} \tag{1.6}$$

$$\theta=\arctan\left[\frac{g_y(i,j)}{g_x(i,j)}\right] \tag{1.7}$$

因此，这类算法的核心在于利用边界点的导数、梯度等设置阈值分割，提取边界（Maboudi et al.，2016），但这类边缘检测算子容易受噪声的干扰影响，导致结果中包含大量的细碎的错误边缘和虚假边缘。

此外，一些学者使用霍夫变换等方法提取了遥感影像上的线性体（Wang and Howarth，1990）。这种算法是将图像域的像素坐标转换到霍夫域的参数坐标，通过霍夫参数的累加次数最大值提取线性体。如Wang等（1990）使用该法提取了加拿大地盾区域Landsat TM影像上的线性体，并探讨了该区域断层分布与线性体的关系；Karnieli等（1996）使用该法提取了约旦三个区域的Landsat遥感影像上的线性体，对比分析了地质环境对线性体提取结果的影响；随着程序的研发，霍夫变换已被嵌入PCI中，并以LINE工具提供用户使用，故而Salui（2018）使用该工具分析了喜马拉雅大吉岭（Darjeeling）地区Landsat影像上的线性体与现有滑坡的关联，并探讨了线性体密度在预测滑坡中的关键作用。尽管该法在线性体连接上有一定的优势，但需在噪声极少的前提下进行，也即噪声对线性体提取结果的影响极大。

与此同时，还有一些研究关注水文分析方法提取线性体（Bhuiyan，2015）。如Elmahdy等（2020）利用水文分析技术提取DEM数据上的线性体，解释了水文标志作为线性体的可靠性。而该方法的缺陷是难以在遥感影像上实施（多为目视）而导致其适用性弱于前两种算法。

另外，研究人员在线性体应用及数据源上也做了大量的探讨与分析，如Jansson和Glasser（2005）使用Landsat 7 ETM+和数字高程模型提取线性体，并绘制了威尔士（Wales）东北部冰川地貌；De等（2011）结合SRTM和ALOS-PALSAR数据，深入研究了地质线性体对地貌形态的控制；Bahiru等（2016）使用Landsat ETM+和SRTM DEM数据绘制了乌干达地区金矿分布，对矿产预测有非常重要的研究意义；Elmahdy 和 Mohamed（2016）提取 SRTM DEM 上的线性体，探究了埃及地区地震分布规律；Magesh 等（2012）综合遥感与 GIS 技术提取地质线形体，分析了区域潜在地下水分布；Yusof 等（2011）分析了高速公路周围滑坡灾害分布与地质线性体密度之间的关系；陈娟等（2017）利用 SAR 影像提取的线性体分析了香格里拉西南三江的找矿标志；付杨康等（2017）基于 WorldView-2 影像上的线性体探究了新疆阿拉套山和岗吉格山线性体核密度与岩浆岩体分解之间的关系。

事实上，遥感影像易受弱边缘噪声、卫星姿态、云覆盖、光照条件等因素制约（Mallast et al.，2011），因此，从遥感影像提取的结果往往存在如土地利用界线（公路、建筑物边界）等“假边缘”，而 DEM 数据由于精度高且不受天气等因素影响而应用更广泛，较多学者使用山体阴影渲染叠加坡度、坡向的方法提取地质线性体，但对计算机的硬件处理要求较高，大部分基于 DEM 的算法难以在遥感影像上实施。因此，有机结合两者特点的地质线性体自动提取技术是十分必要的，对研究区域构造格架及板块运动有着重要的科学意义和实用价值。

综上所述，基于遥感的线性体提取难点在于影像噪声、线性体像素的链接及算法适用性。加之第四系黄土自身的不稳定性，风化速率加快，地质线性体被新的黄土掩盖而难以实时表征在遥感影像上。导致提取结果往往出现明显的间断性，给线性体的提取带来一定的困难。因此，本研究研究重点之一是基于遥感数据的黄土覆盖区线性体提取算法设计与实现。

1.2.2 基于遥感数据的构造地貌分析

构造地貌学是研究活动构造和地貌运动相互影响的科学，是深部结构和地表现象关系的深入探讨（李利波等，2012a），重点研究构造隆升对流域地貌的调整过程。构造地貌记录了对活动断层空间分布的地表响应（Kirby et al.，2003）。在基岩河流系统中，河流对边界条件（如构造、气候和岩性）的变化很敏感（Kirby et al.，2003），可以通过年代学获取地貌响应时间，向周围地貌传递构造和气候变化的信号（Kirby et al.，2003；Whipple and Tucker，1999）。河流侵蚀不仅对构造活动和气候变化做出响应，甚至可以逐步作用于地球内部（图 1.2）。因此，河流是目前跟踪与记录新构造运动和地貌演变的有效途径（Whipple and Tucker，1999），可以逐步代替传统通过测量断距计算隆升速率的方式。

事实上，在一些覆盖区，存在的各种限制条件（如厚厚的第四系黄土序列或物理可达性）导致很难直接测量断层的滑动速率。例如，渭河盆地西北部千河流域就是一个晚新生代断陷盆地，位于六盘山断裂（LPSF）和秦岭断裂（QLF）

的交汇处（图1.1）（Fan et al.，2018a；Zhang et al.，2019），上覆第四系黄土高达100～120m（樊双虎等，2016），存在着大量的地层沉积。厚厚的黄土和高地形起伏度使得这类区域难以在野外进行实地勘探。以往的研究表明，河流地貌参数可以用于分析和评价基岩的隆升速率和活动断层的活动性程度，并定量研究内部动力地质过程形成的外部形态特征（Boulton et al.，2014）。因此，河流纵剖面的河流形态指数已成为研究区域活动构造的一种广泛且易于实施的方法，其特征是对边界条件扰动做出反应的瞬态景观（Whittaker and Boulton，2012）。

20世纪中后期以来，构造地貌研究主要集中在应用传统地貌参数方法，如河长-坡降指数（stream length-gradient index，SL）、面积-高程积分（hypsometric integral，HI）、山前曲折度（mountain front sinuosity，S_{mf}）、谷底宽度与谷肩高度的比值（valley floor width to height ratio，VF）、流域盆地不对称度（asymmetry factor，AF）和流域盆地形状指数（drainage basin shape，B_S）（图1.3）（Zhang et al.，2019），并使用活动性程度（Iat值）来揭示断层的地貌效应，具体计算方法如下所示。

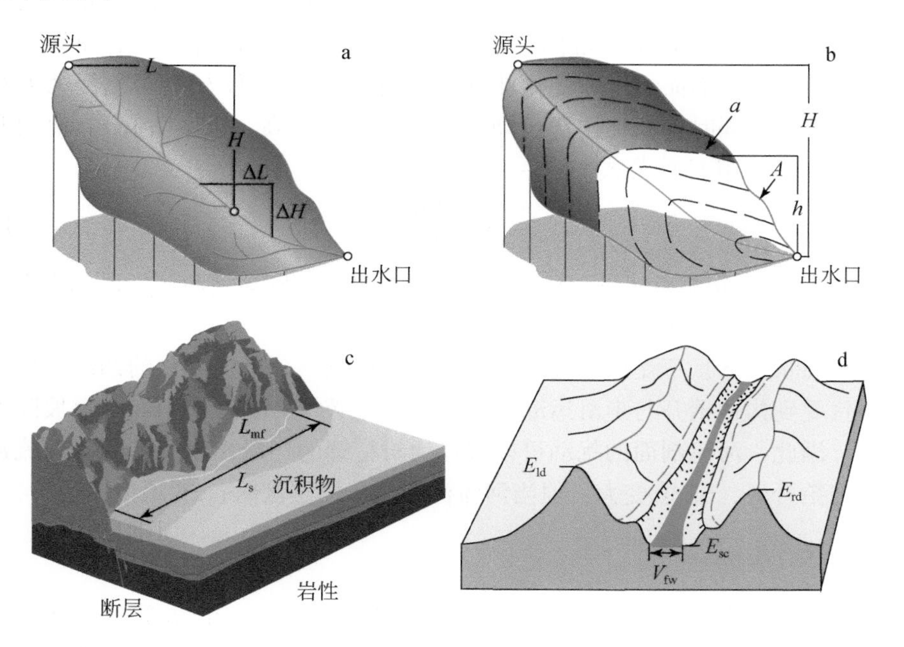

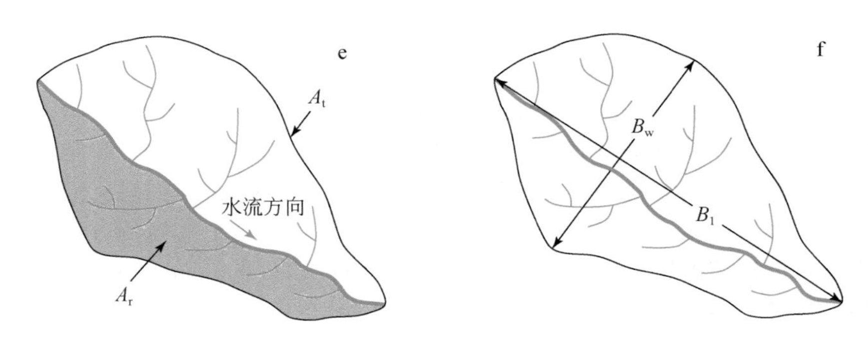

图 1.3　构造地貌参数（Cheng et al.，2018，有删改）
图中符号含义见式（1.8）~式（1.13）

1. 河长–坡降度

河长–坡降度（SL）是 Hack（1973）定义的用来评价河流侵蚀和纵向剖面自然凹度异常的一个指标，常用于评估构造活动、岩石阻力、地形和气候的关系，定量反映河流剖面坡度的变化状况。SL 值的大小不仅与基岩抗侵蚀力存在着紧密的关系；同时，局部构造运动抬升导致坡度升高，也会引起 SL 值的升高（Hack，1973），其计算公式为

$$SL=\frac{\Delta H}{\Delta L}L \tag{1.8}$$

式中，ΔH 和 ΔL 分别为河段的高差和长度；L 和 H 分别为河源到河段的中点的河道长度与高差（图 1.3a）。

在理想状态下，不受构造扰动的河流通常形成一个平稳变化的凹纵剖面。该区域一旦受到构造抬升与走滑运动，则流经河流必然会因为扰动而导致坡降度产生突变。因此，河流剖面的扰动可以解释为对持续的构造作用的反应。河流流经活动构造抬升区，SL 值变大；但当河流流经走滑断层区时，SL 值变小。

2. 面积–高程积分

面积–高程积分（HI）是表示区域高程分布的一个指数（李利波等，2012a），同时是集水盆地在侵蚀作用下物质残留反映。该指数被定义为盆地相对高度（h/H）与相对面积（a/A）的比值（图 1.3b），也就是面积–高程积分曲线下方的面积，它代表着地质活动构造作用下集水盆地侵蚀的程度。HI 曲线则为两者的比值进行拟合的曲线。其中，a 和 A 分别为等高线以上的流域面积和整个的流域面积，h 和 H 分别为等高线以下的高差和整个流域的高差。为了计算方便，也可以采用式（1.9）计算 HI 值：

$$\mathrm{HI}=\frac{H_{\mathrm{mean}}-H_{\mathrm{min}}}{H_{\mathrm{max}}-H_{\mathrm{min}}} \tag{1.9}$$

式中，H_{max}、H_{mean}、H_{min}分别为流域盆地内最大高程、平均高程和最低高程。

HI∈［0，1］，越靠近0表示高度侵蚀的构造非活动区域，相反，则表示轻微侵蚀的构造活动区域（Faghih et al.，2015）。该类研究认为构造活动导致造山带抬升，控制地表的因素从构造活动转变为水系侵蚀，HI 越低，流域地形演化时间长；反之，短期风化侵蚀则导致 HI 较高，流域演化时间短。因此，随着流域地形演化时间的变长，地貌逐渐从幼年期经历壮年期至老年期（邵崇建，2019），HI 则从高逐渐降低。

3. 山前曲折度

山前曲折度（S_{mf}）是表征侵蚀和构造平衡程度的指标（李利波等，2012a），该指数被定义为

$$S_{\mathrm{mf}}=\frac{L_{\mathrm{mf}}}{L_{\mathrm{s}}} \tag{1.10}$$

式中，L_{mf}和 L_{s} 分别为山前带的曲线长度和直线距离（图1.3c）。

山前的形态取决于前缘构造活动抗侵蚀作用，其结果决定了山前带的曲折程度，河流侧蚀越强，山前带越曲折，S_{mf}值越高；相反，山前带越平直，S_{mf}值越低。一旦活动停止，侵蚀作用占据主导，则山前带发育更为曲折的山前带，S_{mf}达到最大（李利波等，2012a）。

4. 谷底宽度与谷肩高度的比值

谷底宽度与谷肩高度的比值（VF）是评价河谷地貌形态的重要指标（Bull and Mcfadden，1977），该指数被定义为

$$\mathrm{VF}=\frac{2V_{\mathrm{fw}}}{(E_{\mathrm{ld}}-E_{\mathrm{sc}})+(E_{\mathrm{rd}}-E_{\mathrm{sc}})} \tag{1.11}$$

式中，V_{fw}和 E_{sc}分别为齐岸流宽度和谷底高程；E_{ld}和 E_{rd}分别为河谷左右两侧分水岭高程（图1.3d）。

在黄土覆盖区，表层黄土风化严重，河谷剖面受雨水冲刷作用明显，呈“V”形和“U”形河谷。在构造活动区域，抬升速率的变化导致两侧分水岭与河谷高程变化，继而改变河流流速，使得河流变宽或变窄，“V”形河谷的 VF 相对较低，而“U”形河谷的 VF 相对较高。从野外实地调查结果来看，“V”形河谷河流下切程度更高，VF 值普遍较低。

5. 流域盆地不对称度

构造地貌学中常用流域盆地不对程度（AF）值描述构造倾斜程度（李利波等，2012a），对水流方向的倾角变化极其敏感，该指数被定义为

$$AF=100\frac{A_r}{A_t} \tag{1.12}$$

式中，A_r和A_t分别为流域内沿着河流走向右侧的流域面积和整个流域的总面积（图1.3e）。

在构造活动区域，山体两侧陡峭，谷底平缓。这是由断层的位移产生的，使得谷底相对于周围边缘向下移动。这种运动导致盆地倾斜，主干流偏离盆地中线。倾斜使得山谷向下倾向方向优选移动，从而产生不对称谷（Faghih et al., 2015）。当AF大于50时，主干流向排水盆地下游的左侧倾斜；当AF小于50时，则河道已向流域下游的右侧移动；当AF接近50时，流域盆地相对稳定，没有受到构造抬升的影响而倾斜（Ntokos et al., 2016）。而在黄土覆盖区，构造运动或基底岩性的共同控制作用下，垂直主干流发生倾斜，AF因子显著大于或小于50。

6. 流域盆地形状指数

流域盆地形状指数（B_S）被定义为盆地水平投影形状（李利波等，2012a）：

$$B_S=\frac{B_1}{B_w} \tag{1.13}$$

式中，B_1为河源到出水口的距离；B_w为流域最大宽度（图1.3f）。

山前带构造迅速隆升，河流水系下切，盆地更长更陡，B_S值更高；而后，流域盆地形成相对稳定，拉长的构造运动趋向于向更规则的圆形方向发展，B_S值更低。因此，B_S可反映区域活动构造的抬升。

7. 构造活动性程度

根据式（1.3）~式（1.8）及以往研究（李利波等，2012a）计算对应的子流域地貌参数，并可按照表1.1进行分类（地貌参数临界值视区域而定）。

表1.1　地貌参数指标值的活动构造程度分类

参数等级 S_i	HI	SL	S_{mf}	VF	B_S	AF
1	HI>0.5	SL≥500	S_{mf}<1.1	0.13≤VF<0.5	B_S>2.3	|AF−50|≥15
2	0.4≤HI≤0.5	300≤SL<500	1.1≤S_{mf}<1.5	0.5≤VF<1.0	1.5≤B_S≤2.3	7≤|AF−50|<15
3	HI<0.40	SL<300	S_{mf}≥1.5	VF≥3.0	B_S<1.5	|AF−50|<7

结合活动性分析参数标准，使用 Iat 值来衡量活动性程度：

$$\mathrm{Iat}=\frac{S_i}{n} \tag{1.14}$$

式中，S_i为地貌参数所属的等级；n 为地貌参数的个数。

将区域的活动构造程度按照不同的 Iat 值域划分为不同的等级（表 1.2）。

表 1.2　根据地貌参数指标的算术平均值的活动构造程度分类

Iat 值	Iat 等级	构造活动程度
1.0≤Iat<1.5	1	较高
1.5≤Iat<2.0	2	高
2.0≤Iat<2.5	3	中等
2.5≤Iat<3.0	4	低

基于此，渭河两岸开展了大量的研究，如 Zhang 等（2019）使用 ASTER-GDEM 数据和 HI、SL、AF 和 B_S 这 4 个地貌参数探究了千河流域构造活动程度，发现该流域地貌演化受青藏高原向东北挤压控制，且鄂尔多斯地块西南部经历强烈的西北向构造倾斜（图 1.4）；Cheng 等（2018）还使用 AF 和 VF、SL 等参数及 SRTM 数据分析了渭河盆地南岸和秦岭北缘的山脉构造活动程度，并指出全新世以来该区断层不断活动，改变了河流的走向；樊双虎等（2020a）使用该法提取了 ASTER-GDEM 数据上的地貌参数，评价了鄂尔多斯西南缘岐山–马召断层的构造活动程度及滑动量，并认为该断层西北以左行走滑为主，而东南以构造抬升为主。然而，大量实例（李利波等，2012a）也间接证明：此类方法不能约束断层隆升速率的大小或地貌基准面变化响应水平速率，仅能给出一个相对隆升程度。这也说明了从活动程度到活动速率的约束，该法仍需要一个缓慢的研究过程。此外，这类方法因为区域的不同，而评价标准难以推广至其他覆盖区，评价结果易受分析人员的主观地质知识水平影响较大。

另一方面值得注意的是，研究人员使用的数据均为国外公布的免费数据，距今已有一定的年限，不具备时效性。事实上，随着卫星遥感影像立体像对提取 DEM 技术逐步成熟，越来越多的 DEM 可供使用，且该类 DEM 最大的优点在于可以获取长时间序列的遥感影像，也即获取更多时相的 DEM 数据。当此类 DEM 的精度满足要求时，即可获取连续时间的活动构造的活动性程度。但同时不得不提及构造地貌的响应时间是一个长时间尺度的变化。因此，立体像对提取 DEM 技术至今与地貌响应相比是非常短暂的。也即不论哪种 DEM 数据作为长时间尺度下的构造地貌响应的数据，都需要一个长时间的观测。另外，DEM 的精度将直接决定地貌参数的计算结果，因此，对 DEM 精度的探讨也是有必要的。

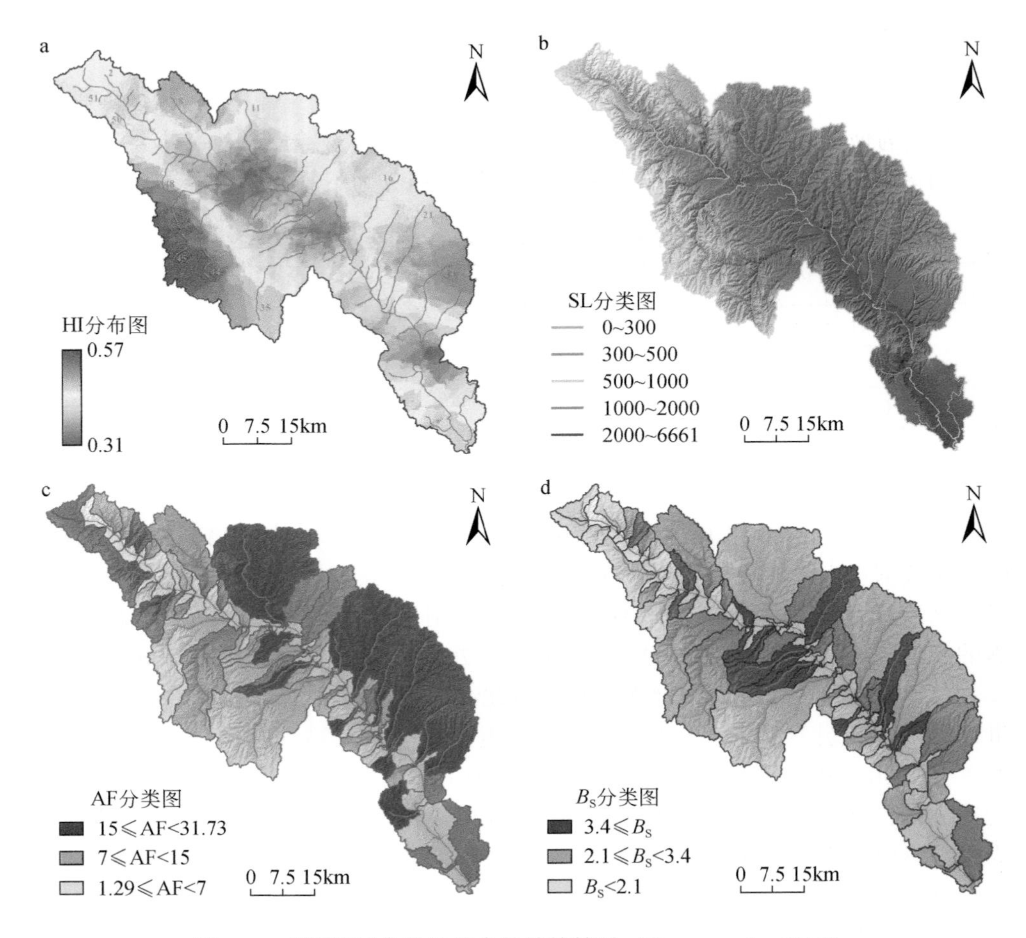

图 1.4　千河流域构造地貌参数计算结果（Zhang et al.，2019）

a ~ d 分别为千河流域 HI、SL、AF 和 B_S 计算结果

1.2.3　存在的问题

对比国内外研究现状，黄土区活动构造研究主要存在如下问题有待解决。

（1）野外踏勘难以找到明显的断层点及断层标志，忽视了多源遥感数据在地质工作中的作用。黄土覆盖区内大量基岩被上覆黄土掩盖，因此难以或者鲜有能在区内找到的断裂标志，无法对遥感影像解译的断裂构造进行验证，对遥感影像、立体像对及 DEM 的利用过少，忽视了其时间分辨率在地质体长时间序列下多期多类地质现象中的作用。

（2）第四系地区活动构造隆升速率难以约束与衡量，传统河流地貌参数结果人为干扰因素过大。传统地质现象需要地质人员到实地勘探、耗时耗力，而第四系黄土自身的属性限制了测量方式和手段，导致无法对活动构造的隆升速率起到有效的约束与衡量，且传统的河流地貌参数标准往往根据研究者的地质背景划定，无法推广到其他区域。因此，其研究结果受人为干扰的因素过大，且数据源多采用国外免费的数据源，难以保证时效性，也难以讨论多时相地貌的变化。

（3）传统河道地貌参数忽视了横截面对构造隆升的响应。传统地貌参数评价标准多基于河流纵剖面的形态变化，而忽视了横截面对构造隆升的响应与约束。构造隆升往往作用于地表的隆升与下降，是垂直方向。因此大多数研究只关注垂直方向的差异，而忽略了水平方向的变化。河道宽窄变化也能反映河道受构造、气候、岩性的作用结果，只是其通常由河流流量的快慢来表征，河道为了适应该变化而引起宽度的调整，因而常常被忽视。

（4）活动构造带地貌演化影响因素不够明确。区域地貌的形成是多种因素共同作用的结果，黄土区等特殊地质地貌区的演变将多种地质现象掩埋，难以通过遥感影像或 DEM 表达其差异性变化及成因。此外，河道形态的变化依赖于纵剖面对活动构造、气候、岩性等因素的综合反应，而大多数分析仅考虑地貌形态结果，未能对地貌演化的趋势做出正确的分析，因此，缺乏将地球深部物理结构与地表潜在地质现象透过遥感影像反映或解释。

（5）活动构造隆升应用不够深入。构造地貌的研究在于解释地貌成因、揭示地质意义、预测区域灾害等，而传统的地貌只关注于隆升速率的大小等定量研究，缺乏与地震、滑坡等威胁人类生命安全的灾害联系。遥感数据的出现不仅是识别和定位灾害体的范围，更重要的是能够定量地计算灾害的影响范围。因此，活动构造隆升程度的定量研究应能把区域基础地质工作联系起来，能够提供有效的预测范围和危险程度。

1.3　研究内容与技术路线

1.3.1　研究内容

本研究依托国家地质调查重点项目“陕西 1∶5 万草碧镇（I48E008021）等六幅黄土覆盖区地质填图遥感新方法试点项目”和“中央高校基本科研业务费黄河专项资金资助项目”，针对黄土覆盖区地质构造等现象在野外无法识别、构造活动性程度难以量化、地貌演化难以解释等问题，以选题背景为指导，以鄂尔多斯西南缘千河流域为研究对象，以多源遥感数据（卫星影像、立体像对、数字高程模型）为基础数据，综合遥感图像增强处理与 GIS 空间分析等技术辅助，以探索千河流域区域差异性隆升速率的空间展布和变形为研究目的，重点讨论以下几个研究内容，以期对基于遥感技术识别活动构造位置、揭示流域地貌对活动构造隆升的响应提供一定的研究思路。

1）基于张量投票耦合霍夫变换的地质线性体提取算法

针对野外踏勘难以找到明显的断层点及断层标志，忽视了多源遥感数据在地质工作中作用的问题，应分析线性体提取的基本方法及其优劣性，通过主成分分析去除冗余波段的干扰信息，利用高斯高通滤波抑制噪声信息，并研究张量投票耦合霍夫变换的地质线性体提取算法及其可行性。通过探讨遥感影像上线性体的特征，选择张量投票边缘检测和霍夫变换技术进行线性体提取，并与其他算法对比，验证该算法的精度及其可行性。统计给定范围的线性体长度、密度、方位，分析千河流域线性体分布规律及其成因。采用分形和多重分形分析不同尺度下线性体的分维值及其分布，揭示其地质意义。

2）基于遥感数据的千河流域河流纵剖面形态特征提取

针对第四系地区活动构造隆升速率难以约束与衡量，以及传统河流地貌参数结果受人为干扰因素过大的问题，通过千河流域河道形态野外调查，测量定位并记录河道形态（坡度）类型及特征，收集区域降雨、岩性、水文、地震与滑坡灾害等相关图件资料，并建立数据库，作为河道形态特征成因的基础资料。获取千河流域资源三号卫星影像立体 DEM 数据，并与 SRTM、ASTER-GDEM 数据进行对比，评价其精度并选取最优作为本研究数据源，基于 ArcGIS 平台并结合坡度–流域面积图分布，提取河道陡度指数，刻画河道纵剖面形态特征。探讨河道裂点的类型及其作为断裂构造解译标志的可行性。

3）基于遥感数据的河道横截面特征提取

针对传统河道地貌参数忽视了横截面对构造隆升的响应问题，设计并实现基于遥感影像和 DEM 的河道宽度提取算法，野外调查千河流域河道横截面形态变化，测量定位并记录河道形态（宽度）类型及特征，并在谷歌地球（Google Earth）上采集河道宽度，拟合野外与室内采集、算法提取的河道宽度数据，探讨算法的适用性和精度，以及千河流域河道宽度空间分布特征，刻画河道横截面形态特征。利用河道宽度、流域面积、流量、重力等参数研究单位河道功率和边界剪切应力问题，探索河道功率和边界剪切应力受构造隆升影响下的空间分布特征，为流域地貌演化提供基础分析资料。

4）活动构造带地貌演化成因分析

针对活动构造带地貌演化影响因素不够明确的问题，野外搜集隆升速率证据（阶地拔河高度、断层断距等），室内结合 DEM 等数据源，探讨与分析区域地质线性体分维数、河道陡度指数和河道宽度指数的差异性变化对流域地貌的影响，同时揭示其形态变化的成因及趋势。因此，地貌研究不能局限于常规的三维立体显示，更重要的是利用三维变化揭示区域活动构造带的隆升速率，并能够深入地分析构造、岩性和气候等对区域地貌的调整。

5）诱灾孕灾效应

针对活动构造隆升应用不够深入的问题，拟开展活动构造诱灾孕灾研究。活动构造的隆升速率只能量化抬升的程度，并不能揭示活动构造隆升后地下和地表的灾害体（地震、滑坡、崩塌等）对人类活动的威胁程度及影响范围。因此，活动构造的研究不能局限于成因，也应关注于活动构造诱发和潜在的灾害体。在此基础上，利用多源遥感数据解译的地震、滑坡等灾害体的位置和范围，分析分形分维值、陡度指数等与其空间分布的联系，将深化活动构造的诱灾孕灾机制，在最短的时间有效地开展救援工作。

1.3.2 技术路线

根据前述研究内容，本研究技术路线如图1.5所示。

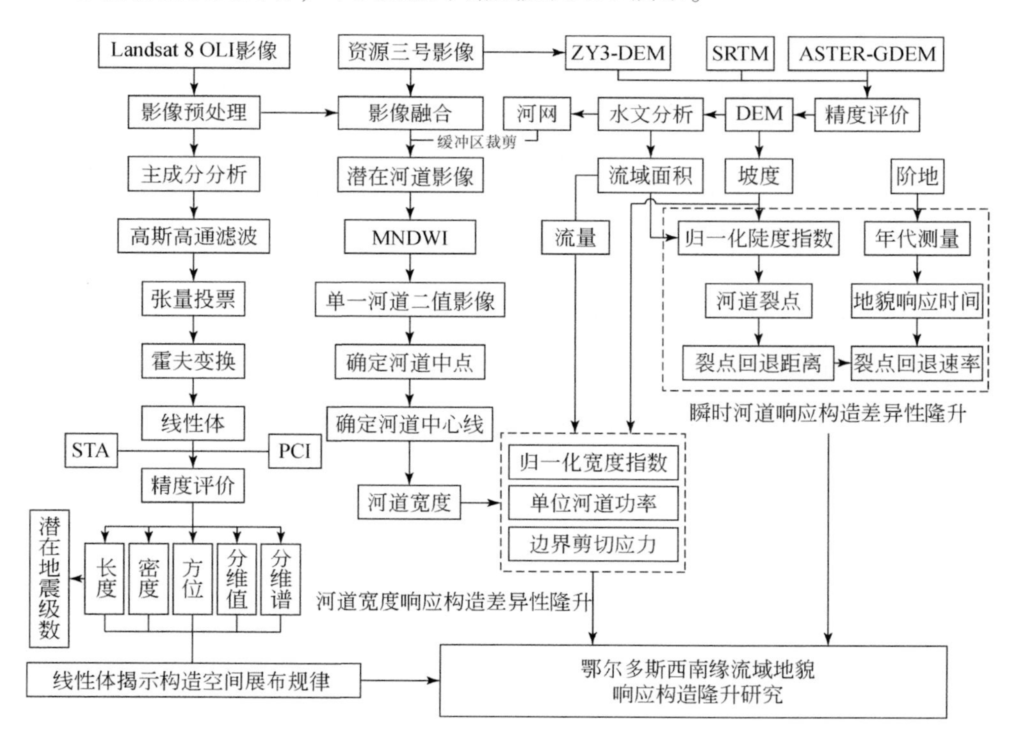

图1.5 技术路线

1.4　拟解决的关键科学问题

本研究以地质问题为驱动，利用遥感影像、立体像对、数字高程模型和地理信息系统空间分析，提取千河流域地质线性体、河流纵剖面和横截面形态指数，研究其空间分布对活动断层的响应，揭示该区域差异性隆升的空间分布特征、地貌演化及诱灾孕灾效应。具体而言，本研究拟解决以下关键科学问题：

（1）千河流域活动构造展布规律；

（2）千河流域瞬时河道地貌响应活动构造隆升过程；

（3）千河流域河流横截面响应活动构造隆升过程。

具体问题如图 1.6 所示。

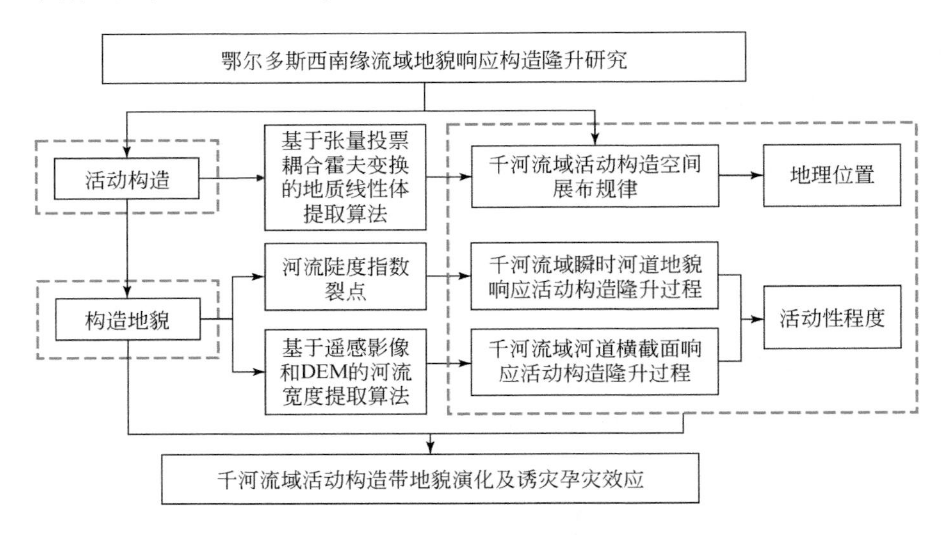

图 1.6　本研究拟解决的关键科学问题

第 2 章　区域地质背景

2.1　千河流域地质背景

千河流域位于渭河流域中上游，是渭河中部的主要支流。其地理范围为 34°20′23″N ~ 35°10′10″N，106°17′36″E ~ 107°21′56″E，面积约 3490.8km²。该区属于鄂尔多斯晚古生代—中生代盆地与北秦岭加里东造山带中部，地处鄂尔多斯地块西南边缘、六盘-陇西地块东南侧和秦岭北麓褶皱的交汇（图 2.1），以活动断裂为主，造成了千河流域的海拔有东西两侧高中间低的特征。青藏高原东北缘自中新世以来的加速扩展与构造变形，致使该区西北六盘-陇西地块快速隆起（史小辉，2018）。在千河流域，最高海拔约 2735m，流入中部黄土阶地后，海拔降低到约 548m。地形起伏度最大的地区在千河南岸基岩区和北部鄂尔多斯西南缘的黄土梁峁区；而中部的黄土阶地河谷区则有较小的地形起伏度和平坦的地势，构造隆起造成的基岩区和河谷侵蚀造成的阶地河谷，两者高差超过了 1000m。研究区地表被第四系黄土掩埋，黄土厚度高达 100 ~ 120m（樊双虎等，2016）。

在这样的背景下，河流急剧切割，而山脉逐渐抬升而变陡，形成了大量山谷、山脊线等地形特征线。该区的河谷和山脊均在遥感影像与 DEM 上呈现出明显的线性分布特征，是地质线性体的重要解译标志。但从地表实测数据来看（樊双虎等，2016），研究区能够识别的地表断裂特征点线极少，多为隐伏活动断裂。大量研究表明，受到青藏高原东北缘向东挤压造成的六盘山东麓隆起与鄂尔多斯地块走滑运动的综合影响（石卫，2011），研究区地貌多丘陵山地，沟壑纵横，底层岩性多以块状或砂砾组成，同时黄土自身易被雨水冲刷，风化严重，所以局部构造抬升运动导致该区地质灾害较多发育在线性构造的周围。因此，地质线性体的自动提取将进一步丰富该区地质构造运动过程的资料，更有助于揭示地质构造意义。

千河流域活动断层主要有四个，均为北西-南东向（NW-SE）。从西至东分别是桃园-龟川寺断层（TGF）、固关-虢镇断层（GGF）、千阳-彪角断层（QBF）和岐山-马召断层（QMF）（图 2.1c，表 2.1）（Zhang et al.，2019），倾角为 50° ~ 60°，构成中元古界—古生界与白垩系的分界线。四条断层均由北向南平直展布，近平行，呈现出北部聚集南部分散的状态，断层长度约为 70.5m，走

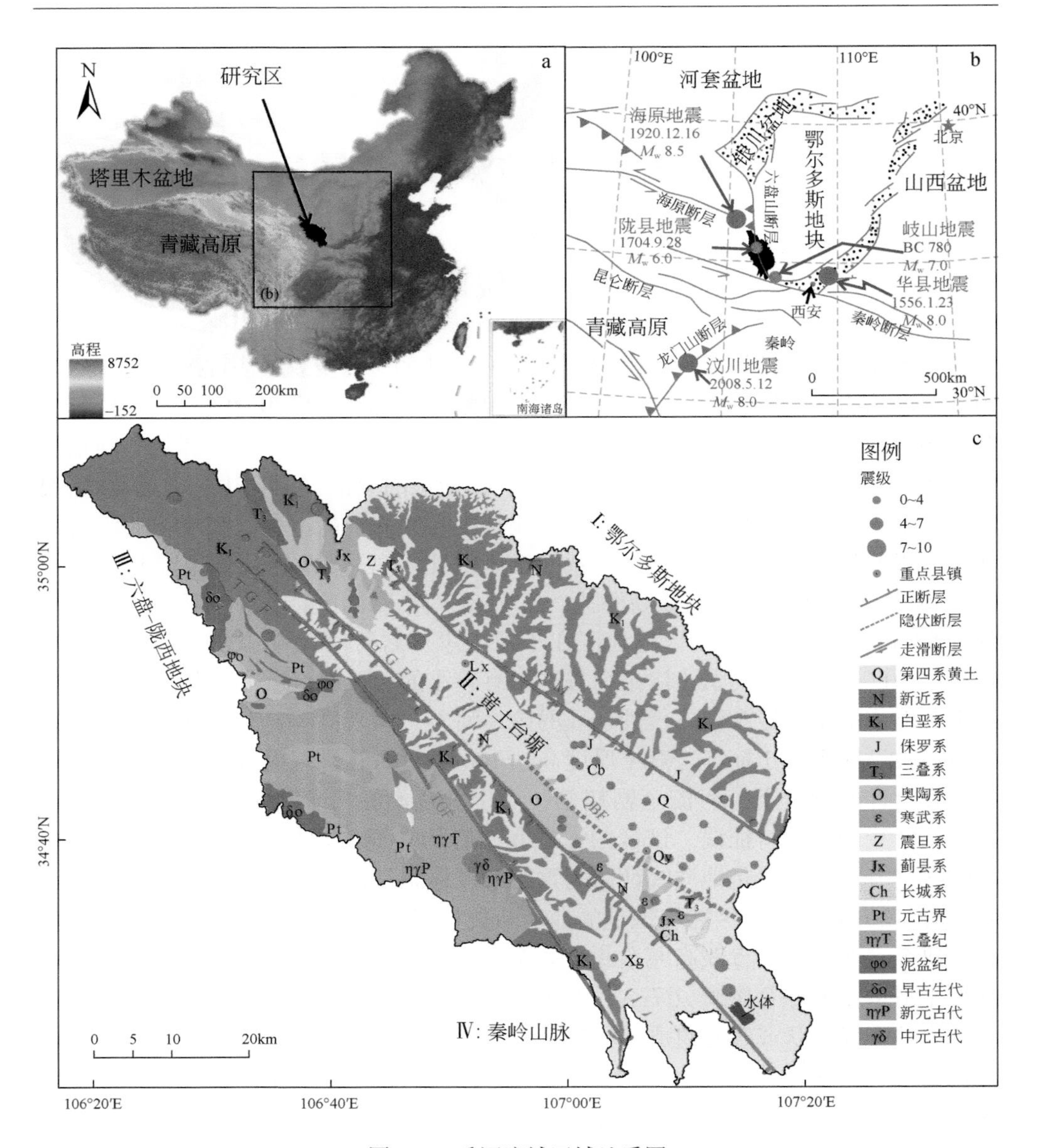

图 2.1　千河流域区域地质图

a-中国地图（数据源自 http://www.dsac.cn/［2023.4.4］）；b-研究区及附近大地构造图（Cheng et al., 2018；Han et al., 2018，有删减），地震数据源自 Cheng et al., 2014；Fan et al., 2018a；樊双虎等，2016；c-区域地质岩性-构造图（Fan et al., 2018a；樊双虎等，2016），其中，四条红色的断裂为研究区主要断裂。QMF-岐山-马召断裂；QBF-千阳-彪角断裂；GGF-固关-虢镇断裂；TGF-桃园-龟川寺断裂。重点县镇：Lx-陇县；Cb-草碧；Qy-千阳；Xg-县功。地块单元：Ⅰ-鄂尔多斯地块西南缘；Ⅱ-千河黄土地堑差异下降区；Ⅲ-六盘-陇山差异隆升区；Ⅳ-秦岭隆升带

向为300°~320°。在鄂尔多斯地块南缘，该区的断裂活动自5Ma以来有所增加（任战利等，2015），这与秦岭山脉的快速隆起（2.94±0.15mm/a）（李利波等，2012a）和渭河盆地的差异性下降有关（石卫，2011）。通过古地震、地貌学和变形监测等研究与调查相结合发现：晚更新世以来，QMF第四纪平均活动滑动速率为0.03~1.50mm/a，而GGF滑移率约为0.03mm/a（石卫，2011）。

表2.1 千河流域范围内主要活动构造

断层名称	起止	长度/km	性质	解译标志	走向/(°)	倾向	影像特点
桃园-龟川寺断层（TGF）	千阳-宝鸡	88.5	正断层	断层三角面、水系转折	310~340	NE	色调差异、微地貌
固关-虢镇断层（GGF）	千阳岭-高庄	97.3	正断层（部分隐伏）	断层三角面、断层破碎带、地层分界线	300~340	NE	浅灰色调差异、坡度变化
千阳-彪角断层（QBF）	千阳-彪角	36.2	隐伏正断层	微陡坎	300~320	NE	色调差异
岐山-马召断层（QMF）	千阳-姚家沟	63.0	正断层	水系同步转折、断层三角面	280~330	NE	色调差异、坡度变化、形状差异

以往的研究表明：活动断裂的存在让研究区在历史上地震灾害频发，除了图1.1中列举的大地震以外，该区诱发M_w6.0以上大地震的可能性极高（Cheng et al., 2014），这与其所处地理位置和地质背景有关（Fan et al., 2018a）。例如，发生在300年前，研究区东侧的华县地震（M_w8.0，1956年）、西北侧的陇县地震（M_w6.0，1704年）（Cheng et al., 2014），均为M_w6.0以上的大地震。然而，根据现今已有的地震灾害数据，自20世纪70年代以来，该区发生的地震级数均相对较小（<M_w5.0），大部分地震级数<M_w2.0。即便监测记录了大量的地震灾害数据（图2.1c）（Cheng et al., 2014），关于断层滑动速率的信息仍然极少。正是这种理论基础与现实勘探结果之间的矛盾，大量研究认为研究区仍处于弱震、少震区。但邻区大地震的历史教训，促使该区活动断裂及诱震孕震的相关研究成为当下地质地貌工作者的首要研究内容。

从地层岩性角度来讲，研究区50%以上为第四系黄土（图2.1c），基岩沉积地层出露时间为前寒武纪至新近纪。在鄂尔多斯地块西南边缘QMF以北，岩性主要由白垩系红色砂岩和灰色砾岩组成。这些沉积岩是在侏罗纪至白垩纪期间沉积形成的（Li et al., 2013），主要暴露在河流下切后形成的河谷两侧，被上覆黄土所掩埋。而在GGF以东，除了第四系黄土以外，还有新近系、奥陶系和寒武系等砂岩、灰岩、白云岩和石灰岩等，这些岩性露头是由青藏高原东北侧的陇西地块向东挤压所暴露出来的（Lin et al., 2011）。至于 GGF 以西，则还有白垩系砾岩和砂岩等露头。相比之下，TGF 西侧则还有大面积晚古生代和三叠纪斑状红色花岗岩（图 2. 1c）。

2. 2　千河流域地貌背景

研究区断层的分布和走向控制了区内不同的地貌形态。例如，在整个研究区，地势从西北到东南逐渐降低（图 2. 2a）。西北最高处由下古生代变质岩和古生代中酸性侵入岩组成，海拔高达 1800 ~ 2200m。由于新构造运动而导致的地表隆起驱使地貌逐渐演化，形成了深切沟谷和陡峭的山脊，最终形成了渭河支流的分水岭。相比之下，东南处地势起伏较低（海拔为 600 ~ 700m），与渭河盆地融入一体（图 2. 2a）。

黄土地貌主要受基底构造、古地形和流水作用控制，是地质构造、新构造运动和外营力相互作用的结果（石卫，2011；樊双虎等，2020a）。根据沟谷的切割和残余程度和形态特征，可将其划分为黄土台塬、黄土梁峁和黄土丘陵区（樊双虎等，2016）。如图 2. 1c 所示，QMF 以东鄂尔多地块为黄土梁峁区，是鄂尔多斯

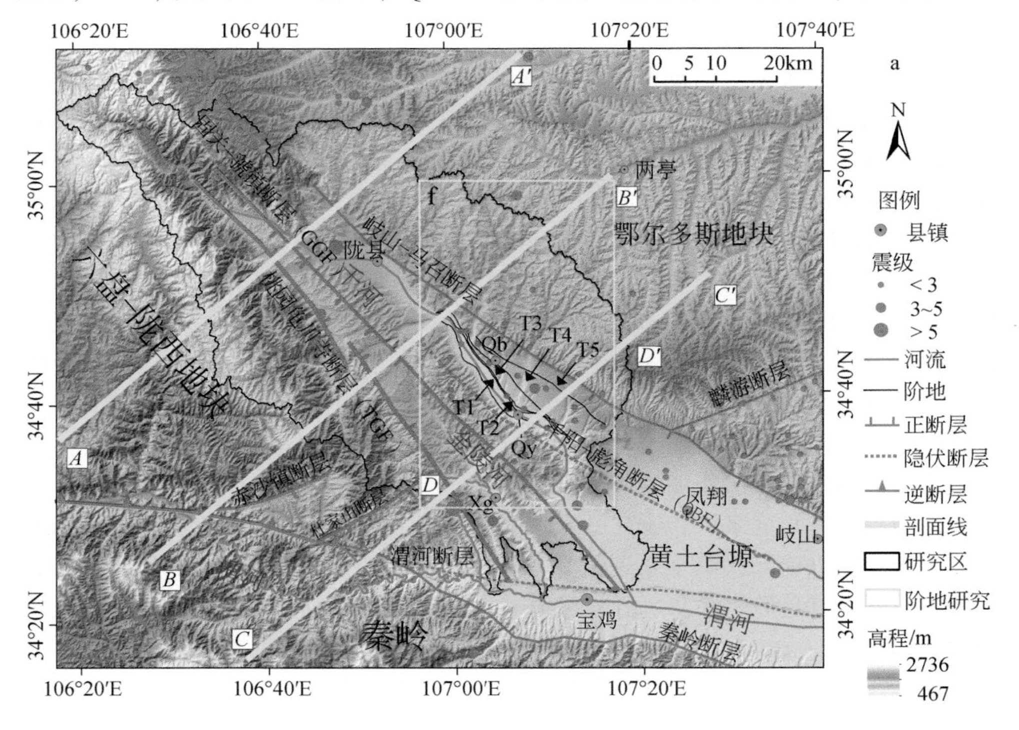

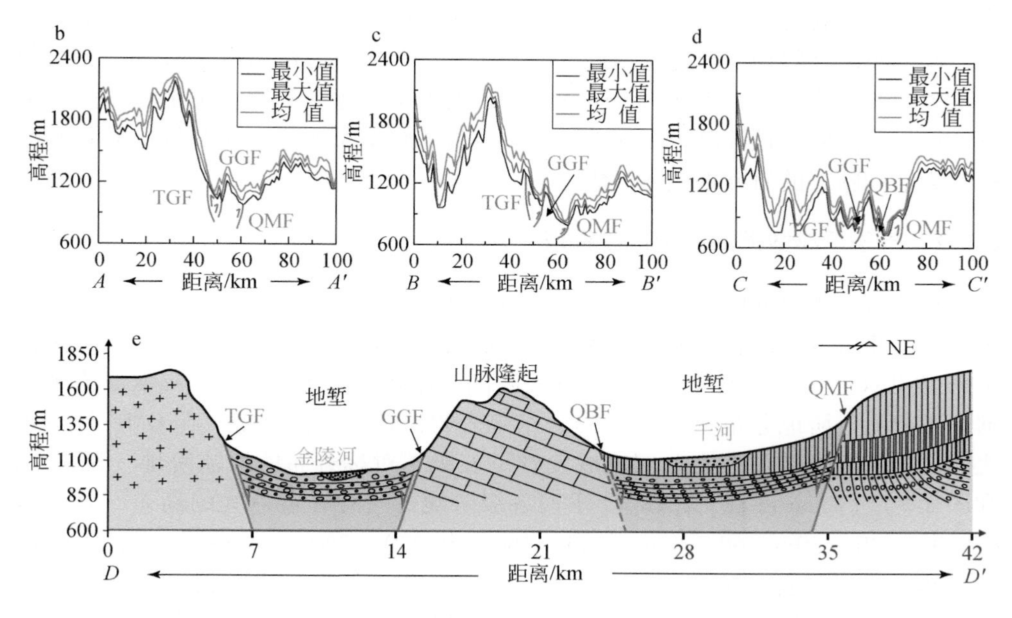

图 2.2　研究区地貌分布

a-DEM 为 SRTM 数据（1″，NASA/USGS），被用作千河断裂带的数字高程模型，曹碧镇区域黑色实线为千河南北两侧的阶地界线（Chen et al.，2018）；b～d-分别为 *AA′*、*BB′*和 *CC′*的地形剖面示意图，红线为断层；e-研究区构造框架（石卫，2011）；f-图 2.3 所示的阶地研究区

地块在新生代晚期整体抬升的背景下经流水侵蚀形成的梁峁地貌（樊双虎等，2020a）；QMF 和 QBF 之间、GGF 和 TGF 之间为黄土台塬区，河流的侵蚀作用不断下降，逐渐形成黄土断陷盆地，整体上呈楔形分布，北东高，南西低，自西北向东南近乎平行展开；TGF 以西的六盘–陇西地块大部分为黄土梁峁区和黄土丘陵区。随着河流走向分布，受基底构造的影响，黄土丘陵区持续隆升。

2.2.1　基于数字高程模型的剖面线提取

四大断裂呈现近似平行展布，因此断裂之间的地貌形态则成为分析的重点。为了进一步分析该断裂带海拔变化，我们决定使用条带剖面线来表达。如图 2.2a 所示，从研究区西北侧到东南侧，绘制了三个垂直于千河断裂带的 100km 长的条形剖面（*AA′*、*BB′*和 *CC′*，方向为北偏东 45°），并进行了纵剖面线的绘制（图 2.2 b～d），用以分析其地形地貌形态。其中，最大最小剖面线分别代表着河道受构造隆升与侵蚀下切所达到的最大与最小高程（史小辉，2018）。可以明显地看出，TGF 和 QMF 断层控制着千河流域的主要地形，形成了千河流域隆起与凹陷交叉排列的构造地貌带（图 2.2e）。与以往研究保持一致（石卫，2011），整个地貌带呈隆起与拗陷相间排列的格局，其中相向而倾的断层之间构成拗陷，背向而倾的断层之间构成隆起。因此，“一隆二拗”的构造格局没有改变。在四条大断裂的相互作用下，千河与金陵河河宽沿河流走向逐渐变大，黄土台塬面积也逐渐增加，因此，预计跨越千河地堑的河流形态将记录河流演化和构造隆起的证据，为活动断层的研究提供数据集。

2.2.2　基于遥感数据的阶地地貌提取

从阶地地貌角度而言，阶地的形成与气候和构造的差异性变化有关。这是因为气候变化可以控制着阶地的形成，而构造运动的强烈程度决定着阶地能否保存下来（樊双虎等，2020a）。利用野外实测剖面点和遥感解译定点，提取该流域千河中下游河谷阶地分布图（图 2. 3）。结果表明，晚新生代以来，在 QMF 与 QBF 之间的千河断裂带中，沿千河流域发育了五级不对称分布的河流阶地（图 2. 2a 和图 2. 3）（Chen et al.，2018）。千河各级阶地之间存在着巨大的高差，分别为 8 ~ 10m、20 ~ 30m、60 ~ 80m、130 ~ 160m 和 220 ~ 260m（Chen et al.，2018），这显然无法简单地用气候变化造成的侵蚀堆积来解释它们的形成。DEM 上阶地的分界线可以明显看出河道受构造隆升形成的错断（图 2. 3），正位于两个阶地之间的位置。因此，该区阶地拔河高度的差异必然是构造的隆升引起的。由于其所在地理位置的特殊性，也就是南北和东西构造的交汇区域，不同级次的阶地地貌分界线，是活动断裂的主要解译标志。南岸地势起伏高于北岸，阶地间距明显小于北岸，构造活动强烈。而北岸水系的同步转折特性，则揭示着鄂尔多斯地块南缘断裂走滑及地块逆向旋转的特征。

此外，千河流域五级阶地的出现，可以间接反映地壳震荡抬升的特点。该区每个阶地都由冲积层组成，均被第四系黄土所覆盖，但阶地剖面上的古土壤序列年代是可以准确识别的（Zhang et al.，2019），这是活动构造等过程的重要时间点。因此，利用室内通过 DEM 数据绘制剖面线、野外踏勘识别阶地剖面上的古土壤分布及磁性地层学定年（Zhang et al.，2019；Chen et al.，2018），确定了千河流域南北两侧阶地（T1 ~ T5）的年龄，其年代分别是 0. 01Ma、0. 01 ~ 0. 13Ma、0. 12 ~ 0. 60Ma、0. 62 ~ 0. 82Ma 和 1. 2 ~ 1. 4Ma（Fan et al.，2018a；Zhang et al.，2019）。因此，距今最久远的阶地在千河流域的形成中具备最小的年龄。确定阶地的年龄一方面是阶地地貌的形成时间，另一方面，也反映了阶地受构造隆升而不断沉积的结果。换言之，阶地的形成时间代表着构造隆升事件的时间，后续在分析构造地貌形成年代及隆升速率时，可追溯此时间作为地貌响应时间进行分析。

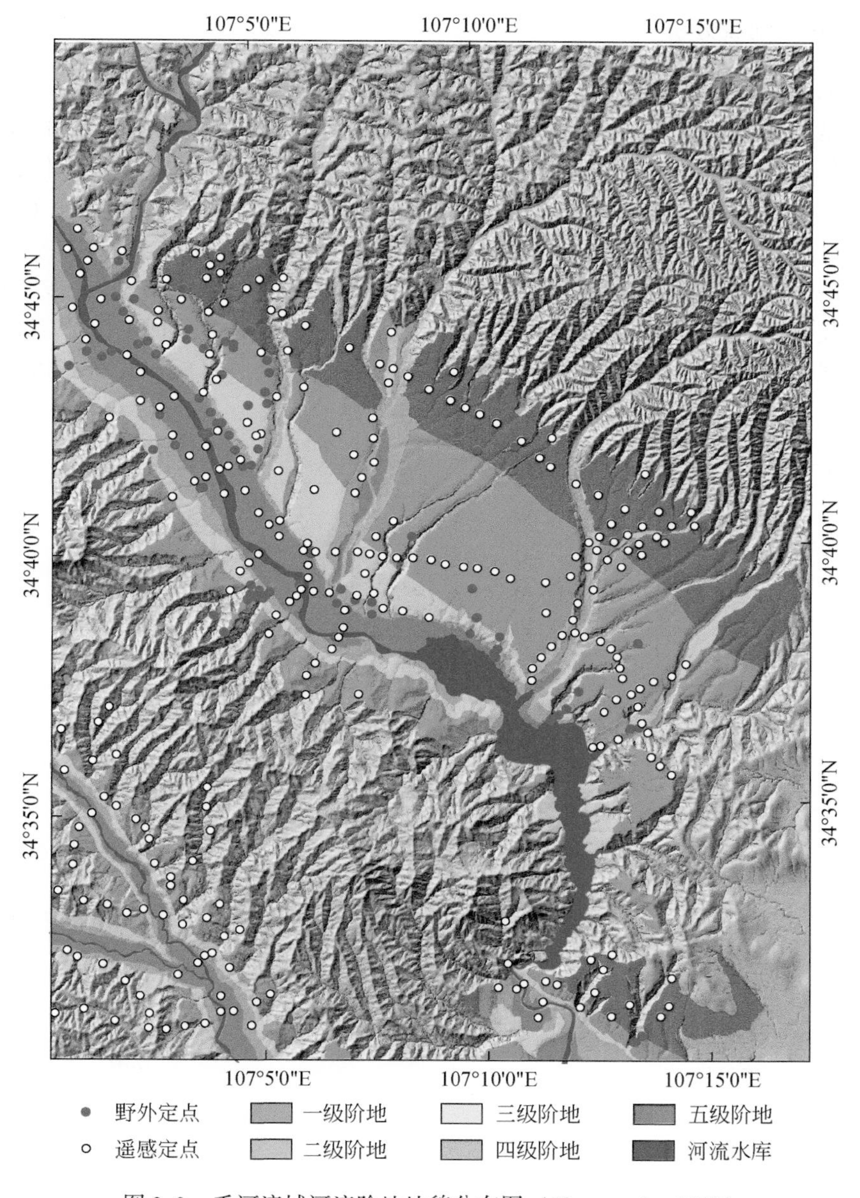

图2.3 千河流域河流阶地地貌分布图（Chen et al.，2018）

2.2.3　水系地貌分析

从水系角度而言，水系的空间展布不仅是重要的构造解译标志，同时其横纵剖面也是反映区域气候、构造和岩性相互作用的指示标志，甚至其密度也是陆地构造过程强弱的重要响应。此外，构造活动会破坏河流水系并产生线性体，因此研究线性体可以为原始构造活动的大小和方向提供线索（Rahnama and Gloaguen，2014a）。研究利用 ArcGIS 水文分析工具，提取了该流域 DEM 数据上的河网分布，如图 2.4 所示。该区水系分布（类型、走向与密度）与地势起伏密切相关，而地形起伏则主要与构造隆升的程度和构造之间的距离有关，同时，水系格局能够辅助遥感影像解译地质构造的位置。因此，探究该流域水系河网分布可进一步为构造地貌研究提供基础资料。

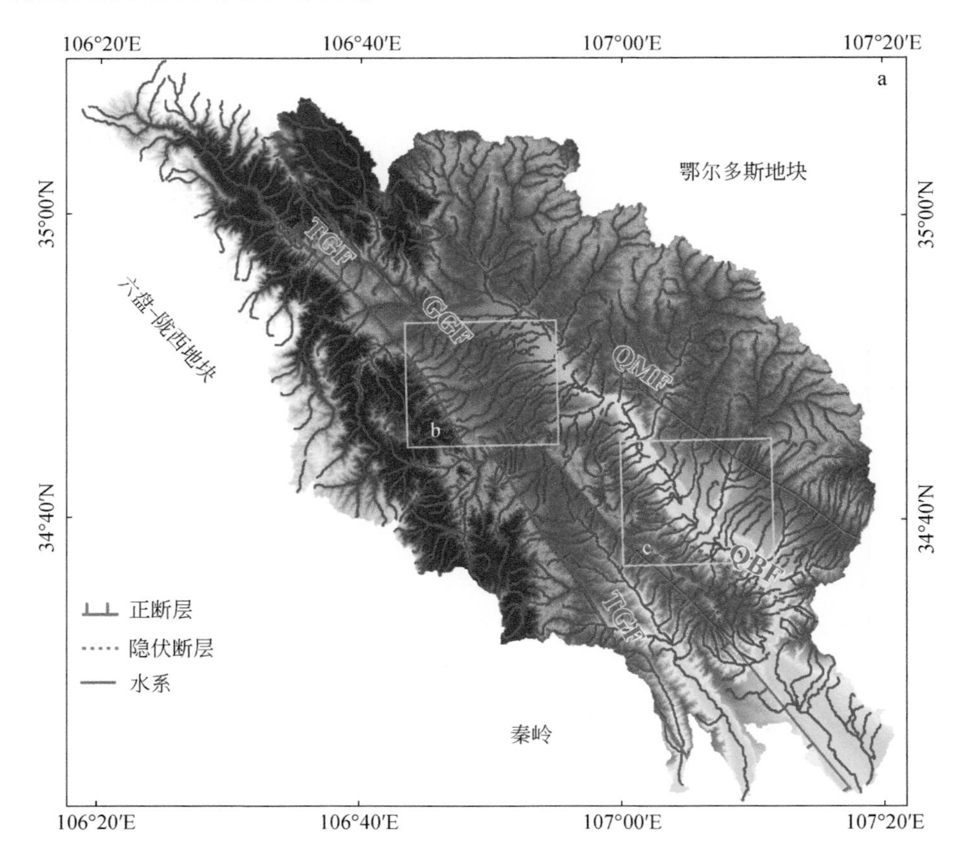

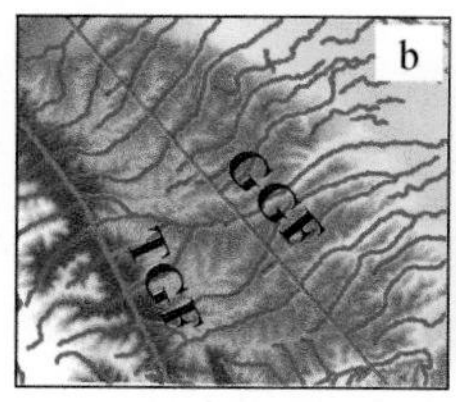

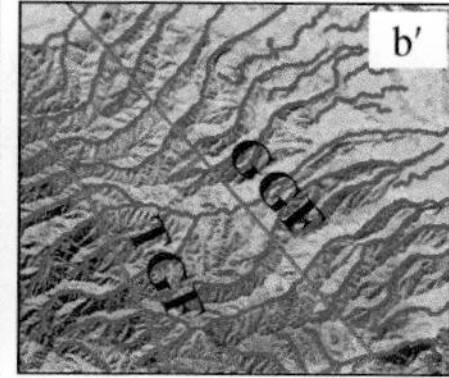

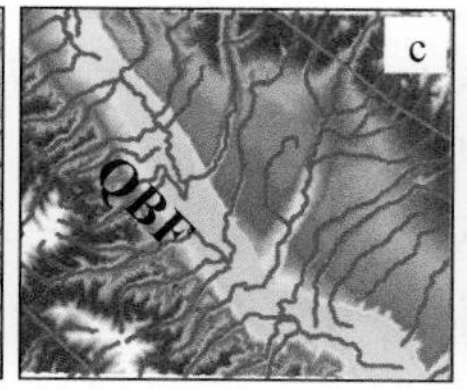

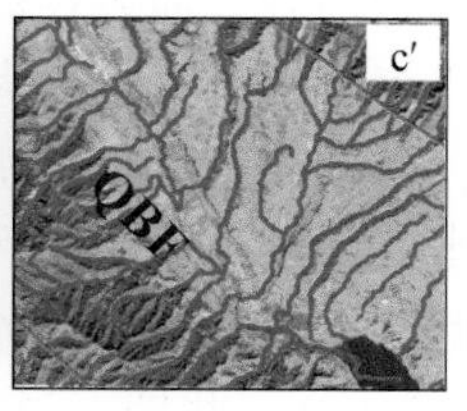

图 2.4　千河流域河网分布

b、c 分别为对应的 SRTM DEM；b′、c′分别为对应 b、c 的 Landsat 8 OLI 影像 7-5-2 波段合成

首先，从水系类型和走向角度来看，该流域水系主要以树枝状和平行状水系为主（图 2.4）。其中，树枝状水系主要集中在 QMF 和 TGF 以外靠近千河流域边界的位置，而平行状水系主要集中在断层之间靠近水系干流的位置（图 2.4b 和 c），特别是靠近千河河谷阶地和金陵河河谷阶地的位置。研究表明，水系的曲折也能反映断裂的性质，如直线状和折线状水系多为走滑断裂和正断裂（刘恩泽，2017），这些都是线性体的重要标志。研究区树枝状水系由于相对发散，在遥感数据上没有表现出特别明显的分异点（拐点、分流点和汇流点等），代表着侵蚀作用大于构造作用，对于解译构造作用不大。相反，平行状水系由于在空间分布上平行展布，因此当局部区域受到构造隆升，必然导致该类型水系产生分异点，甚至致使水系产生一些平行距离的错位，对于遥感解译地质构造而言，这是极其重要的断裂解译标志，也是重要的阶地地貌研究带。例如，千河北岸阶地区北东向河流经过 QMF 时，均向南东向产生了一定距离的滑动，而后继续沿着北东向迁移（图 2.4b），这些特征均验证了该断裂的存在，尽管野外踏勘时无法找到有效的断裂标志点。事实上，正是经过 QMF 断层的多次隆升，致使该区域地表不断抬升，黄土逐渐沉积，才逐渐形成了现今的阶地地貌形态。同样地，该断裂在遥感影像上也有相应的特征表现。如对研究区 Landsat 8 OIL 影像进行 7-5-2 波段合成时，影像上可见明显的断裂线标志及其对水系流向的调整（图 2.4c 和 c′）。因此，黄土区地貌解译，应注意若遥感数据上出现异常水系或影纹时，有可能在黄土下存在隐伏构造或隐伏地质体。

其次，从水系密度上来看，水系密度与构造的抬升与沉降、基底岩性、降雨量有关。研究表明，水系密度梯度异常区，是活动断层的重要解译区（刘恩泽，2017）。研究区西部 QMF 以北和 TGF 以西地区，分别为鄂尔多斯地块和六盘-陇西地块的黄土梁峁区，水系多为发散的树枝状水系，水系密度小；相反，断层之间所夹的阶地地貌区，水系平行展布，则多为平行状水系，水系密度大。水系密度梯度的分界线，则往往是断层出露的重要解译位置，如 QMF 东侧水系多为树枝状水系，密度小，而西侧多为平行状水系，密度大，这在某种程度上是区域地质构造抬升、地表径流和沉积环境的一种体现。在该黄土覆盖区，水系密度的大小代表着地表流量的大小，这也意味着高密度异常区说明基底岩性的透水能力较弱，而中异常区代表基底岩性透水程度一般，至于低密度异常区则表示基底岩性透水能力较强。研究区整体呈现出干流两侧水系密度大，流域边界水系密度小，因此，流域边界的透水能力更强，这与该区地质岩性分布及类型资料保持一致(图2.1c)。此外，当获取了区域河网分布后，可重点研究水系密度梯度异常分布，提升遥感解译地质构造的速度。

本章小结

本章主要围绕研究区地质概况及地貌背景进行了归纳，为进一步研究该区活动构造分布流域地貌受活动构造隆升作用的抬升结果奠定了基础，同时证实了该区主要活动断裂有关资料的匮乏，再一次揭示了该研究的必要性。

首先对研究区构造背景进行了整理，分别对区域大地构造单元、主要活动断裂及其属性、地震、岩性等进行了分析，同时探讨了活动断裂对人类隐藏的威胁，揭示了在黄土覆盖区研究活动断裂的重要意义；其次，利用遥感数据源通过对研究区剖面线提取、河谷阶地划分及定年、水系提取及地貌特征等分析，重点研究了区域构造格局、千河河谷阶地地貌与水系地貌，探讨了千河流域活动断裂的影响及其在遥感数据上的表现。

该章为解译活动构造提供了理论支持，对后续章节分析地貌对构造的响应时间及程度提供了必要的基础数据资料，对区域构造运动和沉积环境具有指示意义。

第3章　基于多源遥感数据的千河流域地质线性体提取与分析

千河流域地处鄂尔多斯地块西南缘黄土深覆盖区，而第四系黄土自身质量轻且易风化，在地表逐渐堆积从而掩盖各种地质体。因此，难以在遥感影像上发现明显的断层等地质构造解译的标志。线性体作为一种重要的断层解译标志，代表着断层在地质薄弱区，是地质构造在地貌上的一种表征（刘春学等，2014）。特别是黄土覆盖区这种特殊的地质地貌区，在野外地质踏勘时由于区域海拔等原因难以进入实地勘探，因此，线性体的出现为解译区域地质构造提供了契机，利用遥感技术研究千河流域线性体分布并揭示其地质意义成为本章的主要内容。

综上所述，为了解决“千河流域地质构造的空间展布规律及其地质构造意义”这一科学问题，本章首先围绕地质线性体在多源遥感数据上的线性特征，阐述一种基于张量投票耦合霍夫变换的地质线性体提取算法，为后续解译识别构造、评价该区的地质线性体的展布及构造意义提供依据。本章的主要目的包括以下几点。

（1）以 Landsat 8 OLI 遥感影像为数据源，利用本章所提的张量投票耦合霍夫变换算法提取千河流域地质线性体，并评价该算法的精度；

（2）利用该流域地质线性体的长度、密度、方位等分析其空间分布形态及线性构造的趋势；

（3）利用分形理论分析线性体的维数和分形图谱特征，并揭示其地质意义。

3.1　基于张量投票耦合霍夫变换的地质线性体提取算法

在本研究中，实现了针对黄土覆盖区的地质线性体的提取算法，主要由以下几个步骤组成。

（1）数据预处理：对 Landsat 8 OLI 遥感影像进行辐射定标、大气校正、图像裁剪、主成分分析等处理，获取线性体提取的最佳主成分，使用高通高斯滤波锐化边缘，作为后续分析的基础数据源；

（2）边缘检测：用张量投票将像素点转变为棒状和球状张量，结合张量线性组合方式中显著性，判定像素点的归属（边缘点和非边缘点），并保留边缘像素点；

（3）线性提取：使用霍夫变换把图像空间中线的提取问题就转化为寻求参数空间中的峰值问题，将图像域的边缘点转变为霍夫域中的参数曲线，判断交线交点处的累加程度检测边缘，形成最终的线性体图。

综上所述，本算法的基本流程如图 3. 1 所示。

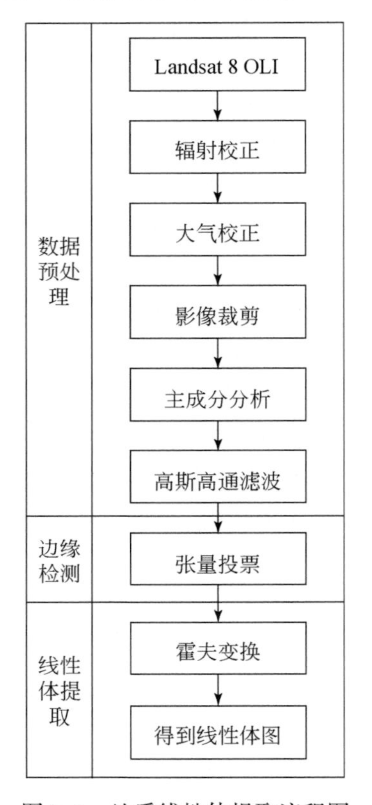

图 3. 1　地质线性体提取流程图

3. 1. 1　遥感数据预处理

数据预处理是有效降低噪声、保证结果准确性的前提，这是因为 DEM 数据和遥感影像之间的地理位置、影像灰度变化不一、光照强度和传感器方位角等因素影响着最终线性体的空间分布，因此，首先应该对数据进行预处理，以保证最终结果可以相互对比与匹配。更进一步讲，数据预处理的前提是合适的数据源选择，只有数据资料足够齐全，分析才能足够深入，达到理想的显著的解译提取效果。尤其像黄土这种特殊的土壤，可利用的基础资料极少，实地踏勘的条件比较困难和复杂，从某种程度上增加了解译分析研究的成本。故而选择合适的数据源，并对之进行预处理，就显得很有必要了。

目前，可用于线性构造提取的遥感影像有很多，常用的有 Landsat（曹代勇等，2017）、SPOT（Ahmadirouhani et al.，2017）、ASTER（Adiri et al.，2017）、Sentinel 1（Adiri et al.，2017）、Quickbird（Rahnama and Gloaguen，2014b）等卫星影像。在这些影像中，Landsat 8 OLI 影像由于波段较多，且成像信息丰富，无须多余的成本即可获取，中等分辨率即可满足常规的地质线性体提取要求，因此，被广泛应用于地质线性体的提取中（曹代勇等，2017）。但值得注意的是，黄土台塬区中的道路、水系等，由于遥感影像分辨率的原因，也可能被识别成线性体。所以，过高的分辨率（如资源三号 ZY-3 卫星影像，空间分辨率为 2.1m），并不一定会产生最优的效果，甚至会在影像上产生干扰信息，造成错误的结果，影响后续的分析，而这也正是不使用资源三号卫星多光谱影像的原因之一。此外，本研究使用 2017 年和 2018 年两景 Landsat 8 OLI 融合影像作为数据源之一，也是因为线性体通过地质构造的隆升和河流的下切作用相互影响，可以在不同的波段上做出响应，凸显地质构造等线性特征。因此，在影像数据源方面，主要使用的是中等分辨率的 Landsat 8 OLI 影像，其影像相关参数见表 3.1 所示。综上所述，亟须一种新型的方法，特别是能够适应于黄土覆盖区的线性体提取方法，不仅能够考虑影像的分辨率、色调和纹理，还能准确识别线性体的位置及其空间分布。

表 3.1　研究区遥感影像参数

影像名	传感器类型	分辨率	时间	Path/Row①	云量/%	太阳方位角/(°)	太阳高度角/(°)
LC81280362017354	Landsat 8 OLI	多光谱（30m）	2017 年 12 月 24 日	128/36	0.07	158.42	28.76
LC81290362017361		全色（15m）	2018 年 1 月 3 日	129/36	0.49	157.52	28.60

① Path：对于卫星影像，该参数是指图像南北（经度）方向的中心线所在的位置。Row：对于卫星影像，该参数是指图像东西（纬度）方向的中心线所在的位置。

当然，也正是由于 Landsat 8 OLI 影像波段多，单景影像覆盖范围广，不可避免的需要考虑多波段带来的冗余噪声。为了减少该噪声影响，首先使用波段最佳指数法（optimum index factor，OIF），来选择提取地质线性体的最优波段。具体计算公式如式（3.1）所示：

$$\mathrm{OIF} = \frac{\sum_{i=1}^{3} S_i}{\sum_{j=1}^{3} |R_{ij}|} \tag{3.1}$$

式中，S_i为第 i 个波段的标准差；R_{ij}为 i、j 两个波段的相关系数。

计算遥感影像 n 个波段的相关系数矩阵，再从挑选的波段组合中计算 OIF，

OIF越大，则组合影像的信息量越大（陈玲等，2012）。此法考虑了波段之间的相关程度，便于理解和计算，常用于Landsat和ASTER波段较多的遥感影像。在该法中，标准差与影像的对比度和信息量成正相关，意味着标准差越大，对解译地质体的帮助越大。而相关系数越大，说明产生的冗余的信息越多，反而不利于突出地质体的色调差异。综上所述，为了得到更优的OIF，应该综合考虑更大的标准差和更小的相关系数值。

在经过传统的辐射校正、大气校正、图像裁剪等操作后，千河流域Landsat 8 OLI影像波段标准差和相关系数矩阵计算结果如表3.2和表3.3所示。其中，从表3.2来看，标准差从大到小依次为Band 6、Band 5、Band 7、Band 4、Band 3和Band 2。因此，从标准差角度，优选Band 6、Band 5和Band 7；而从表3.3来看，Band 5与Band 7拥有最小的波段间相关系数0.871，Band 6与Band 7的相关系数为0.994，为波段间相关系数最大的，且其与其他波段的相关系数均大于0.886，因此，从相关系数的角度，优选Band 5-Band 7，而Band 6则不建议选，应尽量避开此波段。同时，如表3.3所示，Band 2-Band 3、Band 2-Band 4、Band 3-Band 4、Band 3-Band 7、Band 4-Band 6、Band 4-Band 7、Band 6-Band 7相关系数均大于0.92，也应该尽量避开这样的波段组合。此外，Band 7处于Landsat 8 OLI影像的短波红外波段，可以突出基岩、矿化等地质现象，因此，其主要用于基岩识别、蚀变提取、地质解译等研究中，特别是特定地貌区地物的区分有明显的作用。因此，优选Band 7。在排除了一些波段组合后，Band 2与其他波段的相关系数较小，则可以优选。综上所述，使用OIF法优选的波段有Band 7、Band 5和Band 2。

表3.2　千河流域Landsat 8 OLI影像波段标准差

波段名	Band 2	Band 3	Band 4	Band 5	Band 6	Band 7
标准差	0.023	0.033	0.041	0.100	0.107	0.078

表3.3　千河流域Landsat 8 OLI波段相关系数矩阵

相关系数	Band 2	Band 3	Band 4	Band 5	Band 6	Band 7
Band 2	1	0.989	0.970	0.877	0.886	0.902
Band 3	0.989	1	0.985	0.920	0.918	0.928
Band 4	0.970	0.985	1	0.883	0.948	0.964
Band 5	0.877	0.920	0.883	1	0.897	0.871
Band 6	0.886	0.918	0.948	0.897	1	0.994
Band 7	0.902	0.928	0.964	0.871	0.994	1

最终，千河流域 OIF 计算结果如表 3.4 所示。研究表明，常用于地质线性构造提取的波段组合分别是 432、543、742 和 752（Madani，2002）。如表 3.4 结果所示，OIF 值中波段组合从大到小排序为 567、456、356、256、457、467、357、367、257、267、346、345、246、245、236、235、347、247、237、234。而结合以上的分析，含有 Band 6 的波段组合应该首先去除，优选 Band 5 和 Band 7，同时根据波段组合应该避开的波段，最优的波段组合为 257，便于增强线性边缘的色调差异，与以往的研究结果保持一致（Madani，2002；刘恩泽，2017），其组合结果如图 3.2 所示。

表 3.4　千河流域不同波段组合对应的 OIF 计算结果

波段组合	OIF	波段组合	OIF	波段组合	OIF	波段组合	OIF
234	0.033	246	0.061	345	0.062	367	0.077
235	0.056	247	0.050	346	0.063	456	0.091
236	0.058	256	0.086	347	0.053	457	0.081
237	0.048	257	0.076	356	0.088	467	0.078
245	0.060	267	0.075	357	0.078	567	0.103

如图 3.2 所示，经过最佳波段指数法 OIF 处理，线性体的光谱和纹理特征得到了极大的提升，后续进行目视解译线性体时，采用该合成影像可以将其作为基础影像，便于后续分析。研究区线性体主要分布在沟壑纵横的山区，主要集中在六盘-陇西地块和鄂尔多斯地块的山谷和山脊、地质构造线、水系同步转折等（图 3.2）。如图 3.2a 所示，TGF 和 GGF 的西北段将千河错断，呈现出明显的水系转折，图 3.2d 也呈现出类似现象，这是构造识别的重要标志。此外，如图 3.2b 所示，北东向河谷平行展布，而该小区域西南河谷则呈现出垂直于该平行河谷的分布，为隐伏断层的重要解译标志。至于千河两侧的线性条带（图 3.2c 和 d），进一步勘察为耕地，这是断层隆升所形成的河谷阶地，阶地线的识别与划分对于研究构造隆升的时间有极大的辅助作用（樊双虎等，2016，2020a）。除水系转折外，断层 QMF 两侧（图 3.2d）的色调差异则显示了该断层不仅是山体与平原的交界线，同时也是断层的分界线。综上所述，遥感影像上的色调、纹理、对比度、水系分布与同步转折等都是构造识别定位的重要解译标志。值得注意的是，水系特征线（山谷线）不仅仅是线性体，其分布是地下线性体受构造隆升在地貌上所形成的结果，对于地下水的识别极为重要。因此，线性体的分布一方面可以指示线性构造、河谷阶地、地下水、地下矿产资源的位置和分布；另一方面，可以间接反映及地块应力的方向和趋势。

值得注意的是，即便进行了波段组合，由于研究区大面积覆盖第四系黄土，

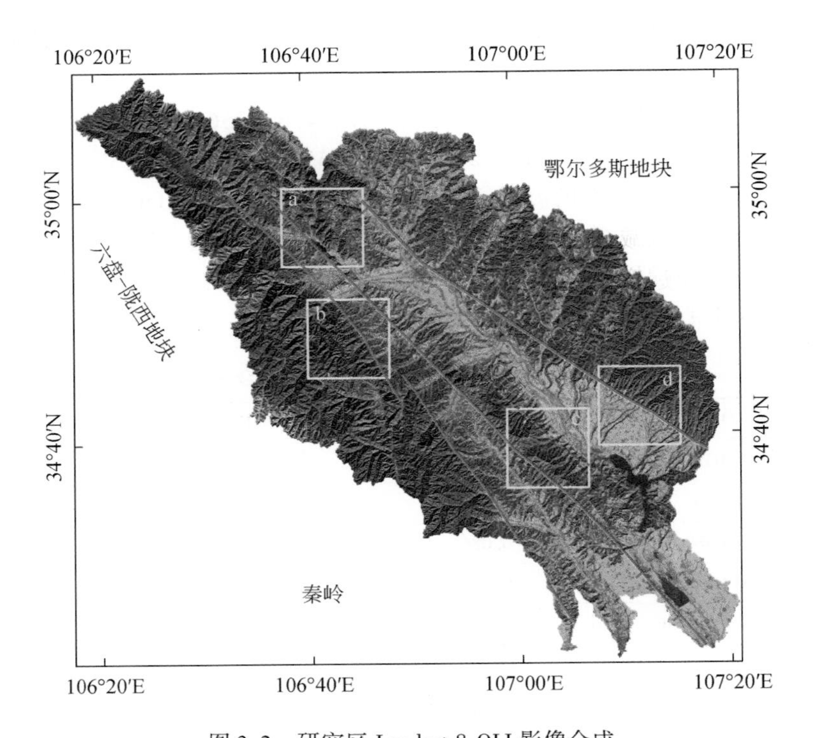

图 3.2　研究区 Landsat 8 OLI 影像合成

该影像为 Band 7、Band 5 和 Band 2 分别赋予红、绿、蓝三个通道合成，断裂名字见图 2.1；a、b、c、d 为线性体提取的感兴趣区域

所以仍有很多区域在图 3.2 上是难以识别出线性体的，同等条件下，一些隐伏的线性体在色调、亮度等差异不明显。坡度、坡向等地形的变化在遥感影像上造成的阴影也难以忽视，会造成目视解译的误判。这其中还包含波段之间的相关性，导致本该凸显的信息反而没有突出显示。因此，为了进一步去除波段间相关性对线性体差异性突出差的影响，采用主成分分析法对图 3.2 中 Landsat 8 OLI 遥感影像进行分析处理，使用最少的数据满足最优的结果，即用数据降维达到数据压缩的目的。

在多光谱遥感影像数据中，往往存在 3 个或 3 个以上的多波段数据。因此，可将其视为一组多变量的数据，而其中很多变量通常由于某一种因素而导致其同时变化。也正是这个因素，导致多余的仪器测量到了冗余的系统变量，也就是说产生了冗余信息。主成分分析法正是解决这一问题的常规方法，从而达到数据压缩、数据降维和简化变量的目的。通过对原始变量进行线性变化，产生一组新的变量，每一个变量都是原始变量的线性组合，称之为主成分。正因如此，并不存在冗余信息。主成分之间相互正交，彼此互不相关，但维数不变，形成了原始数据空间的一组正交基。这种方法可以解释为将 m 维特征映射到 n 维上（$n<m$）[式（3.2）]，这里的 n 维特征是新构建的且不是简单地从 m 维特征中去除其余 $m-n$ 维特征得到的。而这一过程中最关键的环节就在于选取前 n 个特征值和特征向量，利用特征向量和特征值进行投影，就实现了数据的降维与压缩。因此，主成分分析法不仅可以减少数据的维数和指标选择的工作量，同时保持原始数据集的主要特征，减少过度拟合的可能性。

$$\begin{bmatrix} y_1^i \\ y_n^i \\ \vdots \\ y_n^i \end{bmatrix} = \begin{bmatrix} u_1^{\mathrm{T}} \cdot (x_1^i, x_2^i, \cdots, x_m^i)^{\mathrm{T}} \\ u_2^{\mathrm{T}} \cdot (x_1^i, x_2^i, \cdots, x_m^i)^{\mathrm{T}} \\ \vdots \\ u_n^{\mathrm{T}} \cdot (x_1^i, x_2^i, \cdots, x_m^i)^{\mathrm{T}} \end{bmatrix} \tag{3.2}$$

如图 3.3 所示，一组不同特征的点离散地分布在三维空间中，可以很容易地利用点的三维坐标（x，y，z）表示这些点，但很难区分它们，且数据量极大。这些点的分布看似杂乱无章，实则代表着四组不同的特征。因为这些点高度相关，所以将这些点区分成不同的类显得很困难，主成分分析就是寻找空间中的一个斜面，把这些点区分成不同的类。通过旋转、平移坐标，则可以实现原始的三维坐标到二维坐标的转换，因此也就可以利用二维的坐标表示三维的特征，也就是原始的一组数据经过一定的旋转、平移被划分出如图 3.3 所示的新的四组类别。所以，主成分分析法就实现了数据的降维，同时能够保留原始数据的主要特征。

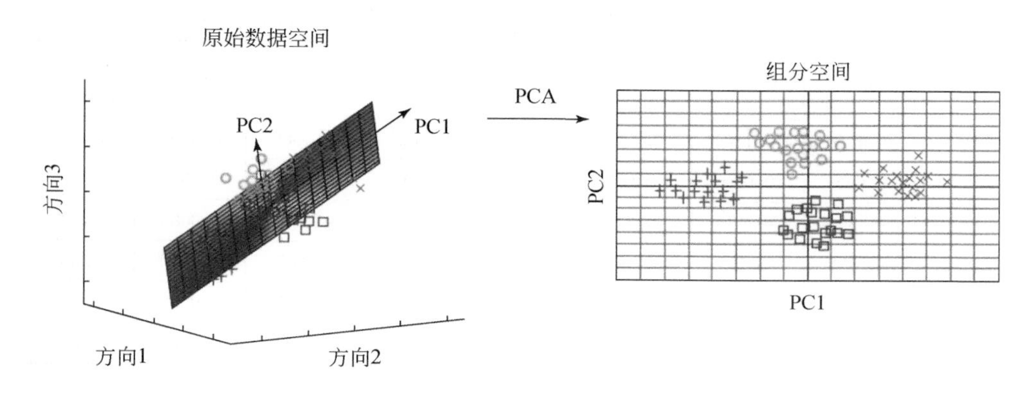

图 3.3　主成分分析法示意图

主成分分析的关键在于求取特征值和对应的特征向量，并进行投影。具体而言，通过坐标轴的转换，获取特征向量（即方差最大的方向，这时的信息量最大、影像信噪比最优，从而可以增强影像的差异），因为每一个特征向量都可以视为一个投影面，n 个投影面生成 n 个新的特征，而特征值就是原始数据投影到这个面的方差。此时，根据特征值的排序，选取主要的主分量（方差较大的，特征值占比>85%）作为最终的结果，达到降维的目的。因此，主成分分析法可以保证变换前后的信息量不变，且主分量之间独立，从而遵循能量守恒定律。也正因为如此，主分量影像既可以保证足够的信息量，而没有多余的信息，同时又能够保证主分量波段之间的独立性，也即方差达到最大。主成分分析影像数据量越小，数据压缩致使比原始的波段数越少，反而能够突出地物之间的差异，对比度越强、噪声越小，因此，更利于地质构造的解译与分析。

利用主成分分析原理，获取了千河流域 Landsat 8 OLI 影像 6 个波段的特征向量和特征值，结果如表 3. 5 所示。每个主成分均由 Band 2 ~ Band 7 组成，第一主分量（PC1）由 6 个正值特征向量组成，权重贡献占整体的 94. 27%，已经达到数据降维的标准。而第二主分量（PC2）中 Band 5 的特征向量（0. 808）大于其他波段的特征向量，所以此主分量难以作为组合的部分。对于第三主分量（PC3）和第五主分量（PC5），尽管特征向量正负不一，也即权重贡献存在差异，对于突出线性体有极大的帮助，但权重贡献在整体权重贡献所占比极小。而剩下的第四主分量（PC4）和第六主分量（PC6）的特征值为 0，信息量极小，且有一定的噪声，因此会影响最终的结果，也需要去除。综上所述，第一主分量（PC1）既满足特征值占比优势（>85%），又能保证足够的信息量，从而达到突出地质体的效果，第一主分量 PC1 如图 3. 4 所示。

表 3. 5　千河流域 Landsat 8 OLI 影像主成分分析特征向量矩阵

主分量	Band 2	Band 3	Band 4	Band 5	Band 6	Band 7	特征值	特征值占比/%
PC1	0. 123	0. 186	0. 231	0. 556	0. 623	0. 447	0. 0290	94. 27
PC2	0. 015	0. 051	−0. 097	0. 808	−0. 410	−0. 410	0. 0014	4. 61
PC3	−0. 465	−0. 536	−0. 571	0. 138	0. 384	−0. 060	0. 0003	1. 02
PC4	−0. 538	−0. 193	0. 266	0. 119	−0. 474	0. 603	0. 0000	0. 06
PC5	0. 489	0. 029	−0. 650	0. 037	−0. 267	0. 515	0. 0000	0. 03
PC6	−0. 489	0. 799	−0. 344	−0. 061	0. 034	0. 008	0. 0000	0. 00

经过主成分分析后，地质体的差异特征（如饱和度、纹理、对比度等）被有效地突出（图 3. 4a），这对于线性体的解译和识别是极其有帮助的。尽管在色调上难以达到 OIF 法的效果（图 3. 2），但波段之间的相关性被合理地去除了，因此，影像噪声更少。图 3. 4b ~ e 为选取的局部区域放大的第一主分量 PC1 图

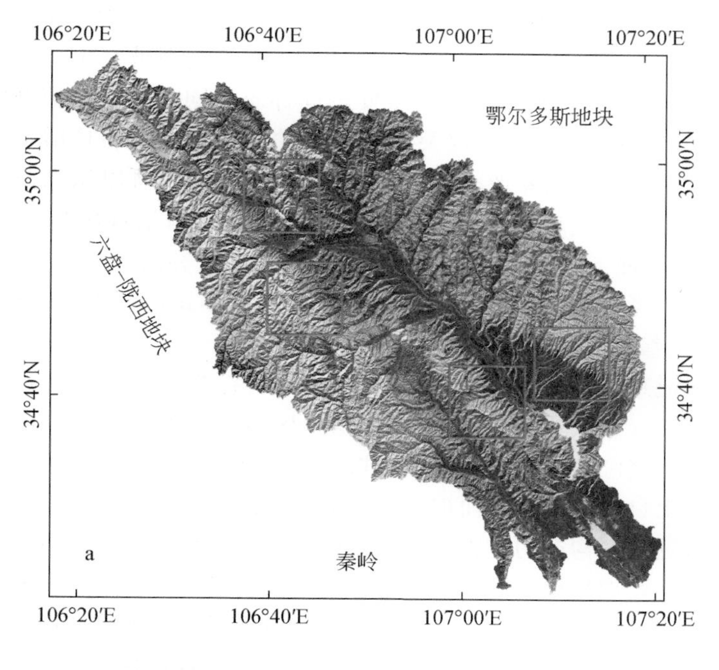

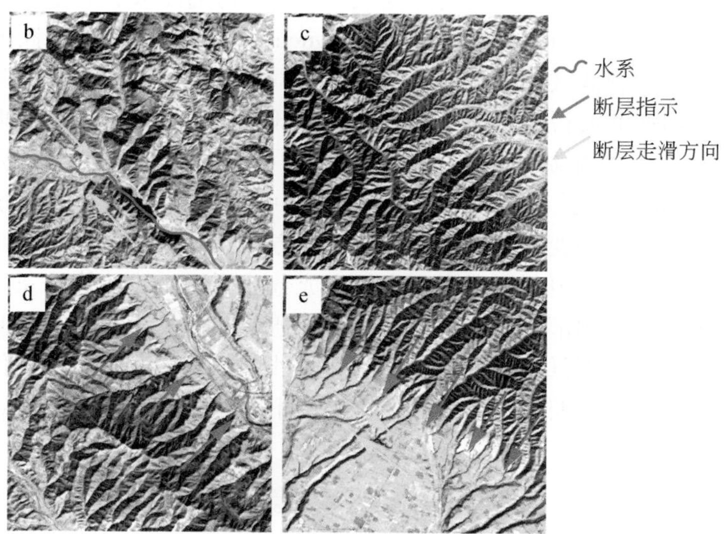

图 3.4　千河流域 Landsat 8 OLI 影像主成分分析

a-第一主分量 PC1 影像图；b ~ e 分别为该影像 4 个感兴趣区域的遥感影像第一主分量局部放大示意图。红线为断层，各断层名字见图 2.1

像。在图 3. 4b 和图 3. 4e 中可以看出明显的水系转折现象，为断层的走滑运动形成。此外，经过主成分分析，图 3. 4c 中细小河谷的纹理被突出，且山谷线的走向一致（呈梳状），这是解译断层的重要解译标志。同时，该区植被的干扰也得到了有效地抑制。图 3. 4d 中不仅突出了影像的色调差异，而且增强了断层三角面，这也是断层解译的重要地貌特征。而图 3. 4e 则同时可以识别出强烈的色调差异，断层以北主要呈现出暗灰色，西南侧的黄土台塬呈现出亮白色。图 3. 4b 和图 3. 4e 中区增强了山体阴影，因此，线性体边缘更突出。

综上所述，考虑到研究区遥感影像数据量和 Matlab 的处理能力，利用图 3. 4b ~ e 作为后续处理的数据源。

线性体在遥感影像上主要表现为山脊线与山谷线、断裂破碎带、地质体边缘、节理等特征（曹代勇等，2017），而这些区域灰度变换大，梯度异常区则可视为线性体。研究区第四系黄土风化严重，尽管该区岩性众多，但大量出露的岩层由于上覆黄土自身质量较轻而被迅速覆盖，因此在遥感影像上难以根据岩性的出露点特征鉴定线性构造的位置，也就难以精准定位线性体。所以，对数据源进行进一步的增强处理是很必要的，因为这样不仅可以突出弱边缘，同时也可以提高算法的准确率。常规情况下，主要是对输入影像进行降噪和边缘增强。均值、中值滤波等空域算法主要应用于局部区域，高通、低通滤波、高斯等频域算法则主要是应用于全局区域（Rahnama and Gloaguen，2014a）。根据线性体的灰度梯度变化，常采用频域滤波处理来进行图像增强，从而抑制影像上部分噪声。以往的研究多直接高通滤波锐化图像获取边缘，但部分噪声也被提取。高斯高通滤波［式（3. 3）］是一种抑制图像频谱的低频信号而保留高频信号的模型滤波器（Goren et al.，2014），这种滤波可以使得频域中的高频分量通过，而这部分分量对应着图像中灰度急剧变化的地方，而这些地方往往正是物体的边缘部分，至于频域中的低频部分则被阻断。考虑到在用主成分分析后，线性体的灰度变化被突出，在频域表现为高频部分，因此经过高斯高通滤波后，线性边缘等高频部分被保留下来，而非边缘等低频部分则被抑制。此外，这种滤波同时对图像噪声有一定的衰减作用。研究表明，该滤波器在抗噪声干扰和边缘定位上有一定的平衡作用（Gonzalez et al.，2011）。

$$H(u,v)=1-e^{-\frac{D^2(u,v)}{2D_0^2}} \tag{3.3}$$

式中，$D(u, v)$ 为频率域中点（u，v）与频率矩形中心的距离；D_0为常数。

3. 1. 2 图像边缘检测

高斯高通滤波后，便可以直接进行边缘检测。边缘检测算法必须满足以下 3 个条件：

（1）抑制噪声，应该能检测到更多的正确边缘，抑制非边缘等噪声对结果的影响；

（2）精确定位，检测结果与实际结果尽可能与真实边缘对应与接近；

（3）单独标识，每个边缘只能标记一次，且应消除一个边缘对应多个标记的现象。

因此，本研究使用张量投票的方法进行线性边缘的提取。张量投票最早是由 Guy 和 Medioni（1996）提出的，是一种机器视觉中感知重组的方法。利用张量鲁棒性强的特点，以及待提取特征目标及其邻域之间的信息相关性，将张量表示的待提取特征经过类似卷积的方式进行稀疏和多尺度密集投票，叠加矢量和，突出边缘特征的显著性，而噪声区域则与邻域无显著性特征，提取线性边缘且消除噪声（图 3.5）（Maboudi et al.，2016）。简言之，影像中的每一个像素，与邻域的另一个像素构成一个张量，因此，可以与所有的邻域像素构成张量场。至于显著性特征，是把图像中的离散的点、线或面等聚集，使得生成的特征更具结构性。因此，根据上文定义，每个像素收到邻域像素的投票大小是不一样的，方向也不一致，因此，最终的投票结果也是不一样的。当显著性特征一致，则可以视为同一条边缘上的点。该算法有较强的定位精度和抗噪能力，能满足边缘检测的条件，同时其对噪声具有鲁棒性、非迭代性、尺度参数唯一等特点。根据密集投票，获取最大矢量和，提取线性边缘像素并连接。主要通过三个步骤实现：张量编码、张量投票和张量分解。

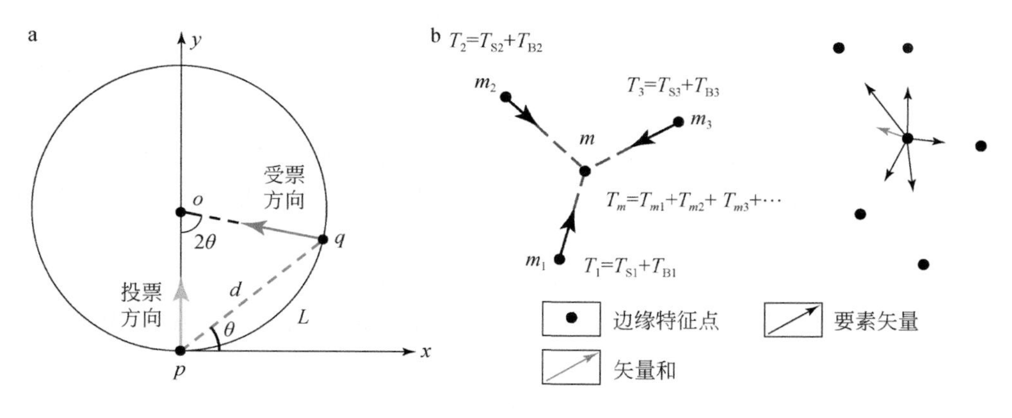

图 3.5　张量投票示意图

1. 张量编码

每个像素点的张量都是带有方向和大小的，因此，张量是具有矢量的特性的。而在几何中，每个张量 T 都可以看成是一个椭圆，椭圆越扁表示这个点在边缘上的可能性越大。椭圆的长、短轴可以表征为棒张量和球张量，分别代表着图像域中边缘点和孤岛点。如图 3.5b 所示，在实际编码中，将每个像素点 m 邻域的点 m_1、m_2、m_3、…、m_n 等进行张量编码 T_1、T_2、T_3、…、T_n，并将其转化为棒张量（T_{Si}，$i=1, 2, 3, \cdots, n$）和球张量（T_{Bi}，$i=1, 2, 3, \cdots, n$）的线性组合。具体而言，该步骤是将对图像中的每一个像素点进行拉普拉斯算子卷积操作，从而实现对每一个像素点的张量编码。对于二维空间中的点，可以用张量表示如下：

$$\boldsymbol{T}=\begin{bmatrix} \dfrac{\partial^2 I}{\partial x^2} & \dfrac{\partial^2 I}{\partial x \partial y} \\ \dfrac{\partial^2 I}{\partial x \partial y} & \dfrac{\partial^2 I}{\partial y^2} \end{bmatrix} \tag{3.4}$$

式中，$\dfrac{\partial^2 I}{\partial x^2}$和$\dfrac{\partial^2 I}{\partial y^2}$分别为图像 I 沿 x 和 y 方向的二阶导数，使用拉普拉斯算子 L 计算二阶导数，算子如下：

$$L=\begin{bmatrix} 0 & 1 & 0 \\ 1 & -4 & 1 \\ 0 & 1 & 0 \end{bmatrix} \tag{3.5}$$

对其进行奇异值分解，可得

$$\begin{aligned} \boldsymbol{T} &= [\boldsymbol{e}_1 \quad \boldsymbol{e}_2] \begin{bmatrix} \lambda_1 & 0 \\ 0 & \lambda_2 \end{bmatrix} \begin{bmatrix} \boldsymbol{e}_1^{\mathrm{T}} \\ \boldsymbol{e}_2^{\mathrm{T}} \end{bmatrix} \\ &= \lambda_1 \boldsymbol{e}_1 \boldsymbol{e}_1^{\mathrm{T}} + \lambda_2 \boldsymbol{e}_2 \boldsymbol{e}_2^{\mathrm{T}} \end{aligned} \tag{3.6}$$

式中，λ_1和 λ_2为特征值，且满足 $\lambda_1 \geqslant \lambda_2 \geqslant 0$；$\boldsymbol{e}_1$、$\boldsymbol{e}_2$为对应的特征向量。

因此，根据矩阵谱分解定理，张量 $\boldsymbol{T}$ 可以表示为特征值和特征向量的线性组合。式（3.6）可转化为

$$\boldsymbol{T}=(\lambda_1-\lambda_2)\boldsymbol{e}_1 \boldsymbol{e}_2^{\mathrm{T}}+\lambda_2(\boldsymbol{e}_1 \boldsymbol{e}_1^{\mathrm{T}}+\boldsymbol{e}_2 \boldsymbol{e}_2^{\mathrm{T}}) \tag{3.7}$$

式中，$\boldsymbol{e}_1 \boldsymbol{e}_1^{\mathrm{T}}$和（$\boldsymbol{e}_1 \boldsymbol{e}_1^{\mathrm{T}}+\boldsymbol{e}_2 \boldsymbol{e}_2^{\mathrm{T}}$）分别为棒分量和球分量；（$\lambda_1-\lambda_2$）和 λ_2为对应棒状特征和球状特征的显著性指标。

将张量 $\boldsymbol{T}$ 进行几何分解，如图 3.6 所示。

由图 3.6 可知，给定 β、λ_2和 $\lambda_1-\lambda_2$，即可唯一确定一个椭圆，也即唯一确定这个张量。

2. 张量投票

张量编码后，每个像素点都会对邻域像素传递投票（张量矩阵），且是球张

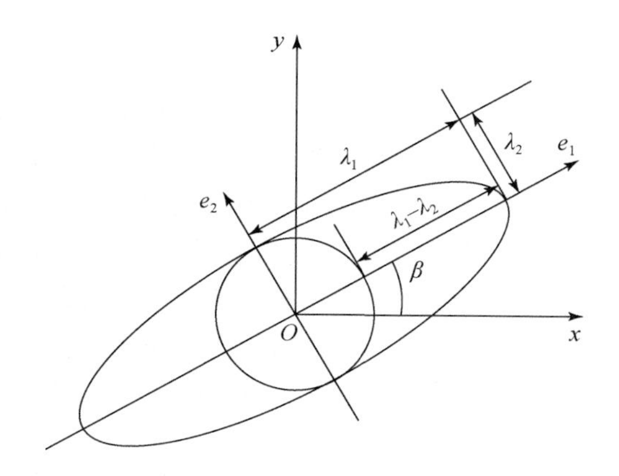

图3.6　张量投票几何分解（温佩芝等，2012，有删减）

量和棒向量各自投票，而中心点不断累加来自各个方向的张量和。实验中，张量投票按照先球张量后棒张量的顺序进行投票，其投票场如图3.5a所示。假设 p 点为投票器，q 点为接收器，L 为曲线 pq 的弧长，d 为线段 pq 在密切圆⊙O 上的弦长，θ 为线段 pq 与密切圆⊙O 切线方向的夹角，k 为曲线 pq 的曲率。之所以选择单位圆，是因为可以保证弧 L 的曲率不变。因此，易得式（3.8）：

$$\angle poq=2\theta \tag{3.8}$$

$$L=\frac{d\times\theta}{\sin\theta} \tag{3.9}$$

$$k=\frac{2\sin\theta}{d} \tag{3.10}$$

此时，q 点受到 p 点的投票 $V(q)$ 可以按照式（3.11）~式（3.14）计算：

$$V(q)=\mathrm{DF}(L,k,\sigma)N_qN_q^T \tag{3.11}$$

$$N_q=N_p[-\sin(2\theta),\cos(2\theta)]^T \tag{3.12}$$

$$\mathrm{DF}(L,k,\sigma)=\mathrm{e}^{-\frac{L^2+ck^2}{\sigma^2}} \tag{3.13}$$

$$c=\frac{-16\log_2(0.1)\times(\sigma-1)}{\pi^2} \tag{3.14}$$

式中，N_p 和 N_q 分别为投票器和接收器的法向量；$\mathrm{DF}(L,k,\sigma)$ 为显著性函数；k 为曲率；σ 为投票邻域范围，是投票域尺度因子；c 为控制DF快慢的参数。在实际图像处理中，需要频繁的旋转坐标系（频繁地变换 θ 值）才能计算出张量分量，以使得张量计算便利，但与此同时也降低了运算效率。因此常规做法是计算单位张量场。

3. 特征提取

经过投票，每一个像素点的张量经过投票累加后得到了一个新的张量 $\boldsymbol{T}'$。将新的张量重新分解，转化成式（3.7）的形式，并得到新的对应的特征值和特征向量，以及新的棒状分量和球状分量的显著性指标 $\lambda_1'-\lambda_2'$ 和 λ_2'。地质线性体在遥感影像上灰度变化快，张量投票后，边缘点叠加矢量和变化大，而非边缘点矢量和几乎没有变化，因此，线性边缘可以被保留下来，也即投票解释。

在实际运算中，使用以下条件判断是否为边缘像素点：

（1）当 $\lambda_1'\approx\lambda_2'$ 时，表明新的张量椭圆的长轴等于短轴，该像素位于一个区域内部点或者交叉处，该像素判断为非边缘点；

（2）当 $\lambda_1'-\lambda_2'>\lambda_2'$ 时，表明新的张量椭圆的长轴大于短轴，该像素为位于线性边缘上的点。

此时，根据该判定条件，就可以利用像素点的法向量，判断点的属性并将其保留，从而实现特征提取。

综上所述，通过张量投票提取图像上线性边缘特征，像素点由于受到邻域不同方向的投票而张量相互抵消，线性边缘点由于只得到邻域的边缘点的投票而得到增强，而非边缘点由于没有受到邻域点的投票而孤立，没有保存下来。最终，边缘点和非边缘点均被合理地解释而取舍，从而提取到线性边缘特征点。

3.1.3　线性体提取

张量投票后，得到的是线性边缘的二值黑白图像，抑制了噪声，因此从该结果图像中提取线性体就显得简单。霍夫变换正是从图像中分离出具有某种相同特征的几何形状的一种图像信息提取技术，具有良好的抗噪性和受边界间断影响小等优点，已被广泛应用于线性体提取和重力场的研究中。其问题来源是在图像空间（也就是笛卡儿坐标系中），如果仅有两个已知点，是很容易确定过这两点的直线的。但对于一幅线性体边缘二值图像而言，图像中并不仅仅只有一条直线，往往是多条线性边缘，因此，无法使用常规的最小二乘拟合算法利用已知点拟合直线。此时就需要借助于参数空间。霍夫变换的核心就是将图像域的图像空间变换到霍夫域的参数空间（图 3.7），换言之，是将线上的点坐标（x，y）用参数斜率 k、截距 b、垂距 β 和角度 θ 等参数来表示。根据局部线性特征走向获得线性边缘方向，判断交线交点处的累加程度检测边缘。因此，把图像空间中线的提取问题就转化为寻求参数空间中的峰值问题（图 3.7）。如图 3.7 所示，霍夫变换基本思想过程如下。

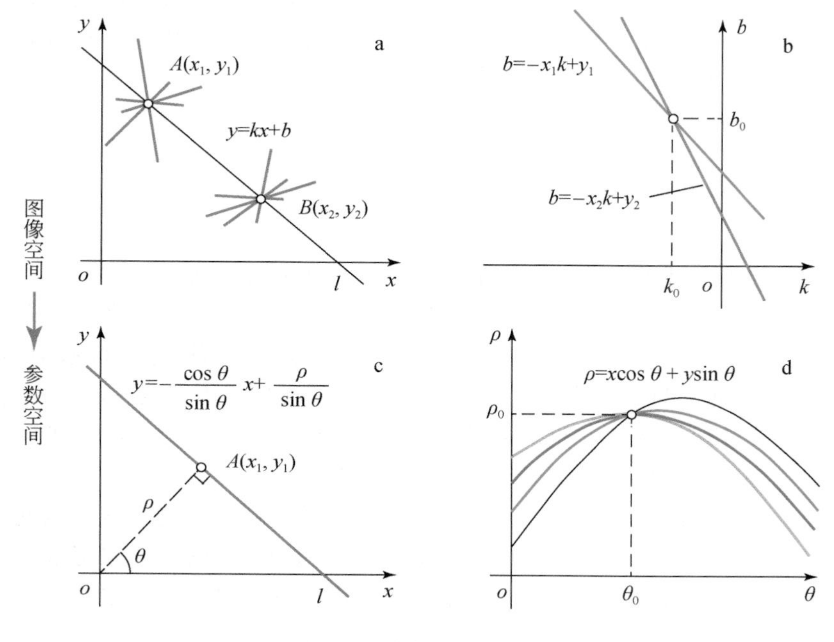

图 3.7　霍夫变换示意图

在图像空间 xoy 坐标系中，已知图像上点的像素坐标 $A(x_1,\ y_1)$ 和 $B(x_2,\ y_2)$（图 3.7a），在空间中经过该 A、B 的直线都分别有无数条。而在这无数条直线中，有且只有一条同时经过 A、B 的直线（$y=kx+b$）。此时，将 A、B 的坐标代入该直线方程，并转为以参数 k 和 b 表示的参数方程，可得

$$b=-x_1k+y_1 \tag{3.15}$$

$$b=-x_2k+y_2 \tag{3.16}$$

如图 3.7b 所示，经过图像空间到参数空间的转换，在参数空间中，式（3.15）和式（3.16）代表着两条不同的直线。也即原始的图像空间中的 A、B 两点，在霍夫空间中则代表着两条直线。反之，霍夫域中两条直线的交点（k_0，b_0）（图 3.7b），代表着图像域中具有相同的斜率 k 和截距 b 的直线，因此才能在图像域中找到唯一的直线。因此，霍夫域中的直线的交点，则对应着图像域中的一条直线。此时，如果可以根据像素点坐标（x，y）绘制霍夫空间中的直线，获取霍夫域中直线的交点（k_0，b_0），那么就将图像中的线性边缘从笛卡儿坐标系转到了霍夫空间。

尽管如此，斜率–截距（k-b）霍夫空间并不能提取图像域中所有的直线，这是因为当直线垂直于 x 轴时，$k=\infty$ 是难以在斜率–截距霍夫空间中表示的。因

此，极坐标的出现很好地弥补了这一缺陷，即利用原点到直线的距离 ρ 和垂线与 x 轴的夹角 θ 作为新的霍夫域参数空间的参数（图 3.7c）。此时，原始的直线方程 $y=kx+b$ 可以进一步转变为式（3.17）：

$$y=-\frac{\cos\theta}{\sin\theta}x+\frac{\rho}{\sin\theta} \tag{3.17}$$

整理后，可得

$$\rho=x\cos\theta+y\sin\theta \tag{3.18}$$

同理，根据上述 k-b 参数空间的分析，此时的像素点坐标 A（x_1，y_1）对应着霍夫空间中的一条正弦函数曲线［图 3.7d，式（3.18）］。反之，霍夫空间中多条正弦函数曲线的交点（ρ_0，θ_0）（图 3.7d），则对应着图像坐标系中的直线 l（图 3.7b）。因此，只要获取了霍夫空间中多条正弦曲线的交点（ρ_0，θ_0），也可将图像中的线性边缘从笛卡儿坐标系转到霍夫空间，且不受原始图像坐标系中斜率为无穷大的限制，这样就实现了线性体的检测。

此外，图像上的某个点可以对应一条或者多条不同方向的直线，因此，在实际应用中需要进一步限定获取直线的数量，也即利用一定的阈值限定最终直线的方向或者数量，就可进一步减少结果中错误线性体的数量。换言之，需要限定霍夫空间中正弦曲线交点的数量。

具体而言，以图 3.8a 为例，图像域 xoy 坐标系中有三条线 l_1、l_2 和 l_3，分别为张量投票边缘检测后的线性体边缘，此时需要将这些边缘检测成线，因此将其转化到极坐标系 $\rho o\theta$ 中。识别图像坐标 A_1、A_2、…、A_5、B_1、B_2、…、B_6、C_1、C_2、…、C_6（图 3.8c），并带入极坐标方程［式（3.18）］中，然后绘制霍夫域中的正弦函数曲线。可以看到，图像坐标系中的直线 l_1、l_2 和 l_3，在霍夫域中均绘制成了不同的正弦曲线，且分别在（0，2）、（3π/4，0.71）和（π/4，7.07）。此时可以利用这三对霍夫参数绘制原始图像中的直线，结果如图 3.8b 所示，图像坐标系先转到霍夫空间，再从霍夫空间传递回图像空间，即实现了图像域→霍夫域→图像域的转变。

在实际的计算机提取实验中，极坐标中方位角是连续的，为了便于取值，应将夹角 θ 和垂距 ρ 离散化成有限的等间距的数值，此时的参数空间就进一步量化为等间距的格网。此时，当霍夫空间中正弦曲线形成交点后，只需使用累加计数器统计该点落在此网格的次数，直到所有的图像坐标均转化为参数坐标，再通过比较交点网格的累加计数值，寻找到累加计数器最大值所对应的网格，此时的网格参数坐标（ρ_0，θ_0）就是图像域最理想的待求线参数坐标值。霍夫变换后，再使用矢栅转化，即为所求线性体。

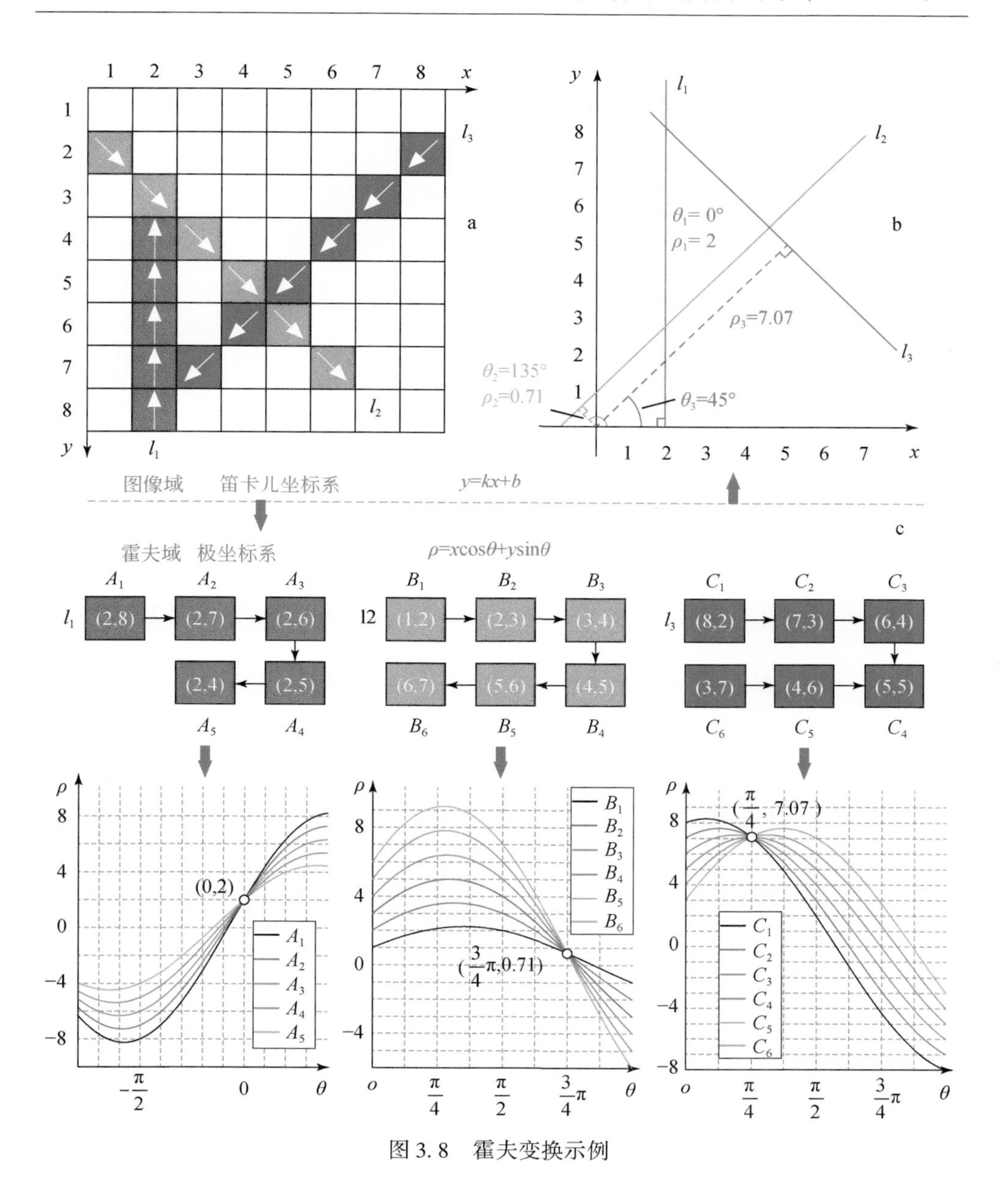

图 3.8　霍夫变换示例

如图 3.9e～h 所示，经过高斯高通滤波后，影像的噪声被有效地抑制，直接的结果检测的边缘位置更准确。在这种条件下，滤波影像经过张量投票识别到的线性边缘（图 3.9e～h），因其具有鲁棒性、非迭代性、尺度参数唯一等特点，线性边缘被保留，而非线性边缘则未被保留，充分满足了其边缘检测的条件，且

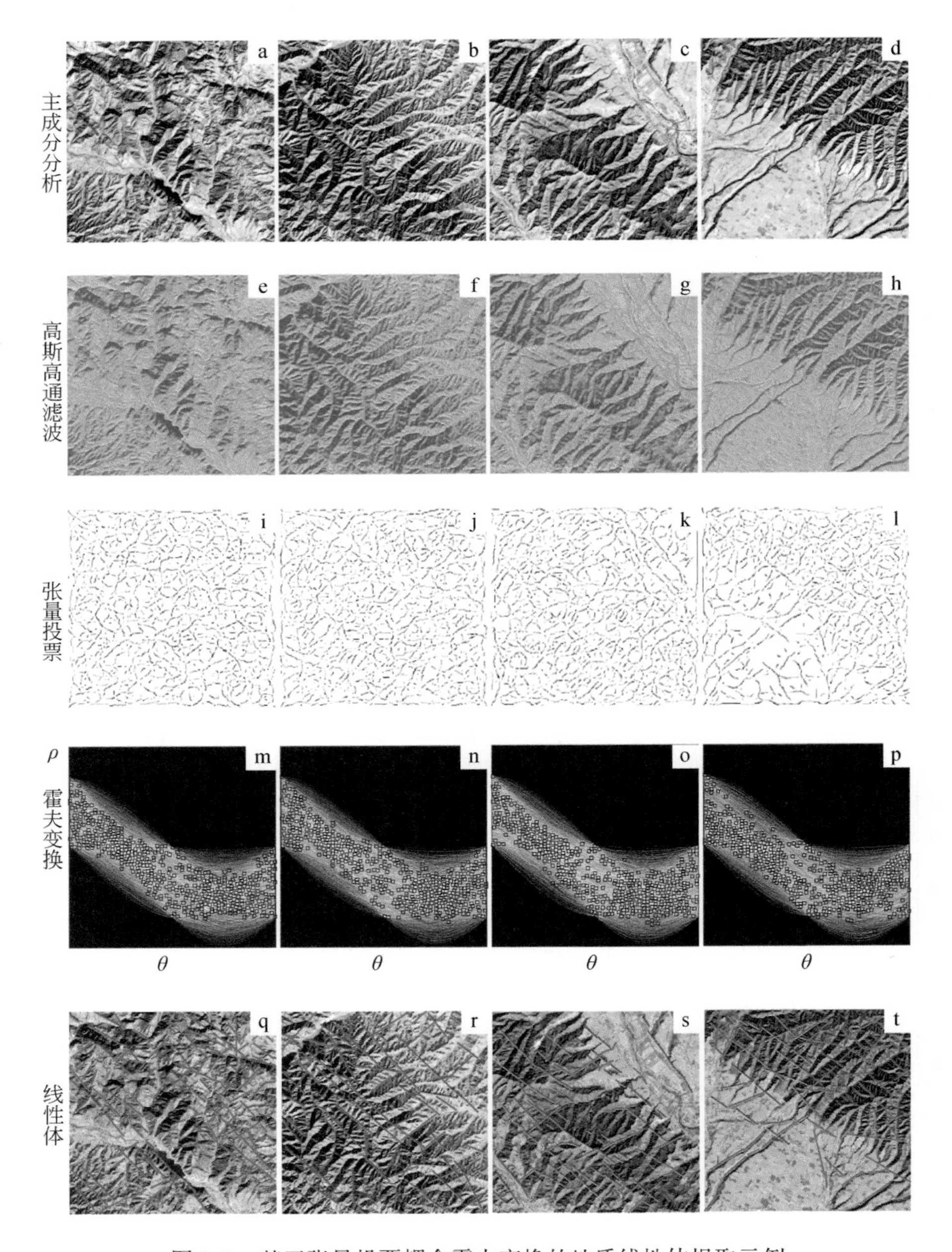

图 3.9　基于张量投票耦合霍夫变换的地质线性体提取示例

a ~ d 分别对应于图 3.2 中的 a ~ d；e ~ h 是高斯高通滤波结果；i ~ l 是张量投票结果；m ~ p 分别为霍夫域提取结果；q ~ t 分别为 OIF 7-5-2 波段组合图，红线为线性体；θ 表示霍夫域极坐标的角度；ρ 为霍夫域的极坐标长度

展示了其在边缘检测算法类中的优势。将张量投票后的线性边缘，转换到霍夫域 $\rho o\theta$ 坐标系中（图 3.9e ~ h）。最后，四个子区域提取到的线性体数分别为 185、114、187 和 140。经过该算法流程运算，假边缘更少，不连续现象也被有效地抑制。线性体主要集中在断层两侧，在山体破碎带处较多（图 3.9q 和图 3.9r），而河谷阶地区较少或几乎没有。以北西向为主，北东向为辅。为了更好地分析线性体长度、密度和方位特征，先验证该算法的精度。

3.1.4　精度评价

为验证本算法的结果及其精度，首先，对图 3.9a ~ d 四个子区域所示范围进行线性体目视解译作为已知线性体，其结果来源于 30 位地质、地貌、遥感领域的科研工作者，并经过最终核查，得到研究区线性体结果图（图 3.10a ~ d）；其次，使用线索追踪算法（STA）（Koike et al., 1995）、PCI 软件的 LINE 算法（Tam et al., 2004），同样提取研究区线性体（图 3.10e ~ l）；最后，使用如式（3.19）~式（3.22）的精度指标，以已知线性体为基础，分别统计及评价三种算法的精度。

$$A=\frac{\dfrac{\mathrm{TP}}{\mathrm{TP+FP+FN}}+\dfrac{\mathrm{TP}}{D}}{2}\times 100 \tag{3.19}$$

$$P=\frac{\mathrm{TP}}{\mathrm{TP+FP}} \tag{3.20}$$

$$R=\frac{\mathrm{TP}}{\mathrm{TP+FN}} \tag{3.21}$$

$$\mathrm{F1}=\frac{2P\times R}{P+R} \tag{3.22}$$

式中，D 为已知的解译的线性体总长度；TP 为实际为线性体且被检测成线性体的线性体长度；FP 为实际为非线性体且被检测为线性体的线性体长度；FN 为实际为线性体却被检测成非线性体的线性体长度；A、P 和 R 分别为准确率（accuracy）、精确率（precision）和召回率（recall）。A 表征的是线性结果检测正确的部分占所有检测结果的比值；P 表征的是检测正确的部分占所有检测为线性体的部分的比值，在所有检测为线性体的部分中，可能包含非线性体，但其被视为检测为线性体；R 表征的是检测正确的部分占所有确为线性体的部分的比值，其中，所有确为线性体的部分包含检测算法检测不到的且确为线性体的部分；F1 分值是 P 和 R 的调和指标，其值为 0 ~ 1，其值越大，结果越好。具体计算结果如表 3.6 所示。

表 3.6 不同算法精度对比

区域	算法	TP /km	FP /km	FN /km	*A* /%	*P* /%	*R* /%	F1
a	STA	125.19	41.24	39.07	68.47	75.22	76.21	0.76
	PCI	114.32	45.02	49.69	62.06	71.75	69.70	0.71
	本研究算法	146.19	29.59	21.43	81.45	83.17	87.22	0.85
b	STA	130.19	32.40	25.32	78.52	80.07	83.72	0.82
	PCI	111.67	30.21	38.64	68.56	78.71	74.29	0.76
	本研究算法	131.50	28.90	23.72	80.03	81.98	84.72	0.83
c	STA	98.61	29.68	23.45	74.35	76.86	80.79	0.79
	PCI	102.27	22.68	19.24	78.87	81.85	84.17	0.83
	本研究算法	109.34	24.49	13.34	83.56	81.70	89.13	0.85
d	STA	90.69	27.09	20.97	72.11	77.00	81.22	0.79
	PCI	94.33	28.69	17.74	74.52	76.68	84.17	0.80
	本研究算法	107.12	20.11	7.59	86.31	84.19	93.38	0.89

注：区域编号 a、b、c 和 d 分别对应于图 3.9q、r、s 和 t 所示的区域范围。

首先，从视觉效果上看，三种算法均能很大程度上识别出研究区的线性体(图 3.10)，但提取效果存在差异。该区域线性体多存在于山谷线山脊线（图 3.10a 和图 3.10b）、地貌分界线（图 3.10c 和图 3.10d 山地和平原的分界线）以及断层破碎带附近，这与以往的理论结果保持高度一致。而相比已知的解译结果，STA 和 PCI 提取的线性体更短，特别是图 3.10a 和图 3.10b 所在的山地区域，地形更为复杂，沟谷梁峁纵横交错，因此，存在大量的假边缘，即有大量的噪声（图 3.10 黄色椭圆区域），相比之下，本研究算法产生的噪声极少或者没有。究其原因，该噪声的存在与覆盖区地形破碎程度有关。如断裂密集区域（图 3.10a 和图 3.10b），断裂更为集中，基岩多为砂岩和砾岩，破碎程度更高，线性体边缘更多，同时噪声也更多。事实上，在阶地台塬区也存在一些过检测现象，主要是道路等线性像素也被识别为线性体（图 3.10h），这与其边缘检测算法有关（STA 算法是利用线像素方向变化率阈值 *T* 提取边缘、PCI 算法是利用 Canny 边缘检测来检测边缘，而本研究算法边缘检测为张量投票）。此外，STA 和 PCI 算法的连续性更差（图 3.10 白色椭圆区域），尽管大部分结果也与已知线性体结果保持一致，但是这类算法边缘检测时线性体间隔太小，容易产生重复边缘，间隔过大时，又需要增大搜索半径才能完成链接，因此，结果中往往出现多余边缘或者重复边缘，这也是 STA 和 PCI 噪声存在且误检率更高的原因，甚至一些线性体与实际地貌现象不符。本研究算法的优势在于不仅采用了主成分分析减少冗余波段的干扰，同时使用高斯高通滤波抑制噪声，起到了双重降噪的效果，所以本研究算法在道路等区域并没有产生过多的噪声边缘，且漏检率低。此外，张量投票考虑的是边缘像素对周围像素的投票矢量和显著性，经过密集投票的边缘定位更准，非线性边缘等噪声更少，才使得本研究算法更具鲁棒性。因此，从视觉上，本研究算法提取的线性体与已知线性体结果的吻合度更高，其次是STA和PCI。

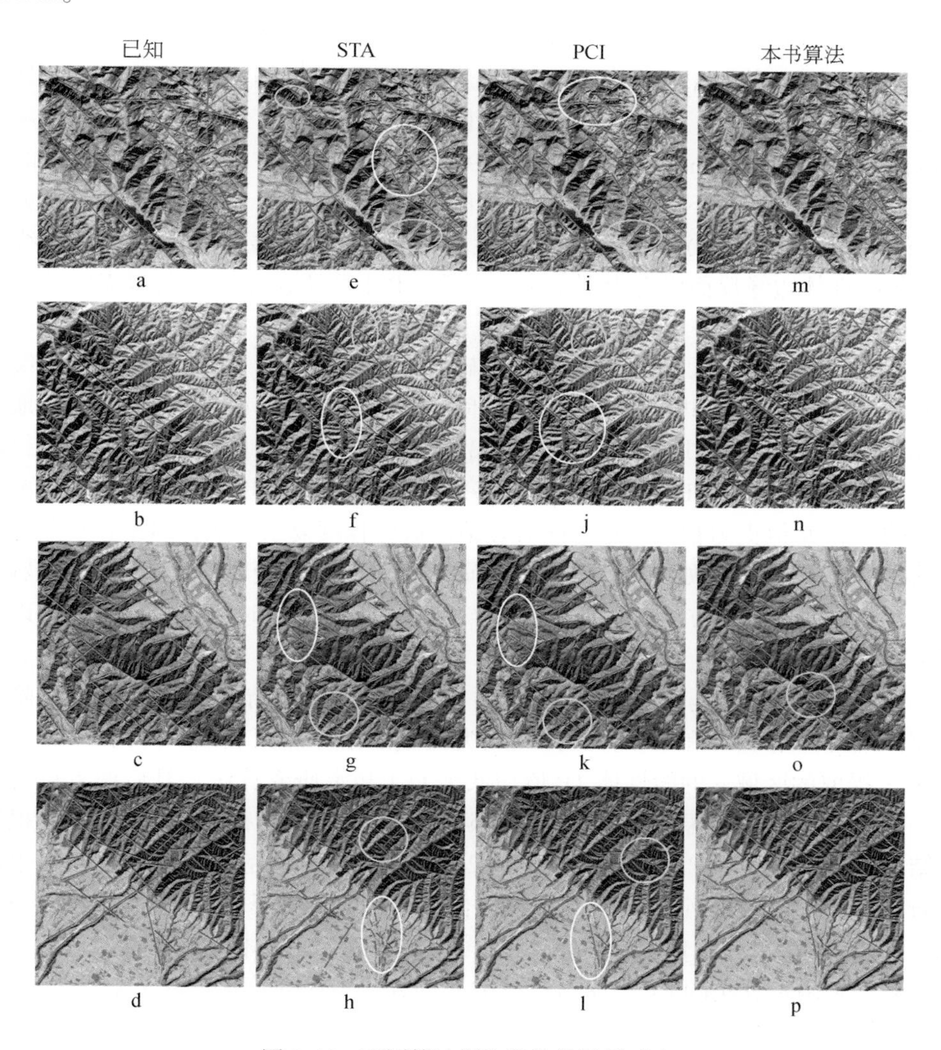

图3.10　不同算法提取线性体结果对比

a~d与图3.9所示区域一致；基础底图是OIF波段组合结果影像，红线为线性体；黄色区域为噪声假边缘特征区域；白色椭圆区域代表算法连续性特征区域

其次，从精度指标来看，三种算法提取结果精度各异（表 3.6），但也存在一定的相似性。具体分析如下。

区域 a 中，PCI 算法提取的结果 *A* 值最低（62.06%），这个数值代表着该区被正确检测为线性体的部分占所有检测结果的比例，该算法在该区线性体提取的结果最少（114.32km）。而 FP 值最大（45.02km），该值意味着有很多不是线性体的边缘被识别为线性体，所以，其 *P* 值更低。而 FN 值同样在三种算法中是最大的，这表明本来是线性体的边缘没有被有效地识别出来，导致其召回率 *R* 最低。综合 *P* 和 *R* 值结果，该区域 F1 值最低（0.71）。事实上，该子区域地处千河流域北缘，为 TGF、GGF 和 QMF 三个断层共同控制的区域（图 3.2），断层之间的间距分别为 3.5km（TGF-GGF）和 9.6km（GGF-QMF），断层密集分布的区域，地表地貌被断层不断地抬升和水系侵蚀切割，因此，有更多地非线性边缘（如道路和山地阴影线）也被识别为线性体，同时一些断层引起的地表局部线性抬升等线性体边缘反而没有识别出来，因此，PCI 算法在地表复杂覆盖区的线性体提取效果更差。

与区域 a 类似，区域 b 同属地表破碎严重的丘陵区，区别在于该区域仅由 TGF 和 GGF 两个断层共同控制，断层之间的间距为 3.9～4.5km。因此，从地貌上该区域密集程度更少，因此其检测出的线性体少于区域 a，但长度上更长。STA 算法提取结果中 TP 和 FN 值与本研究算法的提取结果极为接近，因此，两种算法的 *A* 和 *R* 值更为相似。这意味着在地形破碎程度复杂区域，STA 和本研究算法的提取结果更为一致。但事实上，本研究算法的时效慢于 STA，而 PCI 最快，这也与其边缘检测的方法有关。因此，当提取该类线性体时，本研究算法可以与 STA 相互替代。

区域 c 和区域 d 与区域 a、b 的差异在于区域 c 和 d 存在一定面积量的阶地平原，致使使用 STA 和 PCI 算法提取此类区域的结果和区域 a、b 存在差异。使用 STA 提取的区域 c 的线性体 TP 值均低于 PCI 和本研究算法，且后两者更为接近，意味着 STA 在平原区提取线性体正确的比例更低。值得注意的是，PCI 提取的结果 FP 值更低（PCI 提取的 FP 值为 22.68，低于本研究算法的 24.49），也即本研究算法在该区域有更多本不是线性体的边缘像素被识别为线性体。即便如此，本研究算法的 FN 值更低，也即 PCI 算法有一些线性体未被有效地识别。这种结果导致两种算法的 F1 值仅相差 0.02，因此，本研究算法提取结果更为理想。

区域 d 被对角线上的断层 QMF 分开，断层以南为阶地，断层以北为梁峁。根据区域 c 的分析结果，STA 算法提取区域 d 的结果次于 PCI 算法和本研究算法。但事实上，该区域阶地面积更大，致使阶地沟谷边的线性边缘不连续，因此 PCI 算法的 FN 值大于本研究算法。与此同时，一些道路等位置原本不是线性体的噪声区域被识别为线性体，致使 PCI 和 STA 的 FP 值更大。但 PCI 的提取的正确线性体更多，TP 值更大，所以其 *P* 值更大。事实上，PCI 和 STA 在该区域的 F1 值仅相差 0.01，因此，单纯研究 *P* 和 *R* 值并没有太多实际意义。对于地质人员而言，更希望 F1 值有更大的提取结果。

因此，从精度的角度而言，在地表破碎程度更高的区域，本研究算法的可靠性更好，其次是 STA，而 PCI 的可靠性更低；而当地貌类型复杂的区域，PCI 算法优于 STA。此外，三种算法在时效上均仍需要进一步改善。在噪声存在的情况下，张量投票检测出的线性边缘仍能保持更高的正确性，说明本研究算法具备更好的鲁棒性，保证了边缘检测的精度。

综合视觉与精度指标结果，均表明本研究算法检测效果更佳，与人工目视解译效果吻合度更高，其结果可以用于覆盖区线性体提取研究。

事实上，多源遥感数据不仅仅包含光学遥感影像和 DEM，还包括高光谱、SAR 影像、热红外影像等，也都是构造地质填图的重要数据源。尽管在对 GF-1 和资源三号卫星等影像做的测试（Han et al.，2018a）中该算法依旧能保持较高的识别精度，但线性体在 SAR 影像数据上的纹理特征，一直都是地球科学人员需要的重要信息。因此，未来应探索多源数据特征智能融合的线性体提取算法，以拓宽遥感数据的应用范围。

3.2　千河流域线性体分析

为进一步分析线性体的空间分布，分别从长度、密度和方位角三个方面逐一进行探讨。

3.2.1　长度分析

首先，使用 ArcGIS 软件，统计了已知的和不同算法提取的线性体长度，综合分析其长度特征，间接验证不同算法的可靠性，结果如表 3.7 所示。整体上，提取的线性体往往较短，最长约 8.5km（表 3.7），而算法提取的线性体最长 3.3km，这与黄土覆盖区表层黄土覆盖厚度过高而掩盖了线性体有关。与 3.1.4 节分析结果一致，STA、PCI 和本研究算法提取的线性体长度均短于已知的线性体，如区域 a 的均值分别为 2533.4m、757.6m、838.1m 和 911.1m，且 STA 算法提取的更短且数量更多（$N=213$），而本研究算法提取的线性体更长且少（$N=185$），区域 b 和 d 统计结果类似。相反，PCI 算法在区域 c 中达到了三种算法最大的均值（931.1m），这与该算法的 FP 值过大有关（表 3.6），也即有更多原本不是线性体的边缘像素被识别成了线性体。因此，本研究算法提取的线性体与已知提取的线性体吻合度更高，可靠性更强。

表 3.7　不同算法提取线性体长度统计

区域	方法	最大值/m	最小值/m	平均值/m	线性体个数 N/个
a	已知	8462.1	753.7	2533.4	65
	STA	1490.1	263.6	757.6	213
	PCI	1700.7	239.8	838.1	183
	本研究算法	2774.9	271.4	911.1	185
b	已知	7425.2	988.9	2557.9	58
	STA	2831.7	322.5	1062.8	146
	PCI	2767.1	385.9	1104.7	123
	本研究算法	3347.5	330.8	1385.0	114
c	已知	5678.7	862.9	2141.8	55
	STA	1209.1	228.6	600.4	205
	PCI	2809.2	349.5	931.1	128
	本研究算法	1729.5	194.5	690.1	187
d	已知	4020.7	831.9	2090.8	55
	STA	1445.9	258.0	553.1	206
	PCI	1021.5	225.8	501.4	238
	本研究算法	2701.5	273.6	889.5	140

其次，为了进一步分析其长度特征分布，对使用本研究算法提取的四个子区域的线性体进行了长度等级划分，结果如表 3.8 所示。该区线性体多处于等级Ⅱ，仅区域 b 与其他三个区域有所差异，其中，区域 a、c 和 d 线性体在等级Ⅰ中也广泛分布，而区域 b 则在等级Ⅲ中广泛分布。这种差异主要与区域地势、断层分布和基底岩性有关（图 2.1），区域 b 地处 TGF 和 GGF 之间的丘陵隆升区，两个断层近似平行分布，尽管南侧的断层间距逐渐增大，但地貌基本呈线性平行展布。同时，地层岩性为白垩系环河组（K_1h）以及三叠纪（ηγT）砂岩砾岩等，因此更容易被错断成更长且连续性更高的线性体。而区域 a 基底岩性更为复杂，不止一种岩性，且处于断层密集区，地貌破碎程度更高，因此其线性体更集中于更短的等级Ⅰ。区域 c 和 d 与 b 的区别在于该子区域存在大面积的河谷阶地，虽然阶地地貌更平滑，更利于检测更长的线性体，但 QMF 以北和 QBF 以南，断层的挤压程度更明显，因此线性体长度更短。特别是区域 c 的岩性更多样，受断层隆升挤压后变得更破碎。

表 3.8　线性体长度分类统计结果

区域	等级	类别	长度范围/m	平均长度/m	线性体个数	占比/%
a	Ⅰ	短	<800	597.1	88	47.6
	Ⅱ	中	800 ~ 1400	1019.5	72	38.9
	Ⅲ	长	>1400	1704.1	25	13.5
b	Ⅰ	短	<800	667.4	13	11.4
	Ⅱ	中	800 ~ 1400	1068.4	52	45.6
	Ⅲ	长	>1400	1911.4	49	43.0
c	Ⅰ	短	<800	489.3	127	67.9
	Ⅱ	中	800 ~ 1400	1044.3	52	27.8
	Ⅲ	长	>1400	1575.4	8	4.3
d	Ⅰ	短	<800	552.6	72	51.4
	Ⅱ	中	800 ~ 1400	1046.7	49	35.0
	Ⅲ	长	>1400	1760.7	19	13.6

事实上，黄土覆盖区的线性体通常短而密集，主要集中在黄土丘陵区、梁峁区等地形变化率更高的地区，多靠近黄土冲沟边缘和直线型河谷与山脊；而阶地平原地带由于地势起伏小，黄土覆盖较厚，地表切割现象不明显而检测不到。而 DEM 数据提取的线性体更长、更连续。因此，数据源及其精度也会导致线性体的结果存在长度差异（Han et al., 2018），但提取线性体的走向基本保持一致。特别值得注意的是，通过与 DEM、GF 数据的对比，发现数据源的差异对其线性体提取结果的影响并不是主要的，因为其只能改变线性体的长度，对线性边缘的定位基本没有多大的影响，只会产生少量的噪声边缘。而地质构造的隆升速率及基底岩性的分布才是主要原因，隆升速率的大小决定了线性体的长度，而基底岩性决定了其密集程度。

3.2.2　密度分析

密度分析也是一种有效的统计分析方法，研究线性体的空间密度分布特征，可以提供隐伏构造、深部构造信息、成矿等线索。一般地，高密度异常区常代表断裂或褶皱的发育部位，低密度异常区可代表构造相对稳定的地块或第四系覆盖区，呈面状分布的高、中、低密度区与岩性分区有一定的对应关系（张船红，2011）。根据密度梯度带的延伸方向可以确定区内主要线性构造的发育部位及分带性。因此，基于 ArcGIS 软件密度分析工具，绘制图 3.2 中四个子区域的线性体的密度分布图（图 3.11）。

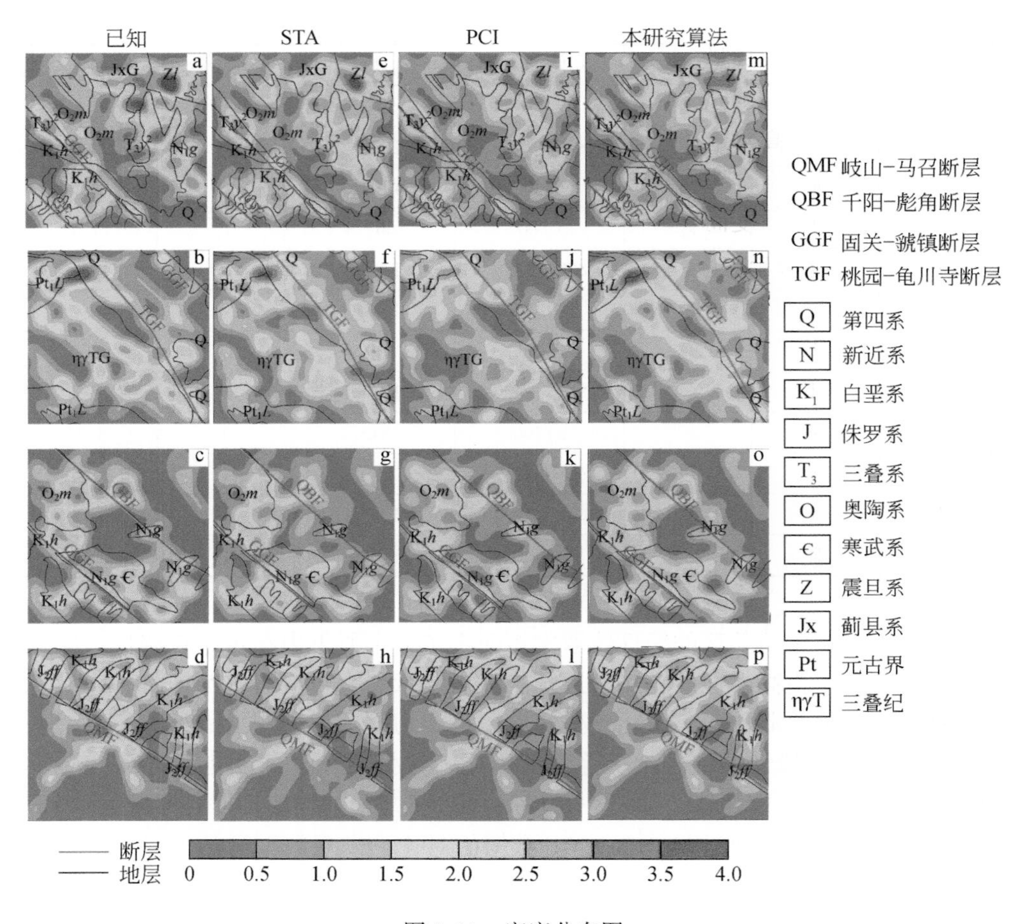

图 3.11　密度分布图

a ~ d 分别对应于图 3.9 中的 q ~ t 的线性体

首先，三种算法提取的线性体密度图与已知线性体密度图均存在极大的相似性，但略有差异。如图 3.11b 和图 3.11n 所示，线性体密度在空间上存在连续性的条带，而 STA 与 PCI 算法提取的线性体则不然。因此，本研究算法更接近已知线性体的密度分布。

其次，如图 3.11 所示，四个子区域的线性体密度值为 0 ~ 4.0，线性体密度高值主要沿断层两侧呈线状或带状发育（图 3.11a、图 3.11b、图 3.11d），特别是 GGF 断层处线性体密度发育更高。但这并不意味着所有断层处的线性体都发育（图 3.11c），这是因为该地区的断层是呈线状发育的，因此，随着断层的隆升，线性体也随之向周围两侧迁移。当线性体处于两个断层之间时，线性体密集发育导致密度更高。如图 3.11c 所示，QBF 和 GGF 中间的黄土丘陵区线性体更为发育，而断层处的线性体密度更弱，图 3.11a 中 GGF 以北区域亦是如此。因此，断层位置可以控制线性体的位置，而断层的隆升速率则是影响其密度的主要因素，隆升速率越高，地势起伏越大，线性体密度越大。相反，隆升速率越低，地势越平缓，不易发育线性体，线性体的密度更小。

最后，从岩性角度而言，高密度异常区主要集中在 N_1g、K_1h、T_3y^2、O_2m、ZL 等新近系、白垩系、三叠系、奥陶系、寒武系和震旦系等地层，这些地层以砂岩、砾岩、泥质粉砂岩、石英砂岩、红黏土等岩性为主，而第四系黄土的线性体密度值则较小。因此，在黄土覆盖区，线性体解译主要集中在新近系、白垩系、三叠系等地层单元中，且地层岩性是控制线性体密度的重要因素。

3.2.3 方位分析

为了更全面地分析线性体的空间分布特点，了解区域构造异常之间的相互关系，往往也使用方位统计工具对提取的线性体进行方位分析，进一步研究其方向展布特征，常用的工具有方向玫瑰花圆图、直方图和施密特网等（Masoud and Koike，2006）。如图 3.12 显示了由线性体走向-长度组成，并以 10°为间隔的极坐标表示的玫瑰花圆图，继而通过线性体的方向反应构造控制的延伸方向及地表形态趋势。

从图 3.12 中可以明显看出，四个子区域的走向趋势都以 NW-SE 为主，以 NE-SW 为次。三种算法在四个子区域的方位玫瑰花圆和整个区域的方位保持高度一致（图 3.12），且主流方向与该区域的四大活动构造的走向保持一致（为

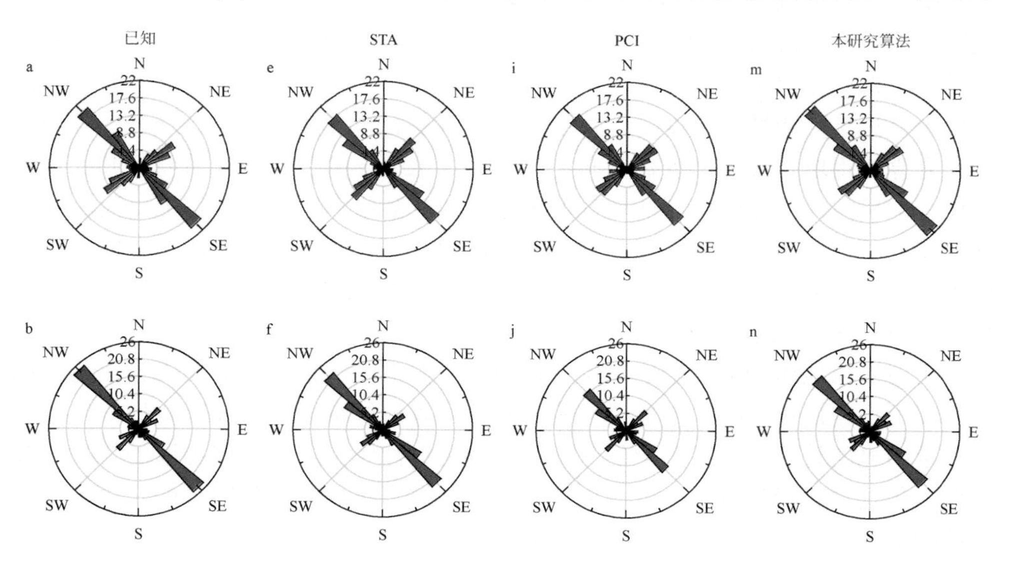

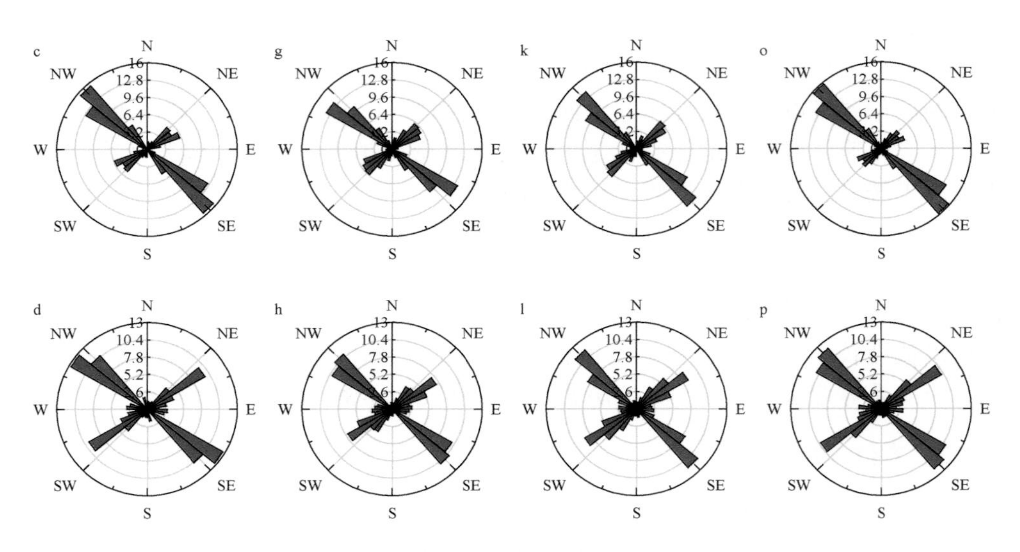

图 3. 12　不同算法提取的线性体方位玫瑰花圆图

a ~ d 分别对应于图 3. 9 中的 q ~ t 的线性体方位，长度单位为 km

280° ~320°）（表 2. 1），而次要方向则代表着断层的倾向所引起的线性地表破碎。但也存在细微差异，如 STA 与 PCI 提取的线性体长度更短，而本研究算法提取的线性体长度与已知线性体在特定方向的吻合度更高。如图 3. 12 所示，区域 a 的 NW 向提取的线性体长度分别为 19. 7km、17. 8km、18. 1km 和 21. 2km，区域 c 的 NW 向提取的线性体长度分别为 15. 4km、10. 3km、13. 8km 和 15. 7km。特别是图 3. 12j，线性体长度整体达到最短，这样的结果也会造成本该是线性体而没有被有效地检测出来，导致漏检。而在区域 b 和区域 d，STA 算法提取的线性体长度更接近已知线性体长度，但并不代表 STA 算法的精度更高（表 3. 4）。同时，本研究算法提取的线性体覆盖方向更广（图 3. 12m ~ p），这意味着与已知线性体相比，本研究算法更能检测到视觉上无法识别的某些不连续线性特征，而这些特征可能无法被人工识别，也即识别一些隐伏构造体。因此，线性体的方向不仅验证了该区构造的方向，同时，也为地质人员识别新构造运动提供了基础的资料，特别是 NE 向断层的潜在性。

千河流域地质构造多隐伏断层，在地表是非常难以找到明显的出露点的，而在剖面上呈现出小地堑、小地垒、角度不整合等地貌特征，是该区线性构造的一个非常明显的特征，在遥感影像上往往表现为线性体。遥感数据提取的线性体和地质地貌具备相近的方向，说明地质构造对其控制作用是非常明显的，决定了线性体的延伸方向。实际调查时发现，通过遥感影像上识别的线性体或线性构造的方向，以及野外地貌形态特征，可以快速缩小验证范围，进一步减少验证的时间，在推测的方向中可以加快寻找出露点，为验证黄土区地质构造解译结果提供了新的思路。

基于以上分析，本研究算法精度更高，吻合度更高，可靠性更强，更适合在黄土覆盖区提取线性体，用于地质构造等相关研究，对区域构造运动长度、密度、方位等信息提供了新的思路。为了进一步分析千河流域线性体特征，使用本研究算法，提取了如图3.13所示的全区线性体分布图。该区线性体密度为0～3.0个/km^2，在四条断层附近呈高密度聚集分布（图3.13a），勾勒出了千河流域断层的主要位置和展布方向。换言之，线性体提取结果可作为区域断层的解译标志。这些线性体是该区相似方向的不同应力引起的地表暗纹和结构。此外，断层的隆起引起了地表的挤压和破碎，产生了更多线性体在断层附近密集，隆升速率越大，线性体越密集（Baumgardner and Jackson，1987）。以千河主干流为界，南岸密度大于北岸（南岸平均密度为0.23个/km^2，北岸平均密度为0.19个/km^2）（图3.13a）。与此同时，断层的间距也在逐渐影响线性体的密度，即间距越小，密度越大；间距越大，密度越小。整个区域线性体的密度从西北向东南逐渐降低，与断层之间的间距从西北向东南逐渐降低有关。综上所述，千河流域构造隆升程度大于千河北岸，从西北向东南逐渐降低。

其次，全区共提取千河流域线性体共2454条线性体，平均值为1316.3m，大部分处于表3.6中的等级Ⅱ，长度整体较短，与黄土覆盖程度有关。南岸长度大于北岸（南岸平均长度为1354.9m，北岸平均长度为1274.1m），线性体长度与个数呈近似呈正态分布，其中长度为1.2～1.5km的线性体达到了最大，为596条（图3.13b）。表层黄土的覆盖让大量的线性体被掩埋，因此能被识别的线性体长度较短，而经过张量投票的边缘检测算法，不断对周围边缘进行密集投票，叠加矢量和，使得原始难以突出的线性边缘被有效地保留。因此，能被识别到的线性体，不仅说明了该区的构造运动强度，同时也显示了黄土区形成线性体的能力。相比中部的黄土阶地河谷区，地势更高的丘陵区和梁峁区更容易产生线性体，也更容易发现线性体。换言之，能被识别到线性体的区域，形成大断层等构造运动的潜力也更大。因此，南北两岸的山区断层活动速率大于中部阶地区域，且南岸丘陵区大于北岸梁峁区。

最后，该区域的线性体主要方向为NW－SE，次要方向为NE－SW（图3.13c）。事实上，前人利用有限元数值模拟、GPS测量等认为渭河盆地的西部（包括千河流域）的构造应力场主要与渭河盆地的形成有关，最终形成了目前千河堑的构造变形特征。这是印度–欧亚大陆碰撞和鄂尔多斯块体的阻力造成的（Bai et al.，2010）。青藏高原的地壳物质向东北向移，与鄂尔多斯块体碰撞引起

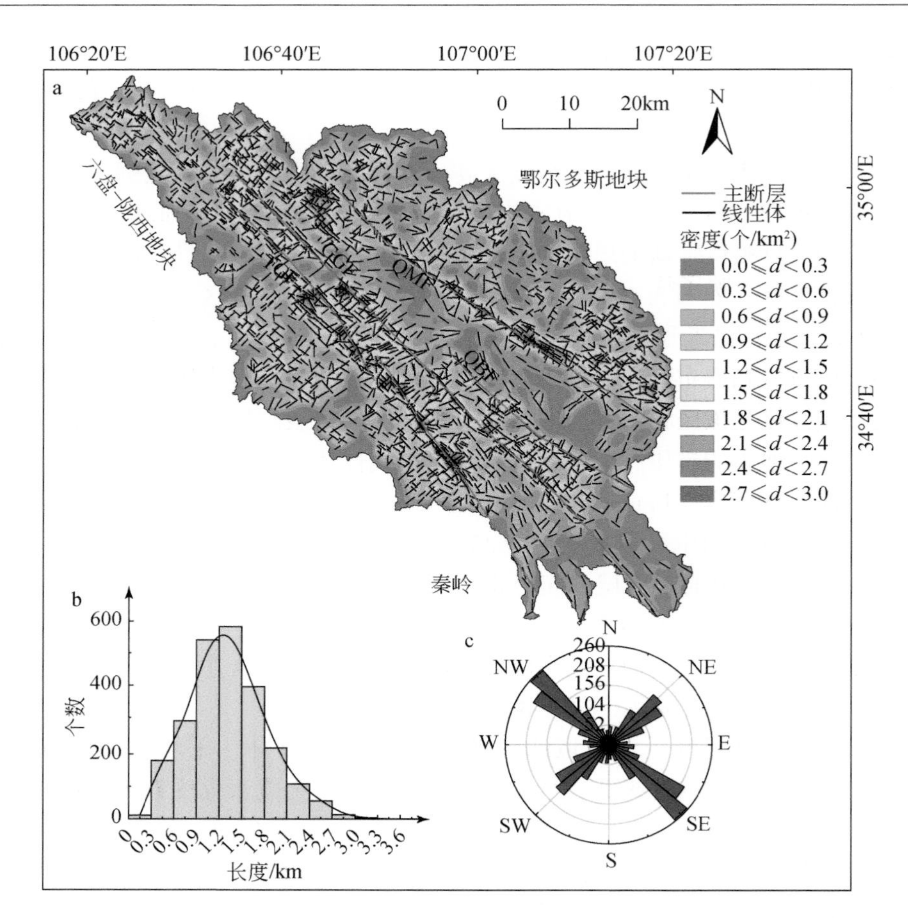

图 3.13　千河流域线性体分布

a ~ c 分别为千河流域线性体密度、长度和方位分布图

挤压。逐渐演化后，主要应变轴代表当前构造应力场。至于应变速率和线性体的关系仍需进一步扩大更广泛的区域探讨。

事实上，通过调查研究区四大断裂的地质地貌，发现了断点处冲沟急转弯以及中更新统黄土层中的水平擦痕，说明中更新世期间有过走滑运动（樊双虎等，2020a）。在此基础上，通过线性体的长度、密度和方向等分析，基本查明了该区断层事件发生的位置、程度和方向，对于探索该地区的构造历史有重要的地质意义。

3.3　地质线性体分形特征揭示构造意义

尽管 3.2 节详细分析了线性体的长度、密度和方向，确定了构造的位置和方向等，但其隆升的程度（隆升速率）仍无法量化。为进一步解释线性体的地质意义，使用分形理论进行进一步探讨。线性体的分维值与构造的分布及强度分不开，其值的高低反映了线性体受构造运动的作用下的空间分布趋势、强弱程度及发育规律（伍楚君，2017）。具体而言，分维值的大小与构造活动的强弱和发育程度成正比，也即分维值越大，构造活动越强，越利于底部矿藏的迁移，成矿的可能性越大。因此，通常使用分形理论中分维值的大小来研究线性体的分布及断裂的活动程度。目前，分维值的计算主要包括单分形和多重分形（曹建军等，2017），而其本质都是统计不同尺度条件下地质体的特征，并定量如式（3.27）所示的幂律关系（孙涛等，2018）。

3.3.1　线性体分形特征

常规计算分维值的方法有计盒维数法、圆覆盖法、长度-频度统计法、浓度-面积法等（伍楚君，2017；孙涛等，2018）。本研究主要采用盒维数法计算千河流域线性体分形结果，即首先计算边长为 r 的正方形内线性体的网格数 $N(r)$，再不断更换正方形的边长 r 的大小（r_1，r_2，r_3，…，r_n），分别计算出该条件下对应的 $N(r)$。将不同的［r，$N(r)$］绘制成散点图，满足式（3.23）所呈现出的幂律关系，则可认为其符合分形特征。

$$N(r)=Cr^{-D} \tag{3.23}$$

式中，C 为常数；D 为分维值。

对式（3.23）两边求对数：

$$\lg N(r)=-D\lg r+C \tag{3.24}$$

当 $r\to 0$ 时，极限存在：

$$D=\lim_{r\to 0}\frac{\lg N(r)}{-\lg r} \tag{3.25}$$

因此，当 $\lg r$ 与 $\lg N(\mathrm{r})$ 呈现出线性函数形式时，则可以认定该区域线性体分形，且 D 即为式（3.24）的斜率绝对值。此时，对式（3.25）的求解就转化为简单的求式（3.24）的斜率绝对值问题。

在千河流域，主要通过如下步骤计算该区域线性体分维值：

（1）以千河流域为基准，绘制边长 L 为 97km 的正方形覆盖全区线性体；

（2）分别更改正方形的边长，即绘制 $r=L/2$、$L/3$、$L/4$、$L/5$、$L/6$ 的小正方形，并将其覆盖在线性体上。因此，此时分别有 2^2、3^2、4^2、5^2、6^2 个小正方形覆盖，并计算含有线性体的小正方形个数 $N(r)$；

(3) 使用式 (3.25)，绘制 $\lg r$-$\lg N(\mathrm{r})$ 曲线，并用最小二乘法对 $\lg r$-$\lg N(\mathrm{r})$ 曲线回归拟合，并求得直线斜率的绝对值 D。利用 $\lg r$ 和 $\lg N(r)$ 相关系数 R^2 的大小判定线性体是否具有分形特征，也即是否具有统计自相似性。

具体计算结果如图 3.14 所示，千河流域全区线性体分形盒维数为 1.60，$\lg r$ 与 $\lg N(\mathrm{r})$ 具有极好的线性相关关系，拟合优度 $R^2=0.995$。因此，研究区的线性体具有统计自相似性及分形几何结构。

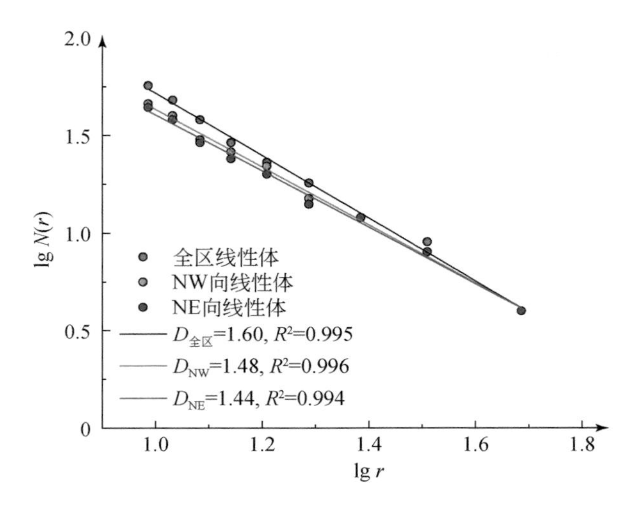

图 3.14　全区线性体分形值拟合

本区线性体的主要方向是 NW-SE 向和 NE-SW 向（图 3.13c），且 NW-SE 向线性体数量大于 NE-SW 向线性体，因此，为了进一步研究千河流域线性体不同方向的分形特征，分别统计了 NW-SE 向和 NE-SW 向的线性体。利用分形理论及式（3.25）计算出不同边长尺度下的覆盖线性体的正方形数，继而进行双对数拟合求得分形盒维数分别为 $D_{\mathrm{NW}}=1.48$ 和 $D_{\mathrm{NE}}=1.44$，且拟合优度均大于 0.9（图 3.14）。所以，该区不同方位下的线性体具备分形特征，且其分形结构也同样具备较好的自相似性。同时 NW-SE 向分维值大于 NE-SW 向，因此，NW-SE 向线性体受到的构造活动更强，构造更为发育。

此外，为了进行对比，统计了 9 个国内外不同区域的构造盒维数、覆盖成矿带、断裂带、铅锌矿等断裂密集区域，如表 3.9 所示。结果表明，千河流域线性体的盒维数处于中等偏上。同时，分维值的大小与断裂的规模与密集程度有关。因此，该区断裂活动强度及规模处于中等偏上。

表3.9 不同区域构造盒维数

编号	区域	盒维数	引用文献
1	虎头崖多金属成矿带	1.09	(He et al., 2017)
2	湘南九嶷山断裂带	1.12	(雷天赐等, 2012)
3	云南昭通毛坪铅锌矿	1.28	(余敏等, 2015)
4	铜陵矿集区	1.29	(孙涛等, 2018)
5	上杭-云霄成矿带	1.36	(Cheng et al., 2017)
6	四川盆地中部断裂带	1.53	(Fan et al., 2018)
7	佛子冲铅锌矿田	1.53	(伍楚君, 2017)
8	克罗地亚 Zumberak 山断裂带	1.69～1.78	(Pavičić et al., 2017)
9	云南东北地区 Pb-Zn 成矿带	1.98	(Ni et al., 2017)

事实上，分维值的分布依赖于区域线性体的数量和位置。因此，为了进一步分析千河流域线性体分形特征的空间分布，将研究区划分为边长 $x=9.7$km 的正方形，并计算该尺度下每个小正方形的线性体分维值，并以正方形的中心为基础，进行 Kriging 插值，绘制分维值等值线图，并与研究区断裂叠加，结果如图3.15所示。千河线性体分维值整体偏高（1.53～1.98），均值为1.80，略高于图3.14中的全区盒维数1.60，这与千河流域线性体的空间分布有关。在千河流域内，分维值大于1.8的区域主要集中在该研究区西北部山体和千河两侧的丘陵区域。在这些区域中，地貌被构造隆升切割成更多的线性体，同时断层间距小于东南部，因此识别到的线性体更多、分维值更高。分维值最高的区域位于陇县西北端支流出水口（图3.15），在这个区域，断层的间距达到最小，因此，构造活动更强烈，分为值更高。此外，分维值自西北向东南逐渐递减，间接地反映了该区断层活动性程度呈类似方向的减缓趋势。事实上，线性体分维值可以作为找水依据（Varade et al., 2018），尤其是在黄土高原这种缺水地带找水，可以提供一定的参考依据及线索。从整个千河流域来看，在西北侧及南岸六盘-陇西地块一带（图3.15），分维值更高，可以作为找水靶区，为下一步野外调查与找水工作提供辅助资料。相反，陇县-曹碧镇-千阳等黄土台塬区分维值低于1.8，表明主干流周围台塬构造活动弱于两侧山脉。

3.3.2 多重分形

由于基岩隆升、气候变化和岩性强度存在差异，线性体（或线性构造）呈现出方向、大小、长度等响应不同因素和尺度下的变化特征。因此，这种复杂的地质现象难以使用单一的分形理论表征，因为盒维数计算方法只考虑盒数而忽略

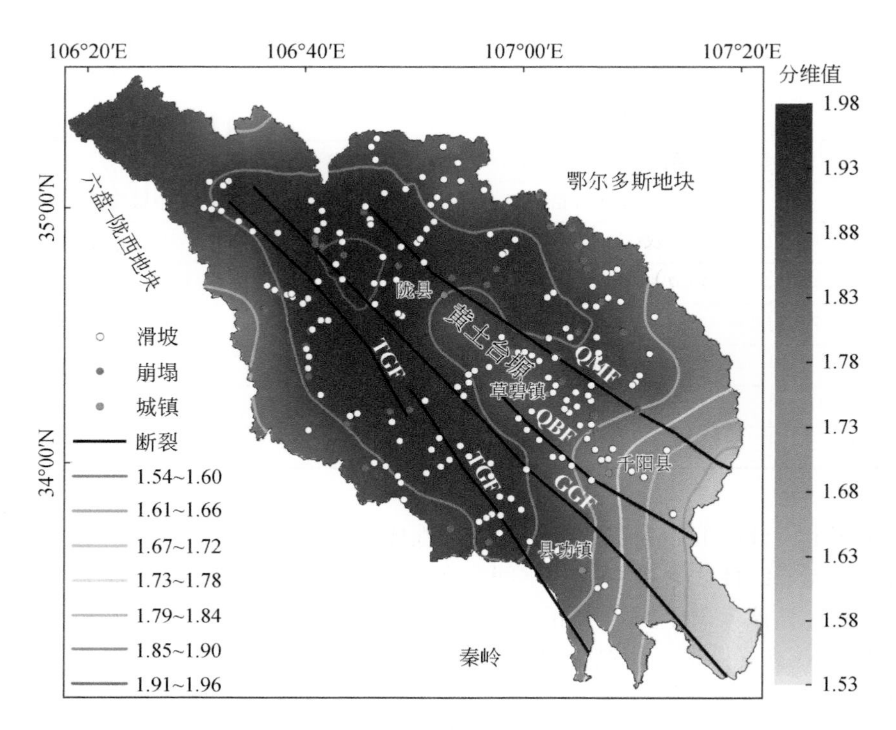

图 3.15　千河流域线性体分维等值线图

了其在计算结果中的所占的权重，特别是长度、密度等在分形结果的影响程度，那么线性体背后复杂的构造运动过程就无法解释。换言之，这种现象往往是多个分形结合的产物，这种多个分形结合的分形常被称为多重分形（孙涛等，2018）。在实际应用中，常使用广义维数和多重分形谱来表征不同层次的分形特征（曹建军等，2017），主要是因为多重分形顾及了支集的空间奇异性，考虑了个体与总体在分形特性上的相互关系，是研究范围内的研究内容的归一化概率分布，从而反映不同层次的线性体复杂程度。千河流域线性体广义分形维数和多重分形谱计算方法如下。

（1）以不同的边长的小正方形（r）覆盖研究区，并统计第 i 个小正方形内线性体的总长度 N_i（r）。此时，可以得到每个小正方形内的线性体长度占全区线性体总长度的概率 P_i（r）：

$$P_i(r)=\frac{N_i(r)}{\sum_{i=1}^{n}N_i(r)} \tag{3.26}$$

选择不同的权重 q（$-\infty<q<+\infty$），定义分形子集上的 q 阶配分函数：

$$\chi_q(r) = \sum_{i=1}^{n} P_i^q(r) = r^{\tau(q)} \tag{3.27}$$

（2）分别求得 r 和 $\chi_q(r)$ 的对数，并将结果投影到坐标系［$\lg r$，$\lg\chi_q(r)$］中，如果拟合曲线的斜率 $\tau(q)$，满足以下幂律关系，则证明分形：

$$\chi_q(r) \propto r^{\tau(q)} \tag{3.28}$$

式中，$\tau(q)$ 为质量指数。

换言之，如果 $\tau(q)$ 是 q 的线性函数，那么线性体就具备单分形特征，反之，如果 $\tau(q)$ 是 q 的凸函数，则具备多重分形特征（赵玉新等，2014）。因为 r 的取值不同，因此研究范围的线性体复杂程度不同。

（3）根据广义分形维数的定义（赵健等，2008），计算其广义分形维数：

$$D(q)=\frac{1}{(q-1)}\lim_{r\to 0}\frac{\ln\chi_q(r)}{\ln r}=\frac{\tau(q)}{q-1} \tag{3.29}$$

由式（3.29）可以看出，D（q）是关于 q 的单调递减函数。当 q 分别取值 0、1 和 2 时，D_0、D_1和 D_2分别为容量维数、信息维数和相关维数（李松阳等，2020）。其中，D_0表征的是线性体长度分布的范围，该值越大说明分布范围越宽。D_1表征的是线性体长度的集中程度，D_1越小说明线性体分布越集中。D_2表征的是线性体在测试间隔的均匀程度，其值越大越均匀。一般地，容量维数≥信息维数≥相关维数。特别地，当三者相等时，表明其分布均匀，为单分形。

（4）利用物理学中的勒让德（Legendre）变换，获取如下所示的多重分形谱 $f(\alpha)-\alpha$：

$$\alpha(q)=\frac{\mathrm{d}\tau(q)}{\mathrm{d}q} \tag{3.30}$$

$$f(\alpha)=q\alpha(q)-\tau(q) \tag{3.31}$$

其中，α（q）为奇异指数，是单调递减的函数，反映线性体的奇异性强度，表征线性体在研究范围内的概率大小。通过该处理，可以将多重分形划分成不同奇异性程度的区域来进一步研究。一般情况下，如果不同边长（r）下的 α 值相同，则线性体具备单分形特征（杨小宇等，2012）；相反，如果 α 值不同，奇异指数是关于 q 的单调递减函数（陈国雄，2016），则具备多重分形特征。在断层带内，常用谱宽 $\Delta\alpha=\alpha_{\max}-\alpha_{\min}$ 描述断裂的长度、密度等概率分布的均匀状态。即 $\Delta\alpha$ 越大，表示线性体长度的波动越剧烈，概率分布越不均匀，反之越均匀。与 D（q）和 α（q）不同，分形谱 f（α）是近似抛物线的上凸函数（陈国雄，2016），其对称性常用式（3.32）表示。研究表明，当 f（α）为左钩状时，概率大的网格数>概率小的网格数，相反，当 f（α）为右钩状时，概率大的网格数<概率小的网格数（陈鹏等，2019）。这一特征常被用来描述区域断层的发育程度和稳定状态。

$$\Delta f=f(\alpha_{\min})-f(\alpha_{\max}) \tag{3.32}$$

1. 千河流域线性体多重分形结果

对于千河流域而言，使用不同边长 $r=L/3$、$L/4$、$L/5$、$L/6$、$L/7$、$L/8$、$L/9$ 的小正方形覆盖线性体，并利用式（3.26）统计方格内的线性体的长度及概率，继而通过变换不同的权重 q 和式（3.27），绘制不同 q 值下的 $\lg\chi_q(r)$ - $\lg r$ 关系图。其中，q 值的取值范围为 $[-10, 10]$，步长为 1。具体结果如图 3.16 所示，随着 q 的增大，$\lg\chi_q(r)$ 保持较好的线性衰减变化，并且向 $\lg\chi_q(r)=1$ 聚集，因此，$\lg\chi_q(r)$ 与 $\lg r$ 满足式（3.28）中所示的幂律关系，该图在规定的尺度范围内标度不变性更高，较好地表现了不同权重因子 q 下概率的配分函数随边长的变化而变换的趋势，多重分形特征极为明显。当 $q>0$ 和 $q<0$ 时，$\lg\chi_q(r)$ 和 $\lg r$ 均呈现出线性特征，区别是当 $q>0$ 时，$\lg\chi_q(r)$ 变化更快；相反，当 $q<0$ 时，$\lg\chi_q(r)$ 变化更慢；而当 q 越接近 1 时，$\lg\chi_q(r)$ 更接近于直线。事实上，随着权重因子的减小，更细小的局部特征被有效地突出。换言之，大尺度重点突出的是线性体作为一个复杂要素在整体上的分形特征，是一种全局上的自相似特征，而小尺度则突出的是局部分形特征。

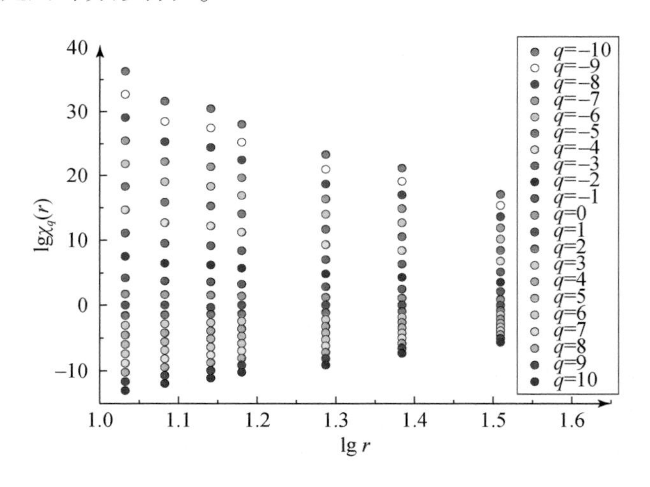

图 3.16　$\lg\chi_q(r)$ 的分布图

通过拟合 $\lg\chi_q(r)$ 和 $\lg r$ 的线性关系，获取拟合线的斜率 $\tau(q)$，得到如图 3.17a 所示的 $\tau(q)$ 与 q 的关系。从图 3.17 中可以看出，尽管 $\tau(q)$ 随着 q 值的增大而增大，但两者并没有呈现出线性关系，在 $q<0$ 时近乎线性增长，但当 $q=0$ 时，$\tau(q)$ 增长速度开始减慢，逐渐偏离原先的线性关系，导致其整体上呈现出

折线状。因此，$\tau(q)$ 并不是 q 的线性函数，说明具备多重分形特征。

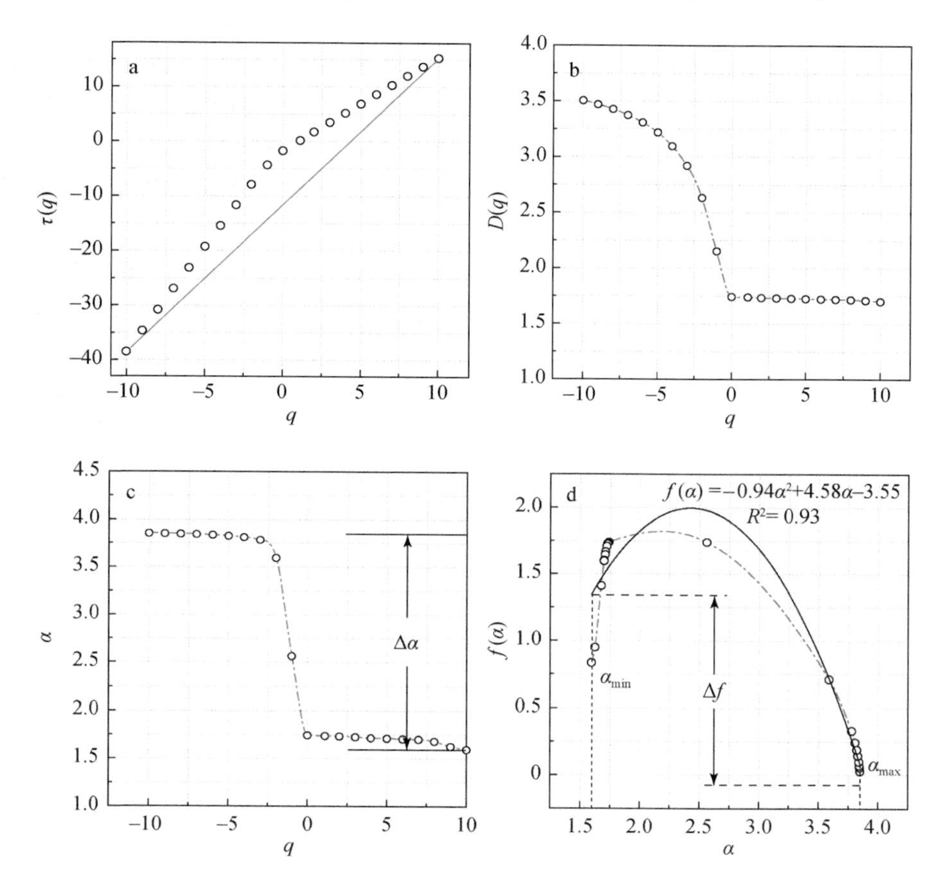

图 3.17　千河流域线性体多重分形

a-$\tau(q)$ 和 q 的关系图，红线仅表征 $\tau(q)$ 与首尾点组成的直线偏离程度，无实际意义；b-$D(q)$ 和 q 的关系图；c-α 和 q 的关系图；d-红线为原始多重分形谱 $f(\alpha)$-α，黑线为拟合后分形图谱

如图 3.17b 所示，广义分形维数 $D(q)$ 为单调递减的函数，符合多重分形的特征。其中，D_0、D_1 和 D_2 分别是 1.744、1.737 和 1.728，即 $D_0>D_1>D_2$，表明不是单分形。$D_0=1.744$，表明线性体长度分布范围较广，与渭北台塬、渭河盆地、华北等地区的断裂构造分维值更为接近（其中，渭北台塬分维值为 1.45，渭河盆地分维值为 1.55，华北地区分维值为 2.01），均说明该区断裂活动复杂，与地块运动和接触带背景吻合。而 D_1 并不趋于 0，说明线性体分布在一些区域内较为分散，而 D_2 则表明线性体在测试间隔上较为均匀。

与 $D(q)$ 类似，$\alpha(q)$ 也为单调递减的函数（图 3.17c），同样符合多重分形的特征。$\alpha(q)$ 刻画的是质量指数 $\tau(q)$ 的变化快慢。$\alpha(q)$ 的值域决定了分形谱 $f(\alpha)$ 的定义域，同时还决定了 $f(\alpha)$ 的对称性。$\alpha(-1)$ 基本处于曲线的中部位置，且与 $\alpha(0)$ 的间距短于 $\alpha(-2)$，因此，可推测 $f(\alpha)$ 为左偏。本区多重分形谱宽 $\Delta\alpha=2.25$，大于前人研究结果，如铜陵矿集区断裂带 $\Delta\alpha$ 约为 1.35（孙涛等，2018），新疆阿尔泰地区断裂 $\Delta\alpha$ 约为 0.81（谭凯旋和谢焱石，2010），云南东北地区 Pb-Zn 成矿带 $\Delta\alpha$ 为 1.6（Ni et al.，2017），河南焦作矿区断裂带 $\Delta\alpha$ 约为 0.3～2.0（陈鹏等，2019）。

分形图谱 $f(\alpha)$ 呈现出明显的抛物线形状，为典型的左钩状展布(图 3.17d 中红线)。为了更好地描述其分布特征，对其进行二次方程拟合：$f(\alpha)=A(\alpha-\alpha_0)^2+B(\alpha-\alpha_0)+C$(Telesca et al.，2004)。其中，参数 B 描述了分形谱的对称性，当 $B=0$时，$f(\alpha)$对称，而当 $B\neq0$ 时，$f(\alpha)$为左偏或右偏。如图 3.17d 黑线所示，$f(\alpha)$仍为左钩状展布，且在 $\alpha=2.44$ 处达到最大值。利用式(3.32)，可得本区 $\Delta f=1.21>0$，因此，再次说明 $f(\alpha)$并不对称，区域线性体长度存在较大差异。

综上所述，千河流域线性体的质量指数、广义分形维数、分形谱宽、分形图谱均说明该区线性体长度符合多重分形特征。此外，通过扩大 q 值的取值范围，发现随着 q 值的增大，即便趋于正负无穷，也不能改变图 3.17 中各图的变化趋势（毛浩宇等，2020），对 $\tau(q)$、$D(q)$、$\alpha(q)$ 和 $f(\alpha)$ 的影响极小。因此，不做过多讨论。

2. 千河流域线性体多重分形的成因

线性体长度的多重分形特征，可以间接的反映线性体的规模，从而推断该区断裂的长度规模和活动程度。那么，千河流域线性体多重分形的原因是什么呢？这种多重分形特征如何揭示地质意义呢？

首先，千河流域分形谱谱宽 $\Delta\alpha>0$，表明研究区线性体具有多重分形特征，长度变化范围大，长度范围更宽，即不同规模的线性体均有。而不对称性（Δf）大于 0，说明该流域线性体的长度较大值数量多于较小值的数量，也即本区线性体规模多为大-中等级。以往研究表明，当多重分形谱为左钩状时，说明区域内多为中等、小型规模的断层；相反，当多重分形谱为右钩状时，说明区域内为少量的大断层（陈鹏等，2019）。研究区线性体分型谱为左钩状，因此，该区内的线性体为中-小型规模。事实上，之所以产生这种差异现象，是因为线性体在空间上的不连续性，而断层在空间上为连通性更好。

其次，前人研究表明，断层的分维值处于 1.22～1.38（谭凯旋和谢焱石，2010），该值的差异主要与断层方向和基底岩性的变化相关。该研究认为，当区域分维数 D 大于该区间，说明此区域的断层在方向上更为连续，基底岩性渗透性更强。且断层在形成过程中，不断作用于地貌、岩性等分布与形成，而后才逐渐区域稳定。因此，断裂事件的分维值存在可变性，从而才导致了区域断层的多重分形分布。千河流域线性体的广义分维数 D 为 1.744，大于该区间，说明千河流域断裂分布更为复杂，仍在不断活动作用中，控制着区域地貌、岩性、矿产、地下水等资源的形成与分布，尚未成熟稳定下来。

最后，研究表明，D 值的大小与区域断裂的复杂程度有关（孔凡臣和丁国瑜，1991），即 D 值越大，区域断裂活动越复杂，越不稳定，构造活动程度越强。当 $D\in(1.5,\ 1.8)$ 时，次级断层相对较少，仍可见断层现象，且结构复杂。虽然断层的活动性较强，但是并不频繁（孔凡臣和丁国瑜，1991）。随着时间的推移，原本较小的断层已经逐渐趋于成熟，不断连接形成规模更大的断层。该流域线性体 D 值属于该区间，足以证明该流域断裂小，发育不稳定，结构复杂，活动性强，但不频繁。之所以未在野外地表勘探中找到更多的断裂标志，却能在遥感影像上发现解译标志，原因正是如此。

综上所述，千河流域线性体多重分形特征，说明该区断裂为中等规模的断层，构造结构复杂，发育不稳定，虽然具有较高强度的活动性，但活动不频繁。

3.3.3　千河流域分形特征揭示区域构造控灾

单纯研究线性体分形特征并不能证明该区断裂的活动性程度，因此，通过叠加千河流域地质灾害点与分形等值线图（图 3.15），可以进一步研究该区域断裂构造控灾程度。该区地质灾害以滑坡为主，数量上多于崩塌，主要集中在千河河谷阶地区、陇县西北侧山区等地区，而研究区边界处和东南侧的阶地区地势平坦，则极少发生地质灾害。通过与分维值等值线图的叠加，发现千河流域地质灾害点处主要集中在分维值 1.73 ~ 1.98，且处于断层分布的周围。事实上，断层的隆升，导致周围线性体的增多，从而致使其所在位置处的分维值和地质灾害点的个数增加。因此，其分维值更高。换言之，黄土覆盖区的地质灾害点解译可以重点研究区域线性体分维值更高的区域，该区断裂对地质灾害的控制作用较强。

研究表明，地质灾害的发育与断裂构造的间距有极大的关系，即断裂越密集的地区构造活动更强，地质灾害发生的频率越大（樊双虎等，2020a）。通过对断裂线进行缓冲区分析发现，该区地质灾害点主要集中在断裂周围 3 ~ 5km 内。该结论将进一步缩小地质灾害遥感解译的范围，对区域控灾防灾政策的实施具有重要的辅助和指导意义。

本章小结

为解决“千河流域地质构造的空间展布规律及其地质构造意义”这一科学

问题，本章首先分析了地质线性体在多源遥感数据上的特征，提出了“一种基于张量投票耦合霍夫变换的地质线性体提取算法”，通过与 STA、PCI 等国际已有算法的对比分析，结合长度、密度和方位分析，突出了本算法在线性体空间连续性、与该区断裂构造的吻合性上的优势，既实现了边缘突出，又有效地降低了噪声。该实验结果验证了千河流域断裂的存在性及其空间展布方向和延伸长度。在此基础上，利用千河流域线性体分形特征，间接证实该区断裂为中小型规模的断裂，结构复杂，发育不稳定，虽然具有较高强度的活动性，但活动不频繁。这些成果对解译识别构造、区域控灾防灾政策的实施具有重要的辅助和指导意义。

第 4 章　千河流域瞬时河道地貌响应活动构造隆升过程

本研究第 3 章提出了一种基于张量投票耦合霍夫变换的黄土区地质线性体提取算法，该算法能够有效结合地质线性体在多源遥感数据上的线性特征，便于遥感地质工作者识别千河流域地质构造。该法虽然辅助了地质人员在活动构造解译中的工作，但千河流域地处鄂尔多斯西南缘黄土深覆盖区，地表无明显断层破碎特征点或线，地震和滑坡等地质灾害频发，黄土区的活动断层隆升速率无法在野外测量，成为区域地质工作者的难点，也即活动构造的活动性程度问题。虽然第 3 章利用分形特征间接证明了该区断裂的活动性程度，但难以达到量化约束的目的。

近年来，在该区域，活动构造由于缺乏实测的断裂位移而难以计算其断距，故而只能通过遥感数据（DEM）及河流水系地貌参数（HI、SL、S_{mf}、V_f、B_S 等）（图 1.3）（Zhang et al.，2019），综合分析其隆升程度，但这类算法的难题在于：基于以上地貌参数的活动性评价结果，往往受人为主观干扰因素过大而导致结果参差不齐，难以衡量其准确性。

为了应对这一挑战，纵剖面分析提供了另一种方法来研究新构造运动和断层的生长-连接运动（Kirby et al.，2003；Boulton et al.，2014）。在瞬时流域地貌中，通过数字高程模型（DEM）来分析河道裂点（knickpoint，河道纵剖面中坡度变化率达到局部最大值的点）（Whittaker and Boulton，2012）的特征与分布，联合河道归一化陡度指数（normalized steepness index，k_{sn}），可以间接研究断层的滑动速率和基岩的隆升速率（Snyder et al.，2000）。因此，在黄土区野外没有直接的大地测量约束的情况下，通过对裂点特性的研究，可以获得许多野外获取不到的信息，从而对活动断层的隆升速率提供更新的见解。综上所述，本章围绕河道陡度指数和河道裂点类型，客观全面地分析千河流域河流纵剖面地貌受活动构造扰动而隆升的地貌演化过程，从而解决“千河流域河流纵剖面对于活动构造隆升的响应及程度”这一科学问题。

因此，为了实现在黄土区野外无明显断层特征点的情况下，仍能对活动断裂的活动性进行评价，本章的主要内容如下：

（1）以 DEM 数字高程模型作为数据源，以千河支流河道为主要分析内容，使用河流水力侵蚀模型（stream power incision model）与 k_{sn}，识别千河支流河道纵剖面上的裂点、位置及其类型，探讨千河流域裂点形成原因及河道地貌对该地区活动断裂的瞬时地貌响应；

（2）利用裂点迁移分析千河流域地貌迁移演化过程，评估研究区断层隆升条件下，分析研究区断层诱灾孕灾的可能性及活动构造与滑坡、地震等地质灾害的关系，进而揭示研究区活动构造隆升过程及地质意义。

4.1 分析方法

自 20 世纪 70 年代开始，已有大量的实例利用河流纵剖面的形态来记录构造隆升的过程（Hack，1973），这一观点已逐渐被接受。在活动断裂带区域，深部的地球物理结构往往通过浅表地质现象所表现，具体而言，就是深部的地球版块运动往往在浅表通过地貌的破碎程度所响应，而在大范围内通过实地勘探是极其耗时耗力的，遥感技术的出现突破了这一局限。因为遥感数据不仅可以宏观地表现地质体的分布，同时能够定性定量地分析该现象的成因。因此，通过遥感技术来研究区域构造地貌变形和程度已成为近些年的关注热点（Kirby and Whipple，2012）。

流域水系作为地表地貌的一部分，尤其是针对构造抬升强烈的造山带，断点处的河流由于受到活动构造的隆升作用，已逐渐被抬升到高于原始基底水平面的位置，所以流域水系反映了区域的地形起伏（Castillo，2017）。同时，河流的出现还为相邻山坡的侵蚀和演化限定了边界条件，控制着坡面侵蚀范围和速率（Whipple，2004）。流域地貌的变化程度间接响应了活动断裂带的隆升程度、速率、成因及趋势。此外，流域水系的变化也记录着构造、气候和岩性的变化信息（李琼等，2020）。因此，一个更为简单有效地、利用流域地貌来描述河道形态和过程的方法，逐渐被用来揭示潜表物理过程。

4.1.1 河流瞬时地貌

在流域地貌中，河道的形成和演化与基岩隆升和水系侵蚀的相互作用有关，是两者相互制约的一种变现。经过多年来的推演与研究，已提出了经典的河流水力侵蚀模型（Bishop et al.，2005），用来研究流域地貌的成因与趋势。因此，为了进一步分析流域水系地貌对构造隆升的响应，河道单一点的高程 z 随时间 t 的变化过程，可以通过基岩隆升速率 U 与河流下切侵蚀速率 E 的差值计算（图 4.1），即

$$\begin{aligned}\frac{\mathrm{d}z}{\mathrm{d}t}&=U(x,t)-E\\&=U(x,t)-K\times A^{m}\times S^{n}\end{aligned}\tag{4.1}$$

式中，x 为位置；K 为与岩性、活动断层、基准面和气候有关的侵蚀系数；m 和 n 为常数；A 为流域面积；S 为河道坡度。

当流域河道处于稳态（steady-state）（图 4.1），地貌系统的输入和输出相等，即河道高程 z 与时间 t 的变化没有明显的函数关系，呈现出光滑的下凹纵剖面形态，也即 $dz/dt=0$。具体针对构造系统来说，此时的侵蚀速率等于基岩的隆升速率。因此，式（4.1）可以转化为

$$U=K\times A^m\times S^n \tag{4.2}$$

$$S=\left(\frac{U}{K}\right)^{\frac{1}{n}}A^{\frac{m}{n}} \tag{4.3}$$

其中，m/n 为凹度指数 θ（concavity index），而系数 $(U/K)^{1/n}$ 为陡度指数（steepness index）。

为了便于计算，在构造地貌研究中，可从式（4.2）~式（4.3）中进一步优化推导出新的河流水力侵蚀模型（Hack，1973；Whipple，2004；Boulton and Whittaker，2009），并得到了广泛的应用，如式（4.4）~式（4.6）所示：

$$S=k_sA^{-\theta} \tag{4.4}$$

$$k_s=\left(\frac{U}{K}\right)^{\frac{1}{n}} \tag{4.5}$$

$$\theta=\frac{m}{n} \tag{4.6}$$

式中，θ 为凹度指数；k_s 为陡度指数。

凹度指数 θ 是河道下凹程度的指数，而陡度指数 k_s 则可以用来揭示无岩性突变或沉积侵蚀条件下的抬升速率（Kirby and Whipple，2012；Snyder et al.，2000）。如图 4.2 所示，θ 和 k_s 可以通过对河道进行微分获取坡度和流域面积，再绘制坡度–流域面积双对数曲线图（log-log slope-area plot，SA plot），不断拟合回归得到。随着凹度指数 θ 的增加，河道变凹，河道高程降低变快，坡度–流域面积双对数曲线的斜率绝对值随着 θ 的增大而增大。而在相同凹度指数的条件下，河道高程随着陡度指数 k_s 的增大而增大，斜率相同，但坡度–流域面积双对数曲线的截距随 k_s 的增大而增大。

研究表明，河道凹度指数 θ 并不会产生太大的变化，该值一般为 0.3 ~0.6（Hack，1973），即便是岩性变化大的区域，该值也能保持相对稳定的数值。因此，在岩性和气候条件不是区域隆升的主要影响因素的情况下，陡度指数 k_s 便可以作为基岩抬升的重要标志。在以往的研究中，通常采用 k_{sn} 来进一步衡量在没有岩性和气候的干扰时断裂的隆升速率（Snyder et al.，2000；Wobus et al.，2006）。考虑到 k_s 和 θ 之间存在强相关性，在计算 k_{sn} 时，通常设置凹度指数参考值 $\theta_{ref}=0.45$（Kirby and Whipple，2012），通过研究流域 k_{sn} 的空间分布来分析流

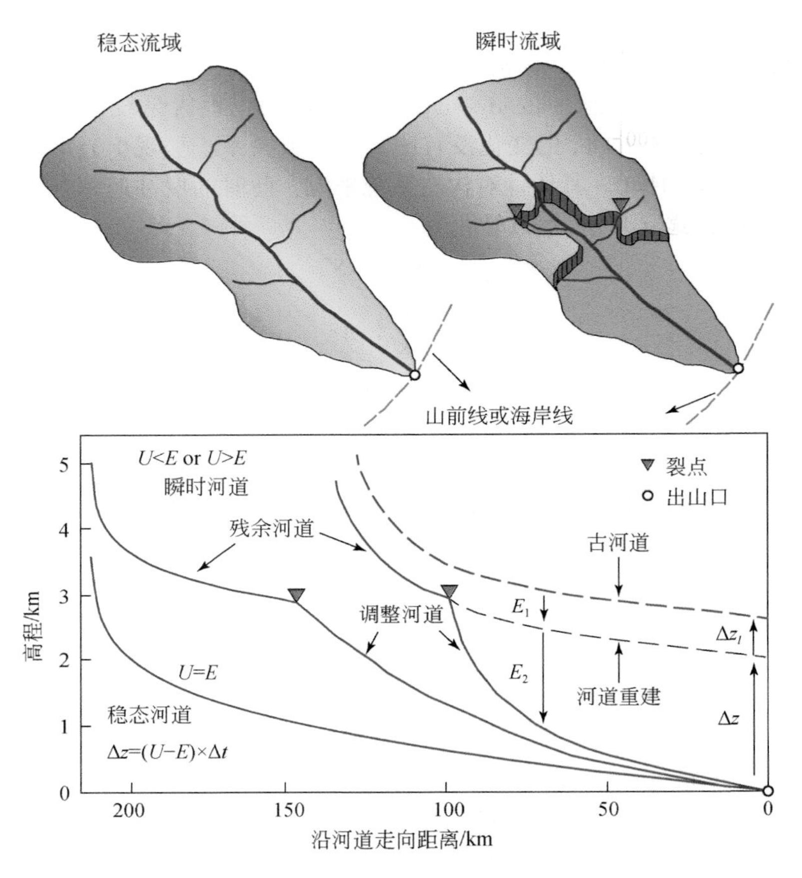

图 4.1　流域地貌形态（Regalla et al.，2013；Jaiswara et al.，2019，有删改）

E_1和E_2分别是裂点出现前后的河道侵蚀速率

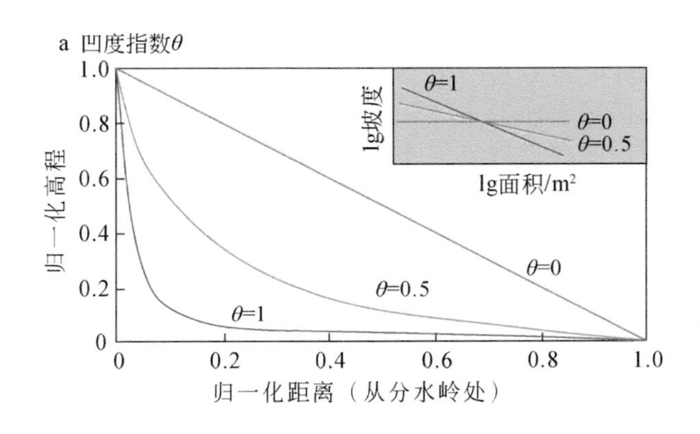

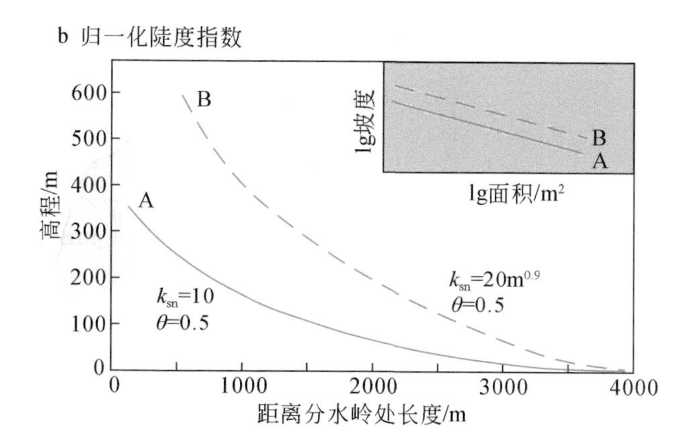

图 4.2　河流纵剖面陡度指数和凹度指数（Kirby and Whipple，2012）

a-不同凹度指数下河道分布图；b-θ 值相等 k_{sn} 不等的条件下河道分布图

域地貌的隆升情况。因此，式（4.4）又可转化为

$$S=k_{sn}A^{-\theta_{ref}} \tag{4.7}$$

事实上，并不是所有的河流都处于稳态（图 4.1），由于断层或者基底岩性的突变（Whittaker and Boulton，2012；Allen et al.，2013），往往导致在河道的某一点上产生 U 和 E 的暂时不平衡，即瞬时河道（transient state）。在这种不平衡的条件下，河流纵剖面将不再是平滑的下凹状态，而是呈现出局部的上凸状态，是在断层或岩性发生扰动的情况下，新的河道（调整河道）轨迹与旧的河道（残余河道）轨迹之间的瞬时边界（Crosby and Whipple，2006），在整条河道纵剖面上凸的区域中产生了一个瞬时间断点（图 4.1），表现为河流纵剖面上的间断性（图 4.2）。至于河道的这种间断性，往往是由构造的隆升、岩性的差异和气候的变化影响综合决定的（Allen et al.，2013；Boulton et al.，2014）。这种在上下游新旧河道之间产生的瞬时间断点，常被称为裂点，它代表着新旧地貌的临时分界点（Crosby and Whipple，2006；Shi et al.，2018），即裂点上下游河道分别是残余河道和调整河道（高效东等，2019）。随着时间的不断推移，裂点逐渐向上游河道迁移（Crosby and Whipple，2006）。根据裂点在坡度-流域面积图（SA plot）上的特征（图 4.3），又可划分为“垂阶型裂点”（vertical-step knickpoint）和“坡断型裂点”（slope-break knickpoint）两类（Wobus et al.，2006；Haviv et al.，2010；Kirby and Whipple，2012），如图 4.3 所示。

值得注意的是，当这个瞬时间断点形成后，河流下切量与基岩隆升量 Δz 是不相等的（图 4.1），前者还需要叠加地貌下降的变化量（Regalla et al.，2013）。因为在裂点未产生以前，河道以 E_1 的速率侵蚀至裂点产生时，侵蚀量为 Δz_1，而

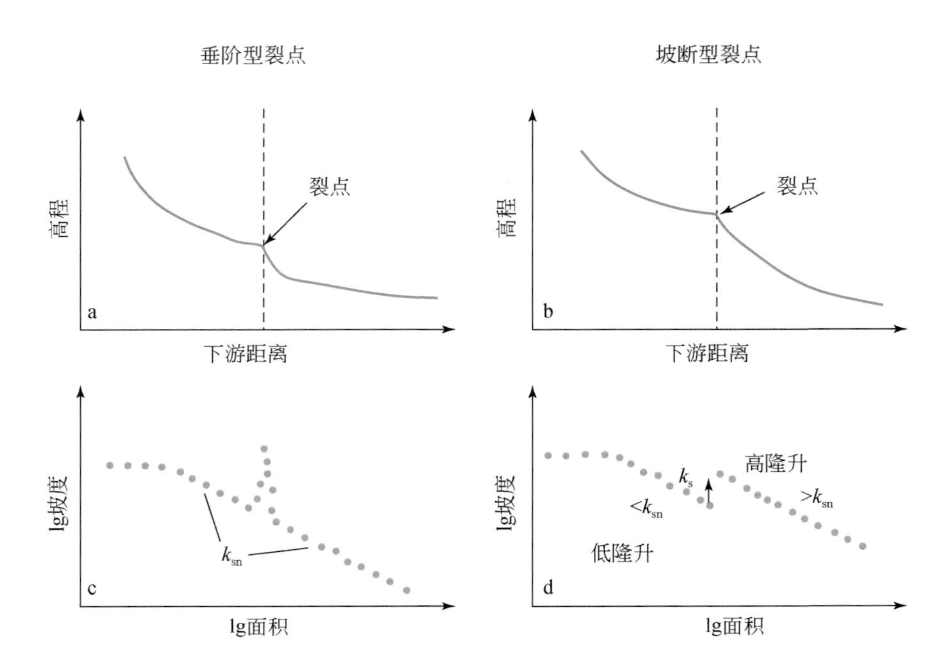

图 4.3　裂点分类（Kirby and Whipple，2012，有增删）

a、b 分别为裂点在河道纵剖面上的分布示意图；c、d 分别为裂点在 SA 图上的分布示意图

裂点产生后，又以 E_2 的速率侵蚀，侵蚀量为 Δz。因此，在分析垂直运动速率时应尤为注意。即便如此，仍可利用裂点发育后河流纵剖面的垂直变化量来分析河道下切程度（Regalla et al.，2013）。

通常情况下，垂阶型裂点和基岩强度、侵蚀能力有关。因此，垂阶型裂点没有直接的构造意义（Kirby and Whipple，2012），主要出现在岩性边界、构造边界等区域，向上游迁移的可能性是十分有限的（Whipple，2004）。尽管这种裂点常被认为是固定的，但是其河道仍可被分成上下两个部分，裂点上、下游的河道 k_{sn} 几乎没有多大的变化（图 4.3c）。因此，垂阶型裂点常用来分析构造、基岩等边界问题（Wobus et al.，2006）。

同样的，坡断型裂点也可将上下游河道分成两部分（图 4.3d），形成一个瞬时的切口，但其对岩性、气候等边界条件的变化没有响应。坡断型裂点两侧的上下游陡度指数呈现明显的不同，陡度指数 k_s 的增加象征着下游河道被构造隆升的程度（图 4.3d）。坡断型裂点上游残余河道的 k_s 和地形起伏度往往较低，表明上游残余河道基本没有隆升，而下游河道 k_s 的增加则说明下游调整河道差异性隆升。研究表明，当不同坡断型裂点是由一个单一的基准面下降所产生的时候，坡断型裂点的移动速度与上游面积成正比（Wobus et al., 2006），且不同支流河道的裂点几乎处于同一高度；相反，当多条河流跨越一个单一构造时，裂点的高程可以随断层的滑动速率变化而变化（Boulton and Whittaker, 2009；Whittaker and Boulton, 2012）。

以坡断型裂点为例（图 4.4），地貌受到构造的瞬时扰动而造成局部的断裂，形成上下两个不等高的平面，在两者连接的位置产生瞬时裂点，但随着时间的推移，河流水系不断侵蚀，上游物质逐渐随着水流的侵蚀不断向下游堆积，裂点至构造的水平距离逐渐增大，即向上游迁移，为裂点的回退距离（retreat distance）（Hodge et al., 2020）（图 4.4）。而裂点至构造之间的高差则为裂点受构造扰动而形成的垂直分量距离。因此，在此基础上，当获取了裂点的回退距离及裂点的形成年代（即断层的形成年代），即可知道裂点受构造隆升影响下的活动速率，计算公式如式（4.8）所示：

$$V=\frac{D}{T} \tag{4.8}$$

式中，V 为裂点回退速率（retreat rate）；D 为裂点的回退距离（retreat distance）；T 为裂点形成的年代（time of knickpoint initiation）。

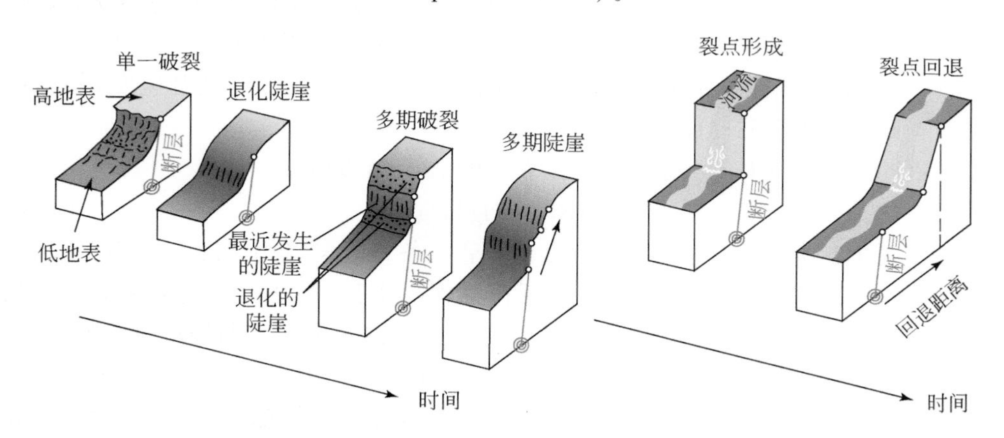

图 4.4　坡断型裂点在地貌演化中的形态（Hodge et al., 2020）

如图 4.1 所示，裂点与构造之间的高差与河流下切的距离并不相等，因此，无法使用断层形成年代来代替河流下切的时间。换言之，无法计算河流下切侵蚀的速率。但该高差能反映河流下切侵蚀速率的快慢。所以，在后续计算时，应对垂直分量和水平分量进行区别分析。

因此，使用垂阶型裂点难以表征构造隆升的速率或基准面的升降。相反，坡断型裂点则可以代表构造运动引起的局部隆升（图 4.3c 和图 4.3d），如断层的开始滑动或断层滑移的增加。当河道中存在坡断型裂点，地形起伏度与裂点下游河道 k_{sn} 与裂点处地形起伏度成正比时，我们可以认定该区域地貌是由构造的隆升引起的。综上所述，裂点分析是断层定位和地貌运动过程响应分析的更为有效的定量方法（Boulton and Whittaker，2009），在活动构造区域，应重点分析坡断型裂点的空间分布及迁移速率。

4.1.2 河流纵剖面

事实上，并不是所有的河流都会产生瞬时地貌间断性，意味着并不是所有的河道都会产生裂点。因为河道高程往往是侵蚀和隆升相互作用的结果，长期演化后的形态，则会在整条河道上表现出来。因此，河流纵剖面的形态随着河流下切逐渐变化。对于没有裂点的河流，则通常从河流纵剖面的形状中进一步获得关于构造地貌隆升过程的信息（Chen et al.，2006）。首先，河道越老，年代越久远，其下凹程度越大；但当河道受到构造的隆升作用时，其形态则会上凸或成直线；相反，当河流侵蚀作用明显时，曲线则又回到下凹的状态，呈现幂函数、指数函数或者对数函数形态。综上所述，稳态河流需要隆升速率=侵蚀速率，因此基岩河道的高程是均衡变化的。然而，当隆升速率 ≠ 侵蚀速率，河道稳态就会被打破。例如，当隆升速率>侵蚀速率，河道高程随着时间的推移而增加（$dz/dt>0$），式（4.4）这种线性关系由直线转化为上凸的曲线；相反，当隆升速度<侵蚀速率时，则会出现下凹（Chen et al.，2006）。

因此，对式（4.4）两边进行求导，可得式（4.9）：

$$\lg S = -\theta \times \lg A + \lg k_s \tag{4.9}$$

如图 4.5 所示，对于稳态河流，lg$S$ 呈一条直线。当构造隆升作用更强时，lg$S$ 曲线呈现上凸现象；相反，当水系侵蚀作用更强时，lg$S$ 曲线呈现下凹现象（图 4.5a）。以往的研究进一步表明，可以对河流纵剖面形态曲线进行函数拟合，获取其演化的过程（Rădoane et al.，2003）。即河流纵剖面的高程 Y 随河道长度 X 的变化而变化（图 4.5b），可分为与地貌演化不同阶段有关的线性、指数、对数或幂函数型（Chen et al.，2006；Dong et al.，2017）：

（1）初始状态下，隆升速率=侵蚀速率，河道剖面整体呈直线（$Y=a+bX$）；

（2）当水系侵蚀更高时，中上游的物质随着水系侵蚀而被运输到下游沉积。因此，中上游的曲率变大，呈指数形式（$Y=ae^{bX}$）；

（3）持续的侵蚀和沉积可以进一步增大河流纵剖面曲率，从而过渡到对数形式（$Y=a\lg X+b$）；

（4）受区域气候、基岩断裂等因素影响，松散沉积物在上游难以保留，河流侵蚀达到最大，河流纵剖面逐渐演化为幂函数（$Y=aX^b$）。

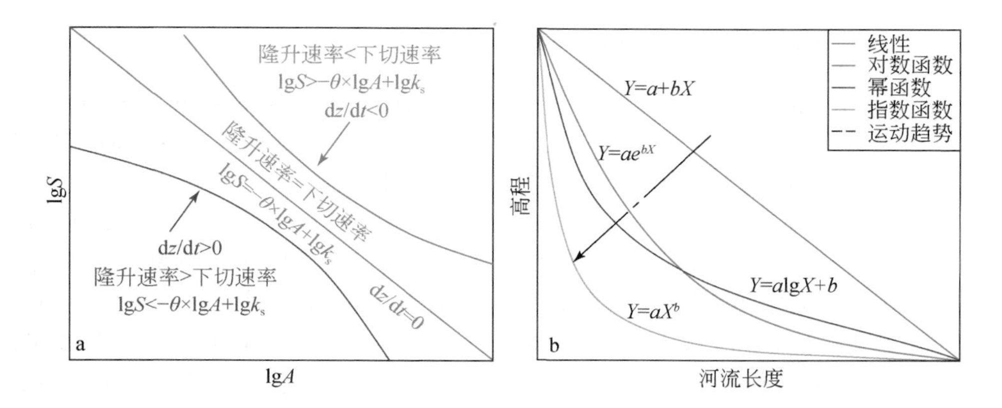

图 4.5　河流形态分析

a-河流水力侵蚀模型（Chen et al., 2006）；b-河流形态数学模型。Y 为高程，X 为河长，a 和 b 为常数，独立于每个函数（Dong et al., 2017）

综上所述，其形态顺序可以表征为直线型→指数型→对数型→幂函数型。利用稳态河流纵向剖面的几何变化可以为一个区域的地貌演化提供信息，并在没有裂点的情况下对区域构造隆起提供更深入的理解。

4.2　数据源及预处理

本研究使用的数据源是数字高程模型（digital elevation model, DEM），DEM 的海拔高程变化能体现出地貌受地质构造隆升而抬升的差异特征，也即可以通过数字高程模型 DEM 上的变化来辅助分析地质构造的提取及隆升速率（王一舟等，2017），而常规的数据源大部分来自野外实测。随着卫星测高技术的快速发展、覆盖面积越来越广，越来越多的数据源被广泛使用，目前使用最多的 DEM 是 SRTM 或者 ASTER-GDEM（Boulton and Stokes, 2018），均可免费获取全球范围内的 DEM 数据（https://earthdata.nasa.gov [2023.4.10]），因此在地球科学领域用途广泛。如 SRTM（shuttle radar topography mission）数据（https://earthexplorer.usgs.gov [2023.4.10]），覆盖 60°N ~ 56°S 的地球面积（约 80% 的地表面积）（Hancock et al., 2006）。SRTM 主要分为两种数据类型：SRTM1（1″×1″）和 SRTM3（3″×3″），分辨率分别是 30m 和 90m。大量研究表明，SRTM1 数据对在流域构造地貌形态提取分析中（如河网提取），且优于其他 DEM 数据源（如 ASTER-GDEM、TanDEM-X、AW3D30 等）（Boulton and Stokes, 2018）。

4.2.1 基于资源三号立体像对的 DEM 提取

近年来，测绘卫星和无人机的兴起，使得利用立体像对提取 DEM 成为可能。作为 DEM 获取的一种新方式，这类 DEM 的优势在于立体像对获取的时效性更强，获取更为方便。更重要的是因为 SRTM 和 ASTER-GDEM 等 DEM 测制后不再更新或者更新时间很长，这对于获取长时间序列的裂点回退速率非常不利。但是，DEM 的精度也是制约测绘卫星发展的因素，特别是山区，DEM 精度极差。因此，为了拓宽国产测绘卫星应用领域，我国于 2012 年 1 月 9 日发射了中国第一颗自主的民用高分辨率立体测绘卫星，并于 2016 年 5 月 30 日成功发射 02 星，填补了我国立体测图的空白，打破了传统野外实地测量的获取方式，其主要参数如表 4.1 所示。

表 4.1　资源三号卫星影像参数

<table>
<tr><th>有效载荷</th><th>波段号</th><th>波谱范围/μm</th><th>空间分辨率/m</th><th>幅宽/km</th><th>侧摆能力</th><th>重访时间/d</th></tr>
<tr><td>前视</td><td>—</td><td>0.50～0.80</td><td rowspan="2">3.5</td><td rowspan="2">52</td><td rowspan="7">±32°</td><td rowspan="3">3～5</td></tr>
<tr><td>后视</td><td>—</td><td>0.50～0.80</td></tr>
<tr><td>正视</td><td>—</td><td>0.50～0.80</td><td rowspan="2">2.1</td><td rowspan="2">51</td></tr>
<tr><td rowspan="4">多光谱</td><td>1</td><td>0.45～0.52</td><td rowspan="4">5</td></tr>
<tr><td>2</td><td>0.52～0.59</td><td rowspan="3">5.8</td><td rowspan="3">51</td></tr>
<tr><td>3</td><td>0.63～0.69</td></tr>
<tr><td>4</td><td>0.77～0.89</td></tr>
</table>

注：参数引自 http://www.satimage.cn/.［2023.4.10］

立体像对提取 DEM 的原理是源于美国 Marr 提出的双目匹配（连蓉和李莉，2015），这一问题是将传感器模拟成人眼构建立体视觉之上。尽管随着三线阵测绘卫星的快速发展，提取 DEM 技术与理论基础已经逐渐趋于成熟，但是在揭示地球科学问题及意义方面仍需加大应用与拓展，特别是深层地质结构及意义往往可以通过浅表地质体及现象反映在遥感影像和 DEM 上，且 DEM 的精度也会影响最终河道 k_{sn}的提取质量。因此，本研究也将国产资源三号卫星影像提取的 DEM 应用到本章中，与 SRTM、ASTER-GDEM 等数据综合评定最优的 DEM 数据源及其精度质量。基于资源三号卫星影像提取 DEM 的主要方式是首先对同一地区进行连续拍摄，获取不同方位的具有一定重叠度（>60%）的前视或后视与正视影像三线阵构建立体像对，分别通过地面控制点和同名像点进行相对定向和绝对定向，生成核线影像，使用摄影测量共线方程［式（4.10）］进行定位，将影像上的像点坐标转化为物点的真实三维坐标，从而提取 DEM（李阳，2015），具体流程如图 4.6 所示。

$$\begin{cases} x=-f\dfrac{a_1(X-X_s)+b_1(Y-Y_s)+c_1(Z-Z_s)}{a_3(X-X_s)+b_3(Y-Y_s)+c_3(Z-Z_s)} \\ y=-f\dfrac{a_2(X-X_s)+b_2(Y-Y_s)+c_2(Z-Z_s)}{a_3(X-X_s)+b_3(Y-Y_s)+c_3(Z-Z_s)} \end{cases} \tag{4.10}$$

式（4.10）为共线方程式，包含了以像主点为原点的像点坐标（x，y）、对应的地面点坐标（X、Y、Z）、像片主距 f，以及由三个外方位角元素 φ、ω、κ 生成的 a_i、b_i、c_i（$i=1$，2，3）。千河流域资源三号卫星影像 DEM 具体提取过程如下。

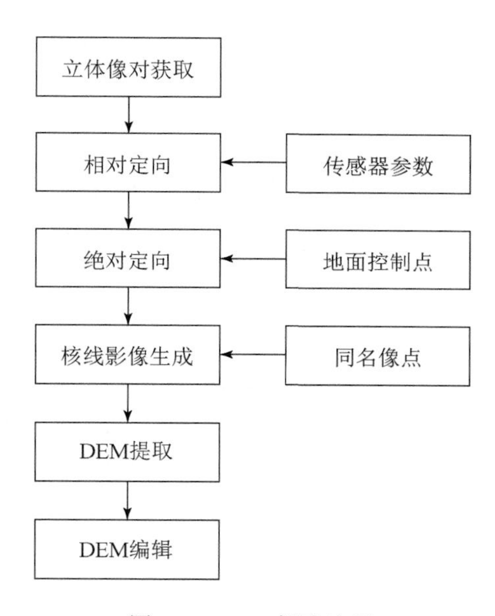

图 4.6　DEM 提取流程

1. 立体像对获取

千河流域共覆盖 6 景资源三号 01 星影像，因此，获取了 6 景前视、正视、后视三线阵影像，具体参数如表 4.2 所示。实验中采用前视和正视影像构成立体影像使用。其主要目的在于获取立体像对的基本参数及内外方位元素，用于后续流程步骤的计算。

2. 相对定向

相对定向是描述传感器成像时刻立体像对的相对位置关系及姿态的过程（柴

登峰和张登荣，2007）。共线方程描述的是摄影中心、像点与物点之间的函数关系［式（4.10）］。如图 4.7 所示，$\overrightarrow{s_1a_1}$和$\overrightarrow{s_2a_2}$为一对同名射线，而$\overrightarrow{S_1S_2}$表示摄影基线。要恢复两张像片之间的相对位置关系，则需要保证同名射线对对相交，也就需要同名射线和摄影基线这三个矢量共面，即混合积为 0，即式（4.11）。

$$\overrightarrow{S_1S_2}\cdot(\overrightarrow{S_1a_1}\times\overrightarrow{S_2a_2})=0 \tag{4.11}$$

表 4.2　研究区资源三号卫星影像

编号	文件名	行/列	获取时间	太阳高度角/(°)	太阳方位角/(°)	卫星高度角/(°)	卫星方位角/(°)	云量/%
1	L1A0001497551	137/23	2013-12-11 11：52：12	30.5	165.1	84.7	101.5	0
2	L1A0001051630	137/22	2013-02-24 11：50：36	42.1	154.4	88.6	268.6	0
3	L1A0001051631	138/22	2013-02-24 11：50：42	42.4	154.2	88.6	268.6	4
4	L1A0000931653	137/21	2013-01-01 11：47：12	29.8	162.1	89.7	206.1	0
5	L1A0000931654	138/21	2013-01-01 11：47：15	30.4	161.9	89.7	206.2	0
6	L1A0000931655	139/21	2013-01-01 11：47：24	30.5	161.8	89.7	206.3	0

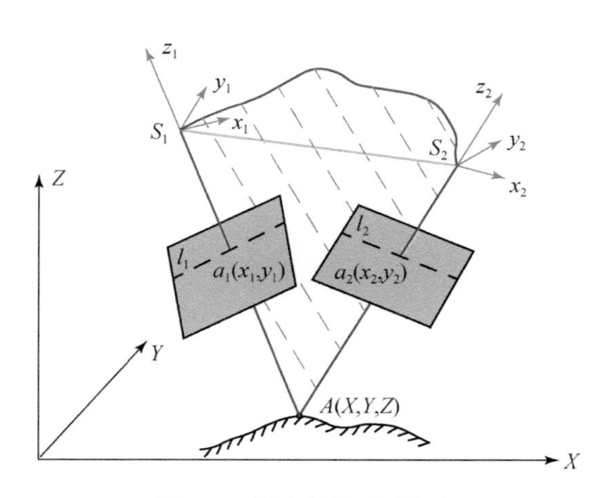

图 4.7　同名射线对对相交

为了求解相对定向元素，需要将式（4.10）中的成像元素、姿态等参数输入即可。然而由于商业卫星数据获取方式有限，现阶段大部分卫星影像已不再提供这些成像参数。目前，资源三号卫星影像只向用户提供传感器校正后的有理函数参数（rational polynomial coefficients，RPC）文件，用于求解相对定向元素。RPC 是将像点坐标（r，c）表示为以相应地面点空间（X、Y、Z）为自变量的多项式的比值。

$$\begin{cases} r_n = \dfrac{P_1(X_n, Y_n, Z_n)}{P_2(X_n, Y_n, Z_n)} \\ c_n = \dfrac{P_3(X_n, Y_n, Z_n)}{P_4(X_n, Y_n, Z_n)} \end{cases} \tag{4.12}$$

式中，（r_n，c_n）、（X_n，Y_n，Z_n）分别为像点坐标（r，c）、地面点坐标（X、Y、Z）经平移和缩放后的正则化坐标，取值范围为［-1，1］；多项式 P_i（$i=1$，2，3，4）中每一项的坐标分量 X_n、Y_n、Z_n的幂次最大不超过 3，且每一项各个坐标分量的幂次之和也不超过 3（袁修孝和曹金山，2012）。

3. 绝对定向

在实际应用中，最终的目的是需要解算出影像范围内像点对应的物点的真实地面坐标。其中，从像点坐标到物点坐标的过程需要平移、旋转和缩放，也即空间相似变换［式（4.13）］。

$$\begin{bmatrix} X_\mathrm{T} \\ Y_\mathrm{T} \\ Z_\mathrm{T} \end{bmatrix} = \lambda M \begin{pmatrix} X \\ Y \\ Z \end{pmatrix} + \begin{pmatrix} X_0 \\ Y_0 \\ Z_0 \end{pmatrix} = \lambda \begin{pmatrix} a_1 & a_2 & a_3 \\ b_1 & b_2 & b_3 \\ c_1 & c_2 & c_3 \end{pmatrix} \begin{pmatrix} X \\ Y \\ Z \end{pmatrix} + \begin{pmatrix} X_0 \\ Y_0 \\ Z_0 \end{pmatrix} \tag{4.13}$$

式中，（X，Y，Z）为点的模型坐标；λ 为模型缩放因子；（X_T，Y_T，Z_T）为对应的地面坐标；（X_0，Y_0，Z_0）为模型坐标系的原点在地面坐标系中的坐标；$\begin{pmatrix} a_1 & a_2 & a_3 \\ b_1 & b_2 & b_3 \\ c_1 & c_2 & c_3 \end{pmatrix}$为角元素（$\boldsymbol{\Phi}$，$\boldsymbol{\Omega}$，$\boldsymbol{K}$）组成的旋转矩阵。

从式（4.13）可以明显看出，需要一定数量的地面控制点（ground control points，GCPs）。GCPs 应尽可能选择分布均匀、地表长期稳定、易于发现而又不易被人为活动破坏的点，如道路的交叉点、建筑物的角点等，如图 4.8 所示。

4. 核线影像生成

当匹配了同名像点并连接后，就可以实现二维相关的同名像点转化为同名核线上的一维相关问题。因此，通常是将不平行的核线投影到与摄影基线平行的

图 4.8　控制点分布

红框为单景资源三号卫星影像范围，点位为控制点

“水平”像片对上，从而实现核线平行，消除影像之间的上下视差。倾斜影像坐标（x，y）和“水平”核线影像坐标（u，v）之间的关系可以描述为

$$
\begin{aligned}
x &= -f\frac{a_1u+b_1v-c_1f}{a_3u+b_3v-c_3f} \\
y &= -f\frac{a_2u+b_2v-c_2f}{a_3u+b_3v-c_3f}
\end{aligned}
\tag{4.14}
$$

而要实现同名核线对对相交，则需要大量的同名像点，从而建立左右核线影像的联系。此时，利用同名像点的坐标，即可生成核线影像对。再利用重采样的方法，获取同名像点处所对应的像素灰度，直到核线影像的所有像素都有像素灰度。根据 GCPs 和同名像点的坐标与分布，并结合区域最大高程（视差边界）进行联合平差，即可获取对应点的物点坐标，并利用平差结果和 GCPs 赋予 DEM 的高程值，从而提取 DEM。

5. DEM 编辑

用 DEM 提取后，仍会在部分区域存在异常区域（“空洞”、湖面中央凸起“岛”），这与遥感影像上的云层遮挡、连接点的分布及定位精度有关。此时，主要使用内插、滤波和平滑方法进行编辑，从而消除这些异常区域。

综合以上流程，对 DEM 进行镶嵌、投影、裁剪后，得到研究区资源三号卫星影像提取的 DEM，如图 4.9 所示。从视觉角度上看，资源三号 DEM 提取结果可靠，符合该区域的地形变化趋势。为了获得更高精度的地貌参数结果，将千河流域台塬地区域的阶地进行了单独裁剪，如图 4.9b ~ d 所示。SRTM1 整体数据经过平滑拟合，千河河道上未见明显的凸起，而资源三号卫星影像，由于立体像对提取过程中，存在建筑物，因此，在台塬区存在一些凸起或者不平滑，但河道上并未出现此现象。至于 ASTER-GDEM 数据，在台塬地上出现了明显的凸起，而河道上异常凸起的“岛”等现象（图 4.9e ~ f），这势必要引起河道高程的及河道下切速率的变化。因此，ASTER-GDEM 不宜作为河道构造地貌参数的提取数据源。

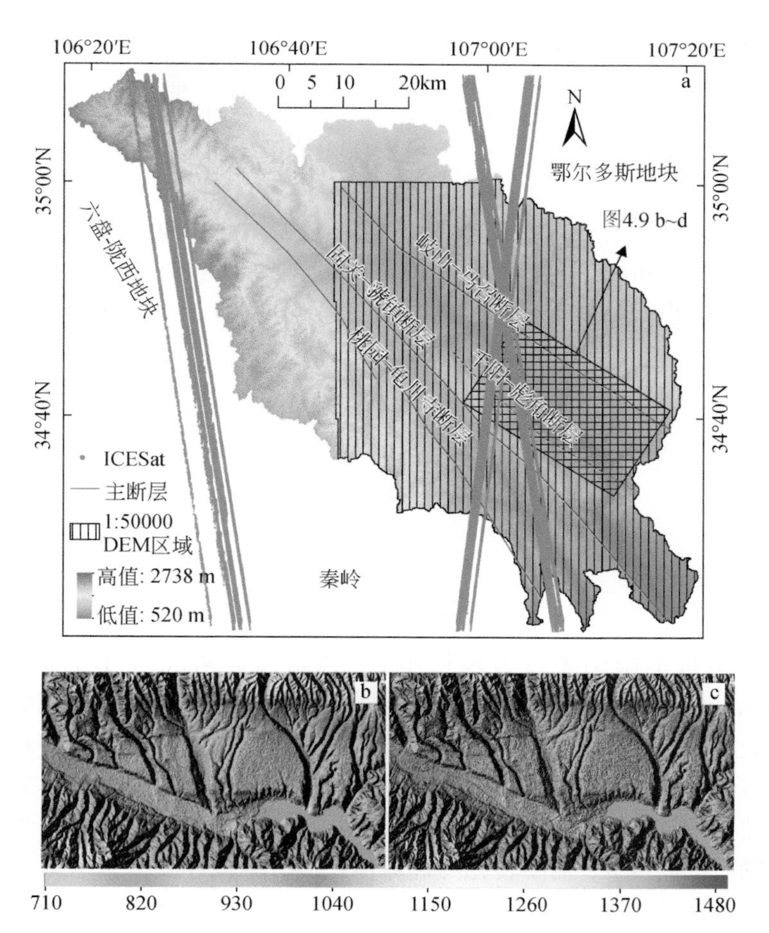

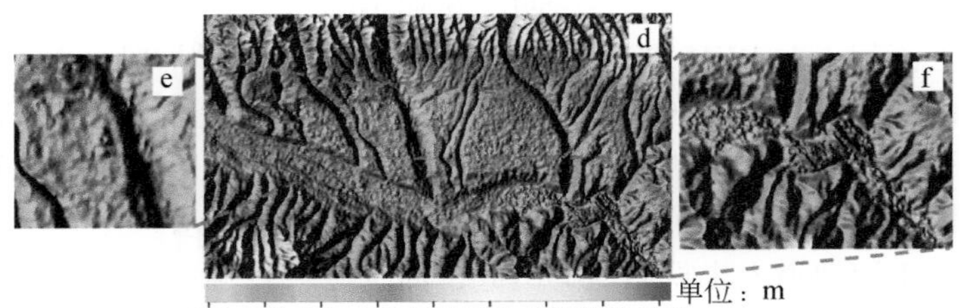

图 4.9 千河流域 DEM

a-千河流域资源三号卫星影像 DEM；b～d 分别为千河阶地地区 SRTM1、ZY3-DEM 和 ASTER-GDEM；e 和 f 分别为局部放大

4.2.2 多源 DEM 垂直精度评价

作为河道提取的数据源，DEM 的精度影响着最终河道地貌参数的结果及其正确性。因此，为了评价资源三号卫星影像生成的 DEM（ZY3-DEM）结果与其他 DEM（SRTM，ASTER-GDEM）结果的优劣，以高精度星载雷达（ICESAT/GLAS）高程数据 $h_{\text{ICESat/GLAH14}}$ 为参考基准（Yue et al.，2017），主要使用高差（d）、平均误差（Mean）、标准差（SD）和中误差（RMSE）四个指标，评价这几种 DEM 的精度，具体计算方法如式（4.15）～式（4.18）所示。

$$d = h_{\text{DEM}} - h_{\text{ICESat/GLAH14}} \tag{4.15}$$

$$\text{Mean} = \frac{\sum d}{n} \tag{4.16}$$

$$\text{SD} = \sqrt{\frac{\sum (d - \text{Mean})^2}{n}} \tag{4.17}$$

$$\text{RMSE} = \sqrt{\frac{\sum d^2}{n}} \tag{4.18}$$

式中，数据源自美国国家冰雪数据中心（Natiaonal Snow and Ice Data Center，NSIDC；http://nsidc.org/［2023.4.10］），水平精度和高程精度分别为±20cm 和 18cm，相比本研究其他三种 DEM，有精度更高、ICESat 数据覆盖面积大、采样间隔大等特点，故而以其作为评价参考标准。事实上，从 NSIDC 获取的数据并不能直接按照式（4.15）～式(4.18）计算，一方面，是因为其高程为地面点相对于参考椭球的高度 h，需要转化为椭球体正高，因此还要获取大地水准面和参考椭球之间的高差 N（此值有正有负）；另一方面，其椭球为 Topex/Poseidon 椭球，与 SRTM、ASTER-GDEM 和 ZY3-DEM 的 WGS84 椭球高程 h_{WGS84} 存在差异

(70～72cm)(秦臣臣等，2020)。因此，需要按照式(4.19)进行转换：

$$h_{WGS84} = h - N - 0.7 \tag{4.19}$$

此外，免费的 ASTER-GDEM 由日本 METI 和美国 NASA 联合研制，通过“先进星载热发射和反辐射计(ASTER)”计算生成(http://www.gscloud.cn [2023.4.10])。结合以上分析，采集了 30 轨 ICESat GLAH14 点(图4.9)，其中千河流域内共有 5776 个点，并提取了该流域三种 DEM 对应点的高程，具体精度结果如表 4.3 所示。

表 4.3　千河流域不同 DEM 垂直误差统计

DEM	样本点数/个	d 最大值/m	d 最小值/m	Mean/m	SD/m	RMSE/m
SRTM1	5776	74.07	−49.28	3.24	8.37	8.98
ASTER-GDEM		91.75	−61.28	−3.92	12.32	12.93
ZY3-DEM		34.27	−35.36	3.15	8.76	9.31

注：基础数据为 GLAH14 高精度高程点。

首先，就参数本身含义而言，标准差代表着三种 DEM 的高程偏离平均值的程度，数值越大越不稳定；中误差代表着独立观测值的测量精度。如表 4.3 所示，千河流域三种 DEM 高程精度差异极小，如 SRTM1 的标准差和中误差最小，分别为 8.37m 和 8.98m，ASTER-GDEM 的标准差和中误差最大，分别为 12.32m 和 12.93m，而 ZY3-DEM 的居于其中。因此，SRTM1 数据的精度更高。ZY3-DEM 与 SRTM1 的最值、平均误差、标准差和中误差与 SRTM1 极为接近，而 ASTER-GDEM 的略大，这一结果与以往关于 SRTM1、ASTER-GDEM 等精度评价研究结果极为相符，如詹蕾等(2010)认为陕西省的 SRTM1 高程 RMSE 在 3.5～60.7m；郭笑怡等(2011)认为 ASTER-GDEM 的垂直精度(标准差)为 7～14m；赵尚民等(2020)认为 SRTM1、ASTER-GDEM 和资源三号 DEM 的垂直精度约为 9m、12.6m 和 8m。

其次，绘制了研究区高程误差 d 的分布图，如图 4.10 所示。三种 DEM 的高程误差分布均呈现出正态分布，仅在对称轴处存在差异。SRTM1 和 ZY3-DEM 的高程误差呈现出以 0 为中心的正态分布，均值分别为 3.24m 和 3.15m，而 ASTER-GDEM 的高程误差分布呈现出以−10～−5m 为中心的正态分布，均值为−3.92m。说明该流域 ASTER-GDEM 大部分高程数据低于 ICESat GLAH14，而这将导致提取偏高或偏低的 k_{sn}(Boulton and Stokes，2018)。此外，SRTM1 的高程误差主要集中在−15～25m，约占整体的 97.0%；ASTER-GDEM 的高程误差主要集中在−30～20m，约占整体的 95.2%；而 ZY3-DEM 主要集中在−15～25m，约占整体的 95.84%。SRTM1 和 ZY3-DEM 数据的集中程度略优于 ASTER-GDEM，不仅说明了高程误差的聚集范围，同时也反映了 ASTER-GDEM 数据偏离真实值的程度大于 SRTM1 和 ZY3-DEM。

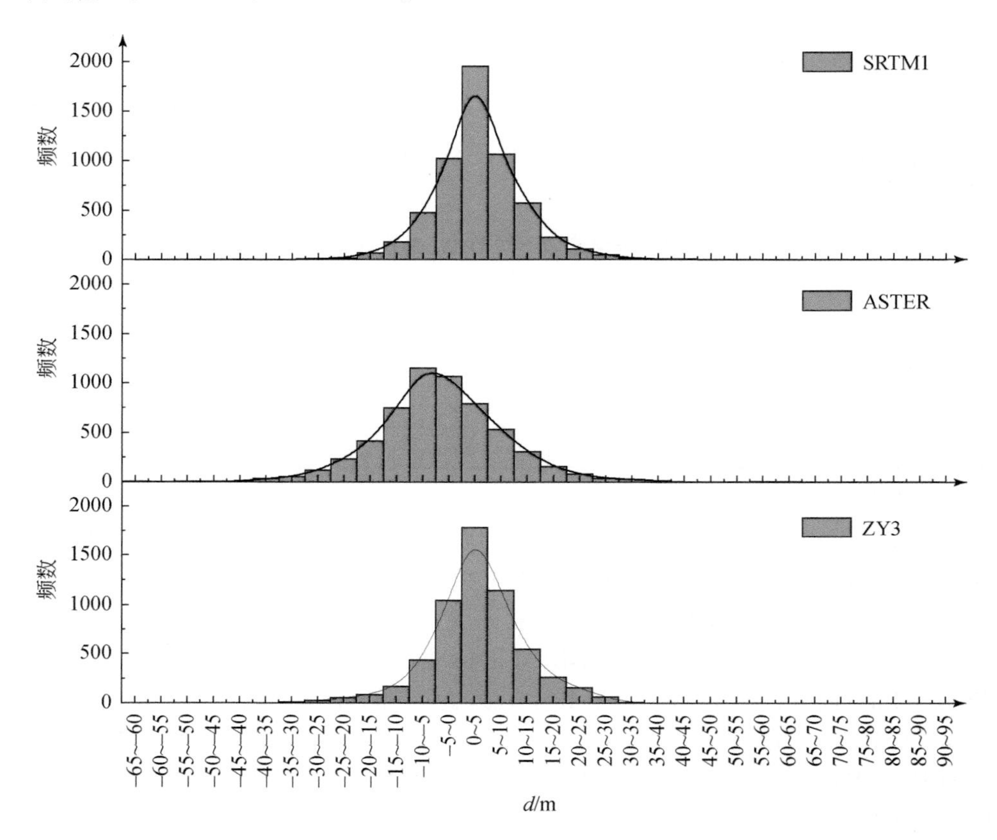

图 4.10　千河流域不同 DEM 高程误差分布直方图

最后，以往研究表明，SRTM1 可以穿透植被冠层（Sun et al.，2003），因此可以观测到更接近真实地表高程的数据，这明显优于 ASTER-GDEM 和 ZY3-DEM，而这也与后者的成像方式有关。

事实上，仅以 GLAH14 数据提取结果，可能由于轨道的位置而忽略了中间区域的高程变化，但目前获取到的高精度 DEM 为区域地形测绘测制的更高精度的 1∶5 万 DEM 数据，空间分辨率为 25m，其覆盖范围如图 4.9 所示，约占千河流域 67.2%。因此，采用上述方法，利用 ArcGIS 软件渔网工具，以 500m 为间隔采集样本点高程，共计 10579 个，同样计算和统计了三种 DEM 的高程误差，如表 4.4 所示。

表4.4　千河流域不同DEM垂直误差统计

DEM	样本点数/个	d 最大值/m	d 最小值/m	Mean/m	SD/m	RMSE/m
SRTM1	10579	52.40	-56.60	2.23	8.76	9.04
ASTER-GDEM		106.57	-84.70	-4.95	13.76	14.63
ZY3-DEM		41.40	-65.10	-0.98	9.67	9.71

注：基础数据为1∶50000 DEM。

如表4.4所示，高程精度分布趋势与表4.3没有太大的差异，其中，SRTM1与1∶50000 DEM高程最为接近，标准差<10m，同样满足以往研究结果的误差范围（3.5～60.7m）（詹蕾等，2010）。ZY3-DEM与SRTM1的高程精度接近，因此，在缺失SRTM1数据的区域，可以使用资源三号立体像对提取的DEM进行替代。而ASTER-GDEM标准差为13.76m，中误差为14.63m，在三种DEM中最大。因此，ASTER-GDEM与地表真实高程值的偏差更大。此外，与表4.3不同的是，ZY3-DEM的均值较SRTM1更接近于0，说明ZY3-DEM高程误差正态分布更接近于0，但对称性和稳定性弱于SRTM1。

综合以上分析，SRTM1数据的精度更高。为了得到更为精准的裂点与河道陡度指数，选用SRTM1作为本实验的数据源。此外，数据精度高只能说明数据质量更好，但并不能直接说明SRTM1数据在河道水力模型应用中最优，需要进一步对比分析三种数据提取的裂点和陡度指数结果。

4.3　主要结果

4.3.1　河道裂点与 k_{sn} 识别提取

利用ArcGIS 10.2软件与前人研究基础（Snyder et al.，2000；Wobus et al.，2006；Kirby and Whipple，2012），结合基于MATLAB的脚本程序（Stream Profile）（Whipple et al.，2007），首先对研究区不同DEM数据进行水文分析（填洼、流向、汇流累积量等提取），获取研究区河网及子流域。结合流域地貌在DEM上的特点，整合后获取最终的子流域。以SRTM1数据为例，在千河流域南北两侧，共提取24条支流（图4.11）。所有的支流不均匀分布在千河和金陵河两侧，其中有23条支流穿过了TGF和QMF。为了便于后续分析，我们以支流R11为界，将支流分为南北两侧，其中，R1～R11为南岸支流河道，R12～R24为北岸支流，并依次对其进行了编号。其次，使用合适的移动窗口（250m）进行平滑，并检查异常高程点是否消除。平滑的主要目的是因为DEM的质量和精度等问题，因为数据本身多存在噪声，这会产生异常高程点，导致趋于发散的河道斜率。最后，以 12.192m 的垂直距离（约 40 英尺），提取镶嵌后的 SRTM1 数据上的河道高程和流域面积。利用参考凹度指数 θ_{ref} 及式（4.7）进行拟合回归，得到研究区河道归一化陡度指数 k_{sn} 以及凹度指数 θ。利用裂点两侧河道 k_{sn} 指数的变化和图 4.3 裂点分类标准，识别研究区河道上的裂点及其类型，并对河道及裂点相关信息进行统计，结果如表 4.5 所示。

首先，利用 SA 图上河道 k_{sn} 指数的分布，识别出各支流河流纵剖面上的裂点，并利用图 4.3 判定了裂点所属的类别（分为有裂点和无裂点两大类），同样地，依次对其进行编号，以便后续区分。结果如图 4.11 所示，有 16 条支流存在裂点（R1、R2、R3、R5、R8、R9、R10、R11、R12、R14、R16、R18、R20、R21、R23、R24），有 8 条支流含有两个裂点，另外 8 条支流只含有 1 个裂点，剩余的 8 条支流不存在裂点（R4、R6、R7、R13、R15、R17、R19、R22），相关统计分析如表 4.5 和表 4.6 所示。在有裂点的河道中，可以看出除支流 R2 上裂点 k_{021} 上下游河道 k_{sn} 没有明显的变化（图 4.11 和表 4.5），为典型的垂阶型裂点外，其余 15 条支流河道上共有 23 个裂点，其上下游河道 k_{sn} 均呈现出明显的不同，为坡断型裂点（图 4.11 和表 4.5）。而没有裂点的河道，则只有一个 k_{sn} 值

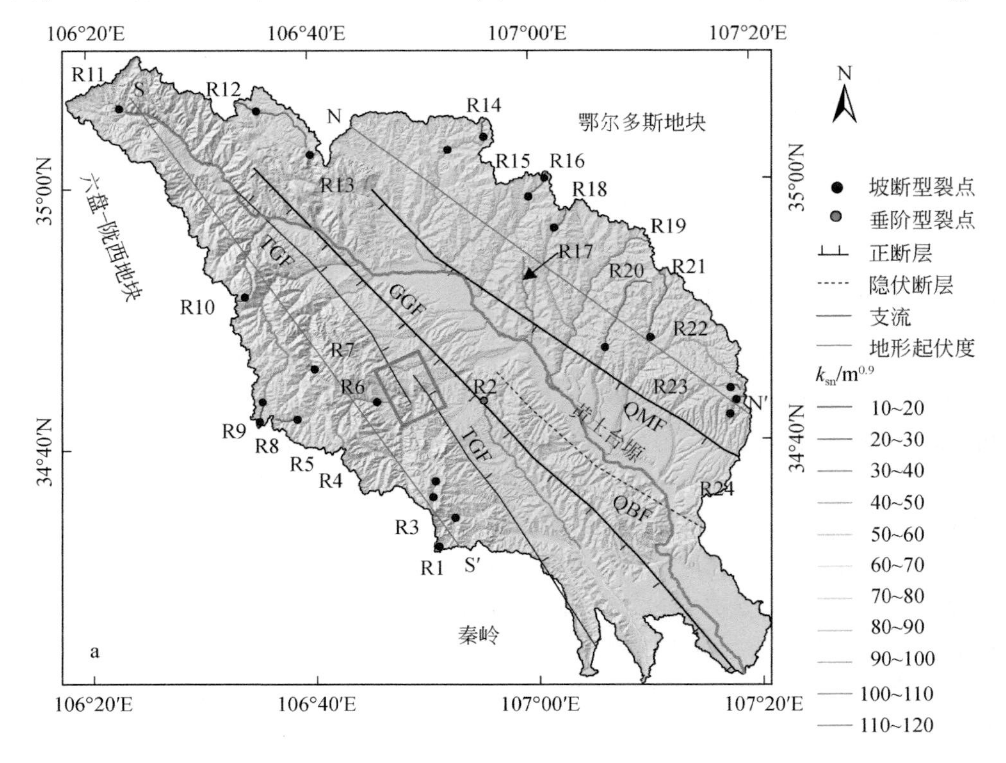

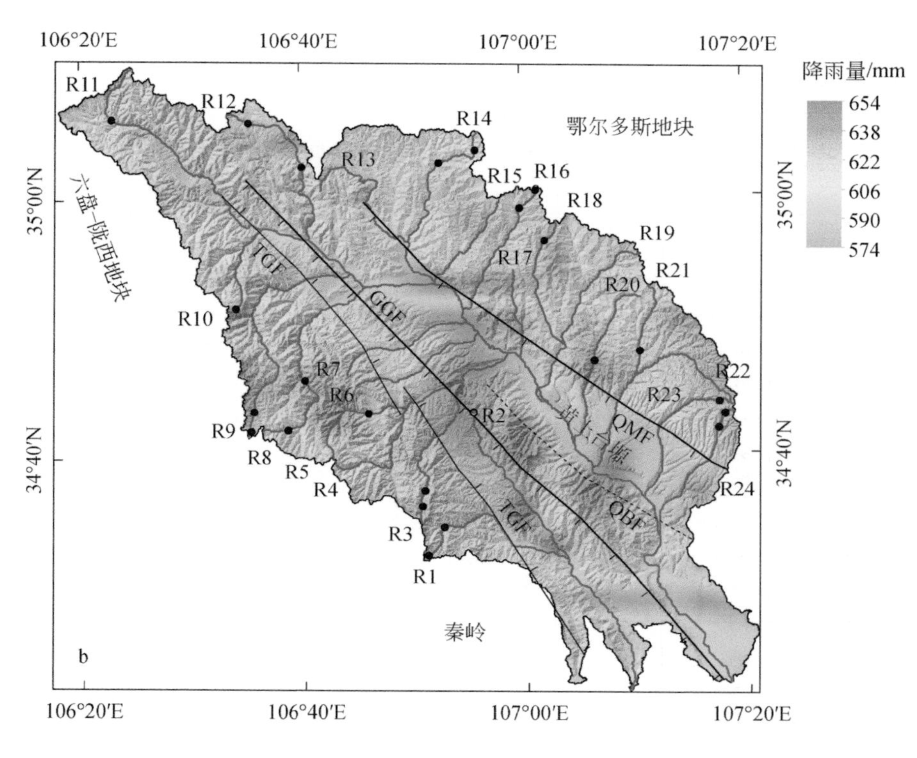

图4.11　研究区裂点与降雨量分布图

a-支流和裂点分布图，断层名见图2.1。其中，R1～R11为南岸支流，R12～R24为北岸支流，红框为潜在的断层连接处；NN′和SS′为分别平行于断层QMF和TGF的剖面线；b-2003～2018年年平均降雨量，数据源为TRMM（tropical rainfall measuring mission TMPA/3B43，https://trmm.gsfc.nasa.gov/［2023.4.10］）重采样后的结果

（表4.6）。河流纵剖面和SA图均显示了构造对河流高程抬升的潜在控制信息（Whittaker et al.，2007；Kirby and Whipple，2012；Boulton et al.，2014），同时，也记录了地貌对构造历史的响应。

其次，流域面积和河道长度能较好地记录构造隆升引起的河道及地貌变迁程度（Boulton et al.，2014；Kent et al.，2017）。因此，分别对各支流形成的流域面积也进行了相关统计。如表4.5所示，具有裂点的河道长度为54.6～160.1km，最长的支流为千河主河道R11，其流域面积为194.9km^2，最短的支流（R24）位于千河东南侧，其子流域面积为19.0km^2。从整体上而言，有裂点河道的流域面积范围为3.3～194.9km^2。而无裂点河道的平均长度则为91.1km（表4.5），子流域面积范围为41.1～154.3km^2。所以，河道长度和流域面积呈现出明显的正相

表 4.5　有裂点河道统计

支流编号	裂点编号	沿河流走向距离/km	河长/km	地形起伏度/m	活动断层高程/m	断层以上全流域面积/km^2	裂点高程/m	裂点上游河长/km	裂点上游 k_{sn} /$m^{0.9}$	裂点下游 k_{sn} /$m^{0.9}$	k_{sn}比值	裂点回退速率(1.2Ma)/(mm/a)	裂点回退速率(1.4Ma)/(mm/a)
1*	k_{011}	76.3	54.9	952	843	123.2	1687	17.7	26.8	59.2	2.2	14.8	12.6
	k_{012}						1324	12.2	59.2	67.2	1.1	10.2	8.7
2	k_{021}	62.7	56.3	1033	1076	3.3	1119	0.4	16.8	34.8	2.1	—	—
3*	k_{031}	71.3	108.8	878	1109	36.2	1713	14.5	42.1	49.1	1.2	12.1	10.4
	k_{032}						1572	11.0	49.1	62.5	1.2	9.2	7.9
5	k_{051}	53.0	109.3	875	1091	66.3	1250	4.8	101.0	84.3	0.8	4.0	3.4
8*	k_{081}	43.2	137.2	925	1092	115.8	1909	26.8	29.6	71.8	2.4	22.3	19.1
	k_{082}						1562	15.4	71.8	97.4	1.4	12.8	11.0
9*	k_{091}	33.1	143.9	1174	1125	139.1	2125	32.7	12.9	14.7	1.1	27.3	23.4
	k_{092}						2061	30.1	14.7	106.0	7.2	25.1	21.5
10	k_{101}	27.7	134.5	1285	1209	57.3	2245	13.8	11.0	115.0	10.5	11.5	9.9
11	k_{111}	2.9	160.1	892	1324	194.9	1907	22.9	56.6	91.0	1.6	19.1	16.4
12*	k_{121}	2.4	111.0	760	1151	108.6	1720	15.1	18.6	28.0	1.5	12.6	10.8
	k_{122}						1546	25.7	28.0	88.1	3.1	21.4	18.4

续表

支流编号	裂点编号	沿河流走向距离/km	河长/km	地形起伏度/m	活动断层高程/m	断层以上全流域面积/km^2	裂点高程/m	裂点上游河长/km	裂点上游 k_{sn} /$m^{0.9}$	裂点下游 k_{sn} /$m^{0.9}$	k_{sn} 比值	裂点回退速率(1.2Ma)/(mm/a)	裂点回退速率(1.4Ma)/(mm/a)
14*	k_{141}	16.1	123.3	452	945	100.5	1330	23.3	20.0	43.1	2.3	19.4	16.6
	k_{142}						1100	16.3	43.1	45.8	1.1	13.6	11.6
16*	k_{161}	26.9	106.7	524	888	93.4	1288	19.9	23.7	24.6	1.0	16.6	14.2
	k_{162}						1155	16.5	24.6	46.8	1.9	13.8	11.8
18	k_{181}	34.5	93.2	534	832	67.7	1184	21.2	24.3	43.1	1.8	17.7	15.1
20	k_{201}	45.8	80.2	462	897	43.4	966	3.4	22.7	43.8	1.9	2.8	2.4
21	k_{211}	51.6	79.0		874	87.9	1002	8.7	28.6	70.8	2.5	7.3	6.2
23	k_{231}	61.7	61.0	517	989	26.6	1371	10.1	17.2	59.3	3.5	8.4	7.2
24*	k_{241}	65.9	54.6	586	1023	19.0	1395	7.8	27.5	46.7	1.7	6.5	5.6
	k_{242}						1250	5.3	46.7	65.7	1.4	4.4	3.8

* 表示河道上有两个裂点；裂点编号说明，字母 k 代表裂点 knickpoint 首字母；下标分 3 位阿拉伯数字表示，前两位为支流编号，最后一位为该支流上的裂点编号，海拔更高的裂点在前，如 k_{241} 表示支流 R24 上的海拔更高的裂点 1。

表 4.6　无裂点河道统计

编号	河长 /km	流域面积 /km²	lgS 曲线	k_{sn}/m$^{0.9}$	θ	±	R^2			
							线性	指数	对数	幂
4	111.4	135.5	上凸	80.4	0.53	0.03	0.76	0.84	0.97	0.89
6	99.5	36.9	直线	46.6	0.43	0.03	0.74	0.80	0.95	0.93
7	102.0	57.2	直线	50.3	0.32	0.07	0.78	0.83	0.95	0.92
13	78.6	149.2	上凸	60.7	0.55	0.05	0.74	0.81	0.95	0.92
15	106.7	62.9	上凸	43.2	0.37	0.03	0.86	0.90	0.93	0.88
17	83.6	41.1	直线	30.1	0.37	0.04	0.87	0.90	0.90	0.88
19	63.1	154.3	直线	36.3	0.38	0.03	0.83	0.88	0.90	0.87
22	83.7	144.2	直线	45.9	0.26	0.04	0.85	0.92	0.93	0.83

关关系，至于裂点是否是受构造隆升的影响而产生迁移距离和流域面积，则需要排除岩性和气候对地貌的影响之后，再进一步具体分析和讨论。

最后，裂点 k_{sn} 可以综合反应构造隆升的强弱程度（Whittaker and Boulton，2012；Boulton et al.，2014）。因此，对研究区裂点上下游河道 k_{sn} 进行了统计。结果发现，研究区的裂点 k_{sn} 值处于中/高等水平（Boulton et al.，2014），为 11.0～115.0m$^{0.9}$（表 4.5，图 4.11）。裂点主要在研究区河道上游发育（图 4.5），部分裂点接近流域边界。南北两侧支流裂点下游 k_{sn} 均值分别为 71.1m$^{0.9}$ 和 50.5m$^{0.9}$，上游 k_{sn} 均值分别为 41.0m$^{0.9}$ 和 27.1m$^{0.9}$。如图 4.12i 和图 4.12j 所示：支流 R8 上有两个坡断型裂点，第一个裂点 k_{081} 上下游 k_{sn} 分别是 29.6m$^{0.9}$ 和 71.8m$^{0.9}$，第二个裂点 k_{082} 的下游 k_{sn} 是 97.4m$^{0.9}$。如图 4.12m 和图 4.12n 所示，支流 R18 仅有一个坡断型裂点 k_{181}，其上下游河道 k_{sn} 值分别是 24.3m$^{0.9}$ 和 43.1m$^{0.9}$，其他坡断型裂点类似。在这些支流中，R10 的 k_{sn} 最高，其裂点 k_{101} 上下游河道 k_{sn} 分别为 11.0m$^{0.9}$ 和 115.0m$^{0.9}$（表 4.5）。因此，从整体来看，南岸支流 k_{sn} 更高，裂点上游河道 k_{sn} 指数<下游河道 k_{sn} 指数。而对于有垂阶型裂点的河道可以发现，支流 R2 上仅分布一个垂阶型裂点 k_{021}，但是其裂点上下游河道 k_{sn} 分别是 16.8m$^{0.9}$ 和 34.8m$^{0.9}$。尽管其下游河道 k_{sn} 值大于上游河道（比值约为 2.1），但比坡断型裂点上下游河道 k_{sn} 的比值要低得多，且从其 SA 图和图 4.3 裂点分类可知，此点只能为垂阶型裂点。综上所述，坡断型裂点下游河道 k_{sn} 明显高于裂点上游河道 k_{sn}，而垂阶型裂点上下游河道 k_{sn} 无非常明显的差异（图 4.12）。至于没有裂点的河道，这些支流河道有且只有一个 k_{sn}，其值为 30.1～80.4m$^{0.9}$（表 4.5）。如图 4.12e 所示，支流 R4 仅有一个 k_{sn}，但 SA 图上并没有变现出明显的裂点上下游河道 k_{sn} 差异特征，因此，无裂点 k_{sn} 只能通过河道纵剖面形状和图 4.5 进一步分

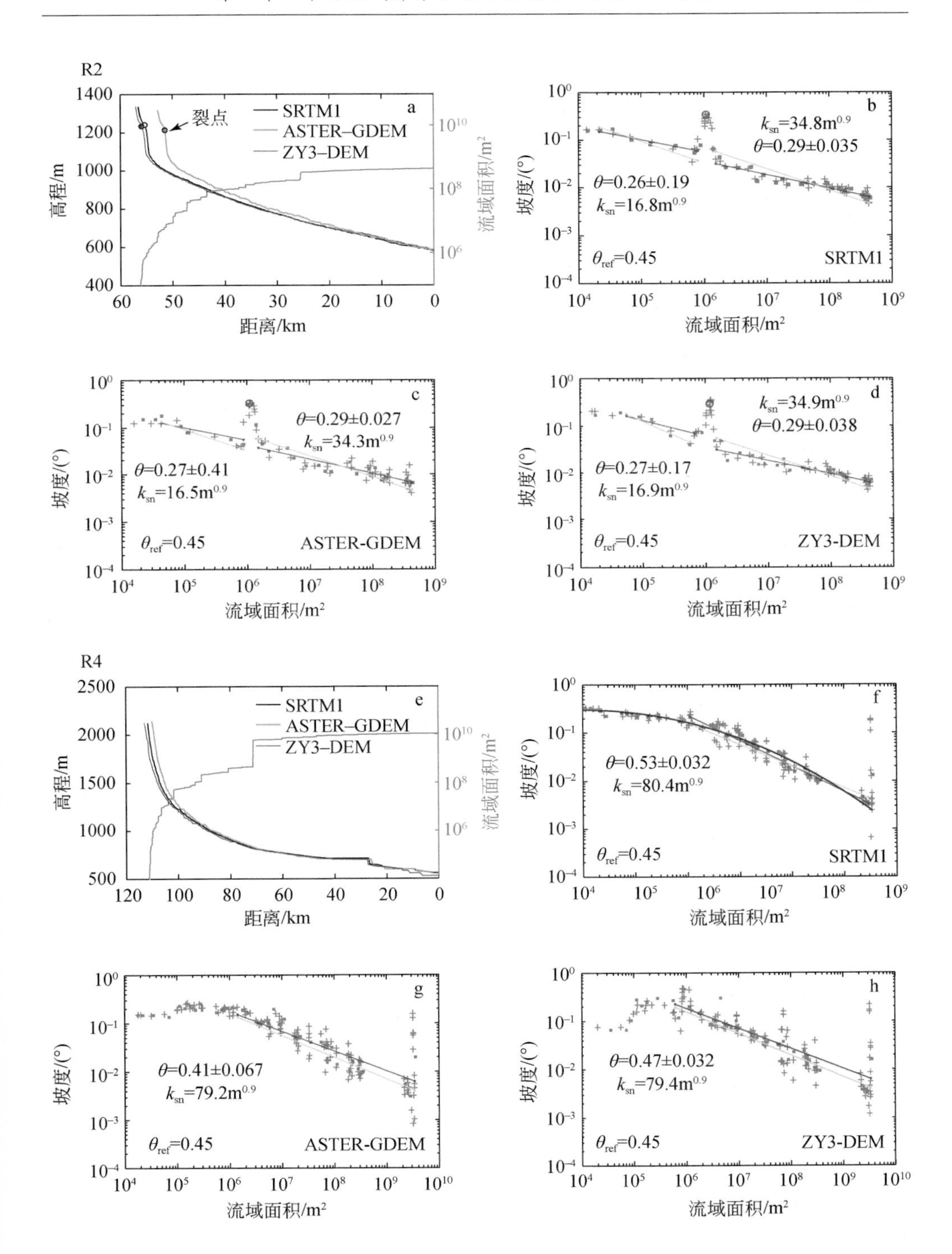
R2
a
SRTM1
ASTER–GDEM
ZY3–DEM
裂点
高程/m
距离/km
流域面积/m²
b
k_{sn}=34.8m$^{0.9}$
θ=0.29±0.035
θ=0.26±0.19
k_{sn}=16.8m$^{0.9}$
θ_{ref}=0.45
SRTM1
坡度/(°)
流域面积/m²
c
θ=0.29±0.027
k_{sn}=34.3m$^{0.9}$
θ=0.27±0.41
k_{sn}=16.5m$^{0.9}$
θ_{ref}=0.45
ASTER-GDEM
d
k_{sn}=34.9m$^{0.9}$
θ=0.29±0.038
θ=0.27±0.17
k_{sn}=16.9m$^{0.9}$
θ_{ref}=0.45
ZY3-DEM
R4
e
SRTM1
ASTER–GDEM
ZY3–DEM
f
θ=0.53±0.032
k_{sn}=80.4m$^{0.9}$
θ_{ref}=0.45
SRTM1
g
θ=0.41±0.067
k_{sn}=79.2m$^{0.9}$
θ_{ref}=0.45
ASTER-GDEM
h
θ=0.47±0.032
k_{sn}=79.4m$^{0.9}$
θ_{ref}=0.45
ZY3-DEM

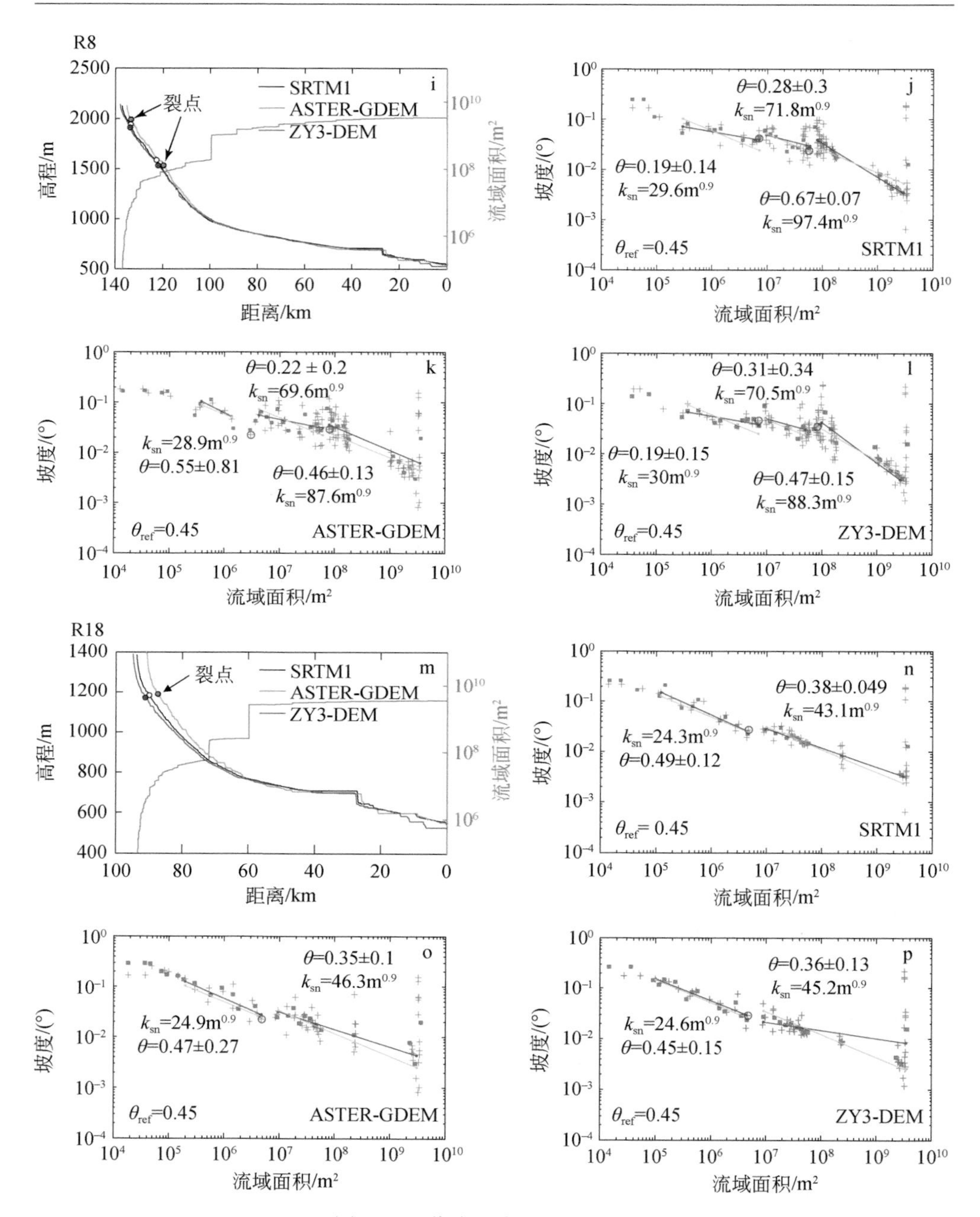

图 4.12　代表性支流 SA 图分布

左列黑色实线为代表性河流纵剖面，红色实线为下游距离与流域面积的关系，圆点为裂点；右列为从 SRTM1 上提取的 SA 图；R2、R4、R8 和 R18 分别为只有一个垂阶型裂点、没有裂点、有两个裂点坡断型裂点和一个坡断型裂点的河流纵剖面

析其整体地貌隆升过程。

此外，为了与其他两种 DEM 数据进一步对比，同时验证 SRTM1 数据的有效性和 ZY3-DEM 的可替代性，基于上述方法和参数，对 4 条支流（R2、R4、R8 和 R18）的河道纵剖面、裂点及 k_{sn} 分别进行提取，结果如图 4.12 所示。其中，这 4 条河道分别代表着一个垂阶型裂点、无裂点、两个坡断型裂点和一个坡断型裂点的河道。尽管在 3 种 DEM 提取了河道纵剖面和 SA plot，但结果仍存在差异。

首先，不论河道是否存在裂点，ASTER-GDEM 提取的河道在 3 种 DEM 中是最短的（表 4.7）。以 R4 为例，SRTM1、ASTER-GDEM 和 ZY3-DEM 提取的河道长度分别为 91.9km、86.9km 和 87.4km。不仅如此，ZY3-DEM 提取的河道与 SRTM1 提取的河道在形状和海拔上更为接近，如河道 R2 均存在坡断型裂点，R4 都不存在裂点，R8 均为 2 个坡断型裂点。与其他两种 DEM 相比，SRTM1 提取的河道剖面更为光滑，而 ASTER-GDEM 与 ZY3-DEM 河道剖面上存在一些细小的抖动（图 4.12a、图 4.12e、图 4.12i 和图 4.12m），而这些抖动并不是构造事件造成的，因此 ASTER-GDEM 与 ZY3-DEM 的河道的噪声多于 SRTM1 图，且实测 DEM 结果也表明 SRTM1 数据更符合实际河道地貌形态（表 4.3）。而对于河道裂点而言，ASTER-GDEM 和 ZY3-DEM 上的裂点类型和分布与 SRTM1 类似，且 ASTER-GDEM 与 SRTM1 的裂点高差大于 ZY3 与 SRTM1 的裂点高差。

表 4.7　不同 DEM 提取的河道及相关参数对比

河道编号	DEM 数据集	裂点高程/m	断层以上流域面积/km^2	河长/km	上游 k_{sn}/$m^{0.9}$	θ	±	下游 k_{sn}/$m^{0.9}$	θ	±
2	SRTM1	1219	3.3	56.3	16.8	0.26	0.19	34.8	0.29	0.04
	ASTER-GDEM	1205	3.1	52.4	16.5	0.27	0.41	34.3	0.29	0.03
	ZY3-DEM	1213	3.2	56.6	16.9	0.27	0.17	34.9	0.29	0.04
4	SRTM1	—	91.9	111.4	80.4	0.53	0.03	—	—	—
	ASTER-GDEM	—	86.9	108.7	79.2	0.41	0.07	—	—	—
	ZY3-DEM	—	87.4	111.7	79.4	0.47	0.03	—	—	—
8*	SRTM1	1909	115.8	137.2	29.6	0.19	0.14	71.8	0.28	0.30
		1562	—	—	71.8	0.28	0.30	97.4	0.67	0.07
	ASTER-GDEM	1973	112.1	134.6	28.9	0.55	0.81	69.6	0.22	0.20
		1537	—	—	69.6	0.22	0.20	87.6	0.46	0.13
	ZY3-DEM	1894	113.4	137.6	30.0	0.19	0.15	70.5	0.31	0.34
		1541	—	—	70.5	0.31	0.34	88.3	0.47	0.15

续表

河道编号	DEM 数据集	裂点高程/m	断层以上流域面积/km^2	河长/km	上游 k_{sn} /$m^{0.9}$	θ	±	下游 k_{sn} /$m^{0.9}$	θ	±
18	SRTM1	1184	67.7	93.2	24.3	0.49	0.12	43.1	0.38	0.05
	ASTER-GDEM	1195	63.3	90.4	24.9	0.47	0.27	46.3	0.35	0.10
	ZY3-DEM	1172	64.9	94.6	24.6	0.45	0.15	45.2	0.36	0.13

* 表示有两个裂点的河道。

其次，三种数据的凹度指数极为接近，处于中等凹度指数（θ = 0.19 ~ 0.67），北岸的凹度指数更低（θ=0.35 ~0.49）。此外，ZY3-DEM 的凹度指数与 SRTM1 更为接近（凹度指数比值为 0.68 ~1.11），而 ASTER-GDEM 的凹度指数更低（凹度指数比值为 0.77 ~2.89），因此，ASTER-GDEM 的凹度指数更分散，而 ZY3-DEM 更聚集。整体上，凹度指数的值更易变（Boulton and Stokes, 2018）。

最后，三种 DEM 的 k_{sn}和 SA plot 保持一致，如 R2 支流上垂阶型裂点上下游的 k_{sn}比值分别为 2.07、2.08 和 2.07，而支流 R4 没有裂点，其 k_{sn}尽管只有一个，但 ASTER-GDEM 是最低的（79.2$m^{0.9}$），而 SRTM1 的 k_{sn}更高（80.4$m^{0.9}$）。对于有两个坡断型裂点的支流 R8，随着流域面积的增大，计算得到最大的 k_{sn}为 SRTM1 的 97.4$m^{0.9}$ 到 ASTER-GDEM 的 87.6$m^{0.9}$。与南岸裂点不同，ASTER-GDEM 的 k_{sn}大于 SRTM1 和 ZY3-DEM 的 k_{sn}。如支流 R18，ASTER-GDEM 数据裂点下游河道的 k_{sn}分别是 SRTM1 和 ZY3-DEM 的 1.1 倍和 1.0 倍。但整体上，三种 DEM 依然满足裂点上游河道的 k_{sn}<下游河道的 k_{sn}。

事实上，由于三种 DEM 的原始分辨率是不一样的，其中，ASTER-GDEM 是最低的，尽管重采样方法可以保证其分辨率一致，但在不同地貌演化研究中的结果仍存在差异。以往研究表明，当地形起伏度、坡度越大时，ASTER-GDEM 与实测 DEM 的高程差异越大（李振林和王晶，2013），这无疑会影响河道的提取结果。此外，DEM 数据存在的“洼地”异常凹陷点，导致原本不是洼地的区域被填充，而 ASTER-GDEM 数据中的异常点多于其他两种，因此，其高程误差也最高（表 4.3），河道纵剖面和 SA plot 上的噪声也更多。这一结果，导致其在河流纵剖面分析中处于劣势，而 SRTM1 提取的河道更平滑，数据质量更优。值得注意的是，即便 SRTM1 可以穿透植被冠层，但并不能保证 SRTM1 数据是没有错误的，因为其与 1：50000 DEM 的中误差达到了 9.04m（表 4.4），在一些山区和河谷地区，SRTM1 缺少细节。至于 ZY3-DEM，其高程误差与 SRTM1 保持了较高的相似性，因此得到了最为接近的河道纵剖面和裂点等结果。但基于立体像对获取的 DEM 数据质量好坏与控制点的精度和空间分布、区域地质环境有关。

此外，仅有少部分研究探讨了 DEM 分辨率的变化对河道参数提取的影响，并发现这种影响几乎很小（Boulton and Stokes，2018）。如 Boulton 等（2014，2018）认为 SRTM90 由于分辨率低而掩盖了 Dades 流域大部分上游河道的裂点，但河段 θ 和 k_{sn}没有变化。这并不意味着低分辨率能够生成更精细的河道，因为粗糙的河道噪声更多。千河流域三种 DEM 的分辨率都重采样到 30m，裂点高程与位置以及裂点上下游 k_{sn}的大小差异都极小。如 ASTER-GDEM 和 ZY3-DEM 数据的河道长度和流域面积都达到了 SRTM1 数据的 90% 以上（表 4. 7）。而细微差异的存在主要与 SA plot 上的可变散点有关（Boulton and Stokes，2018），即与 DEM 上的异常凹陷点有关。SRTM1 与 ZY3-DEM 的提取的河道与实际河道的拟合度更高，因此异常凹陷点更少，噪声也更少。相反，ASTER-GDEM 的噪声更多。因此，DEM 数据平滑算法可以进一步提高河道参数提取的精度。

为了进一步分析裂点上下游河道 k_{sn} 的变化，计算了上下游河道的 k_{sn} 比值（k_{sn}比值）（图 4. 13）。结果表明，整体上来说，千河流域河道裂点 k_{sn} 比值为 0. 8 ~ 10. 5，大部分裂点上下游河道 k_{sn} 比值基本没有很显著的变化，均低于 4，南、北岸支流裂点上下游河道 k_{sn} 比值平均值分别为 2. 7 和 2. 0，可以证实千河流域南岸坡度变化更高。但有部分支流上的裂点 k_{sn} 比值超过了 7，如 R9 和 R10 的 k_{sn} 比值分别为 7. 2 和 10. 5，这可能与其所处地理位置（高海拔、高地形起伏、高坡度）有关。

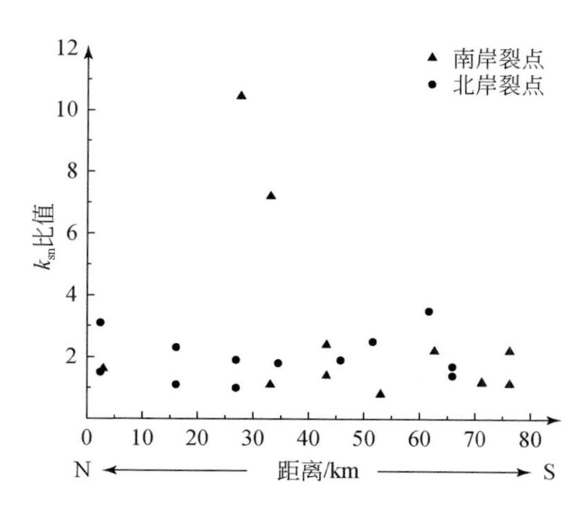

图 4. 13　沿河道走向裂点 k_{sn} 比值

此外，如图 4. 14 所示，对于裂点上下游的岩性而言，南岸裂点上游的岩性多为花岗岩，下游的岩性多为砂岩，北岸裂点上下游河道则基本都是砂岩、粉砂质泥岩。尽管岩性跨度很大，但是裂点周围的岩性是比较单一的。因此，研究区岩性强度变化差异对裂点的影响（地貌的演化）是很小的。值得进一步关注的是，本研究区仅有一个垂阶型裂点，该裂点刚好分布于奥陶系与白垩系地层边界上，且刚好位于固关–虢镇断裂 GGF 上（图 4. 11 和图 4. 14a），更加证实支流 R2 处岩性对垂阶型裂点的控制，而无法控制其他支流河道上坡断型裂点的迁移。尽管前人研究表明垂阶型裂点没有构造意义（Kirby and Whipple，2012），但研究区垂阶型裂点的存在与分布则为构造的识别与定位提供了一种新思路，后续分析应该更多的关注次级支流上的垂阶型裂点是否也满足这些空间关系，即

（1）含有垂阶型裂点河道的次级河道是否也存在垂阶型裂点?

（2）如果有垂阶型裂点，是否也刚好位于断层和地层的界线上?是否存在向上游迁移的现象?

（3）如果这些裂点全部垂阶型裂点，是否可以以此为解译标志进行构造的识别与定位?

因此，在利用裂点的形态和类别分析和讨论其空间分布和迁移速率前，应该首先排除岩性对裂点的分布的影响。

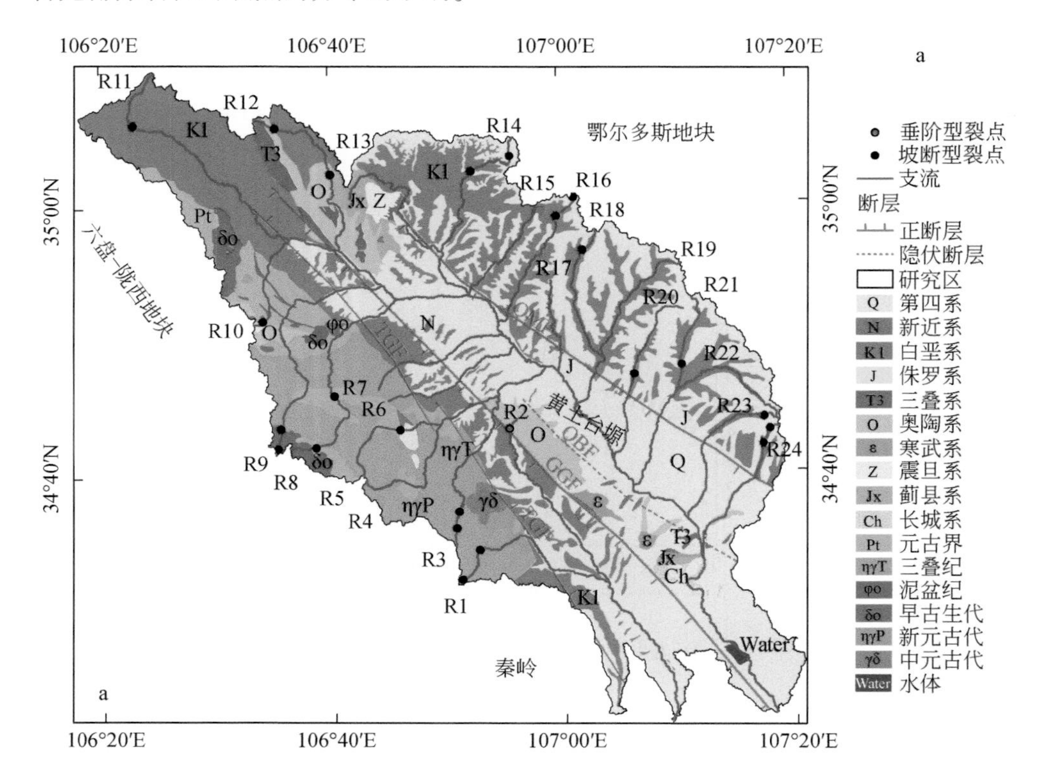

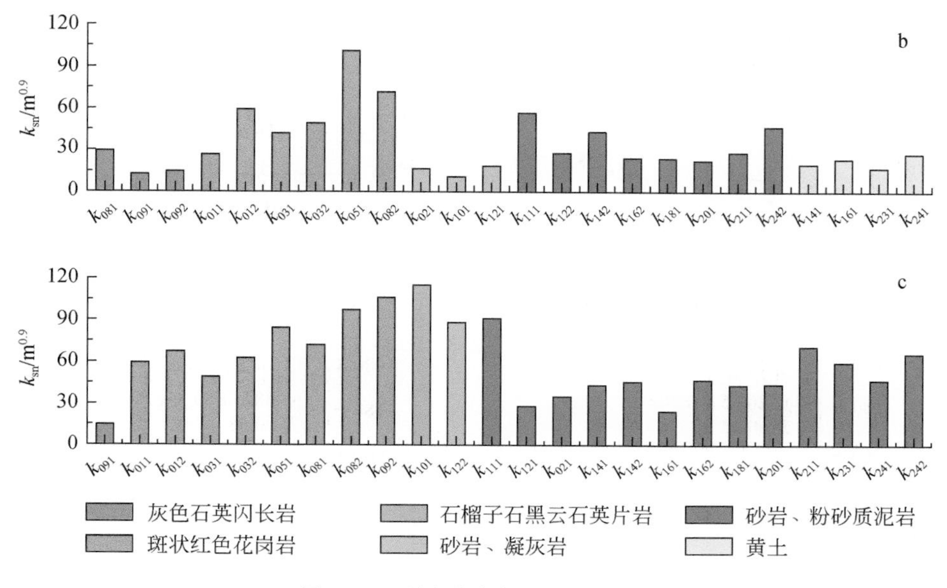

图4.14　裂点分布与岩性关系图

4.3.2　归一化陡度指数 k_{sn} 的空间分布

1. 归一化陡度指数的垂直分布

裂点垂直分布是因为构造隆升引起的地貌隆升，随着时间的推移和水系的侵蚀，造成裂点与断层的高程产生了一定的高差，因此，裂点的垂直分布主要表现在裂点与断层之间的高差，反映在地貌上则可以通过裂点与断层的高差或者裂点与周围的地形起伏度之间的关系。因此，研究中沿着河流的走向绘制了两条长20km、宽3km的剖面线（NN′和SS′）（图4.11a），且平行于研究区主断裂QMF和TGF，并统计了剖面线的地形起伏度，进一步比较地势起伏与裂点高程的关系（图4.15a和图4.15b）。结果表明，北部裂点高程为1000～1400m，而南岸裂点则由西北向东南逐渐降低，范围从2300到1100m。很明显，裂点高程整体上与地形起伏度变化一致（图4.15），西北部分的裂点高于东南处的裂点，从西北到东南逐渐降低。裂点高程和剖面NN′和SS′地形起伏度的线性关系如图4.8c和图4.8d所示，南岸支流的拟合优度（$R^2=0.58$）略高于北岸（$R^2=0.33$）。此外，支流R10拥有最高的裂点和最大的地形起伏度，且拥有最高的 k_{sn} 比值和坡度。

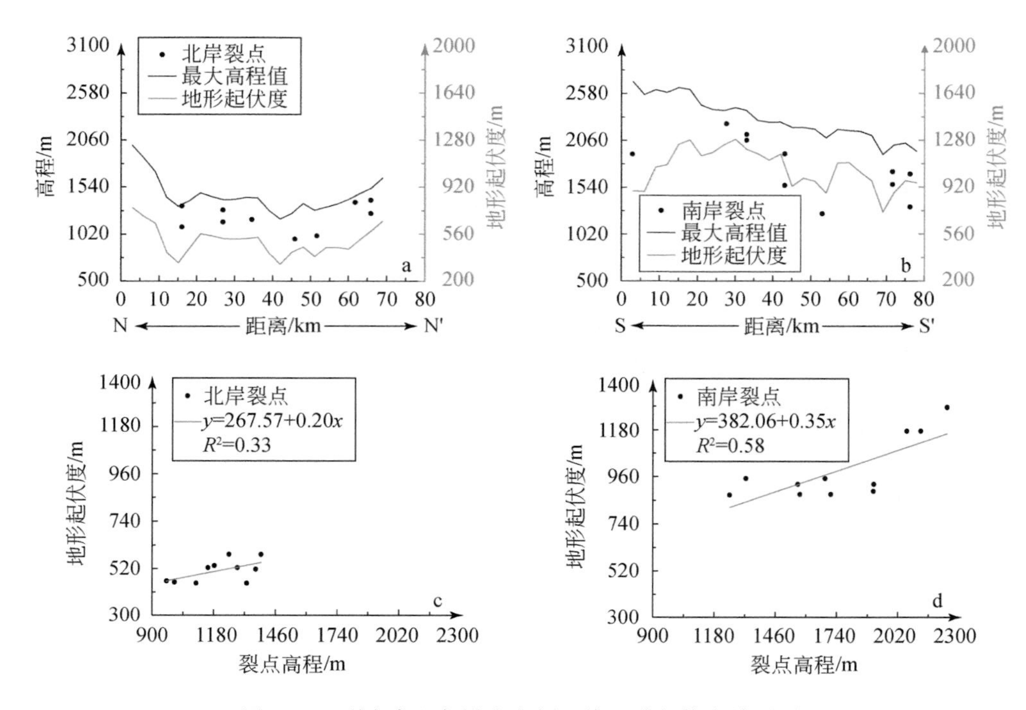

图 4.15　裂点高程与沿走向剖面线地形起伏度关系图

a 和 b 分别是南北剖面线沿河流走向最大高程值及地势起伏度；c 和 d 分别是南北剖面线地形起伏度和裂点高程关系图

2. 归一化陡度指数的水平分布

裂点的水平分布主要表现在由于构造隆升导致的裂点迁移距离。具体地说，是裂点到构造的水平距离，也即回退距离。但值得注意的是，如图 4.11 所示，坡断型裂点和河道上游的断层分布相关，而仅有的垂阶型裂点（河道 R2 上的裂点）则刚好定位在了 GGF 上。因此，垂阶型裂点并没有向上迁移，而坡断型裂点则均向上游迁移。所以，研究区裂点的回退距离主要关注的是坡断型裂点的回退距离。

例如，支流 R10 的流域面积为 57.3km^2，河道上游裂点到断层的距离为 13.8km；相反支流 R24 流域面积为 19.0km^2，但是裂点只向上游迁移了 7.8km。这种关系表明，裂点作为河道流量的产物，受到断层的隆升而向上游移动，致使裂点到断层的距离与流域面积成正比，而这与前人的研究一致（Boulton et al., 2014；Whittaker and Walker，2015；Castillo，2017；Kent et al.，2017）。结果表明：河道上游裂点到断层的回退距离和裂点处流域面积之间呈指数函数关系（$L \sim A^{0.64}$，$R^2=0.57$）（图 4.16）。这与其他研究区结果是非常相似的，如 Whittaker 等（2012）计算出西班牙 Hatay 流域为 $L \sim A^{0.5}$；Kent 等（2016）计算出 Gediz 流域为 $L \sim A^{0.41}$，可以进一步验证其断层产生的时间是否也与这些区域保持一致，用来分析裂点的回退速率。

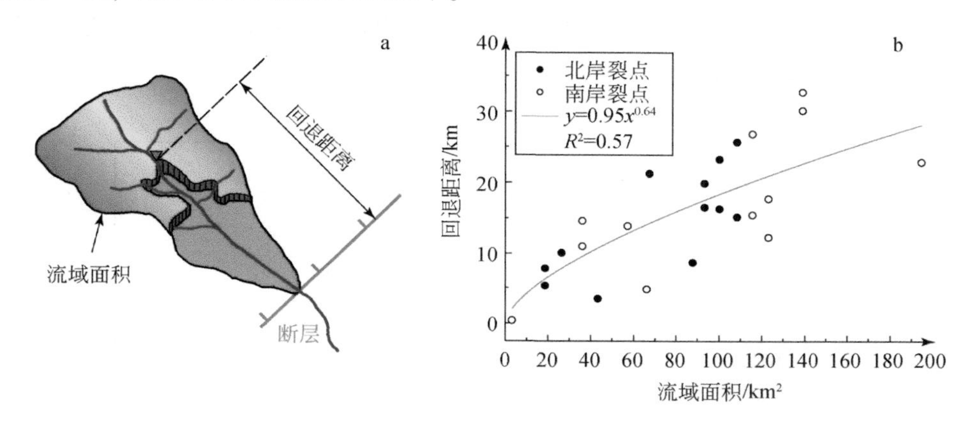

图 4.16　河道上游断层至裂点的距离与流域总面积的关系图

同样值得注意的是支流 R2 上的垂阶型裂点，刚好位于断层 GGF 上，也正位于白垩系和奥陶系的边界线上（图 4.11 和图 4.14）。这种分布再一次证实了垂阶型裂点迁移和断层没有直接的关系（Haviv et al.，2010；Kirby and Whipple，2012），垂阶型裂点向上游迁移的可能性是几乎没有的（Harkins et al.，2007）。为了验证该垂阶型裂点周围次级河道是否也存在同样的现象，也验证垂阶型裂点是否可以进行构造定位与识别，以支流 R2 为主干河道的子河道河网被提取出来，如图 4.17 所示。共提取了 12 条次级支流分布于 GGF 南北两侧，其中 GGF 南岸有 4 条，北岸则有 8 条。其中挑选了 2 条典型的支流 SA 图进行绘制，如图 4.17b 所示，均呈现出明显的垂阶型裂点分布形态，即裂点上下游河道 k_{sn} 值没有明显的差异。

如图 4.17a 所示，支流 R2 的次级支流南、北两岸平均河长分别为 52.9m 和 42.8m，南岸稀疏且长，而北岸密集且短。和支流 R2 上的垂阶型裂点一样，北岸支流（R2-5 ~ R2-12）河道上全部含有一个垂阶型裂点，这 8 个垂阶型裂点同样位于 GGF 上，其 k_{sn} 值为 26.7 ~ 49.9$m^{0.9}$，且裂点上下游河道的 k_{sn} 没有明显的差异（k_{sn} 比值为 0.8 ~ 1.6）（表 4.8）。上、下游河道 k_{sn} 平均值分别为 33.2$m^{0.9}$ 和 40.0$m^{0.9}$，下游河道 k_{sn} 略大于上游河道 k_{sn}。这些裂点均分布与 GGF 上，且处于白垩系和奥陶系的分界线上，因此，更加证实垂阶型裂点可以进行构造的识别与定位，但仍需要不同的研究区加以验证该结论。南岸裂点则为坡断型裂点，其 k_{sn} 值介于，裂点上、下游河道 k_{sn} 平均值分别为 50.7m$^{0.9}$ 和 45.6m$^{0.9}$。

同样值得注意的是支流 R6 到 R7，虽然同样穿过了 GGF，但其河道上并没有垂阶型裂点（图 4.11）。支流 R2 穿过白垩系向奥陶系的砂岩和粉砂质泥岩侵蚀，而更北的 R6 和 R7 支流则穿过具有相似流变性的新近系和白垩系沉积物（图 4.14）。因此，岩性强度差异很可能是垂阶型裂点产生的原因，但不是整个千河流域地貌形成的主要诱因。

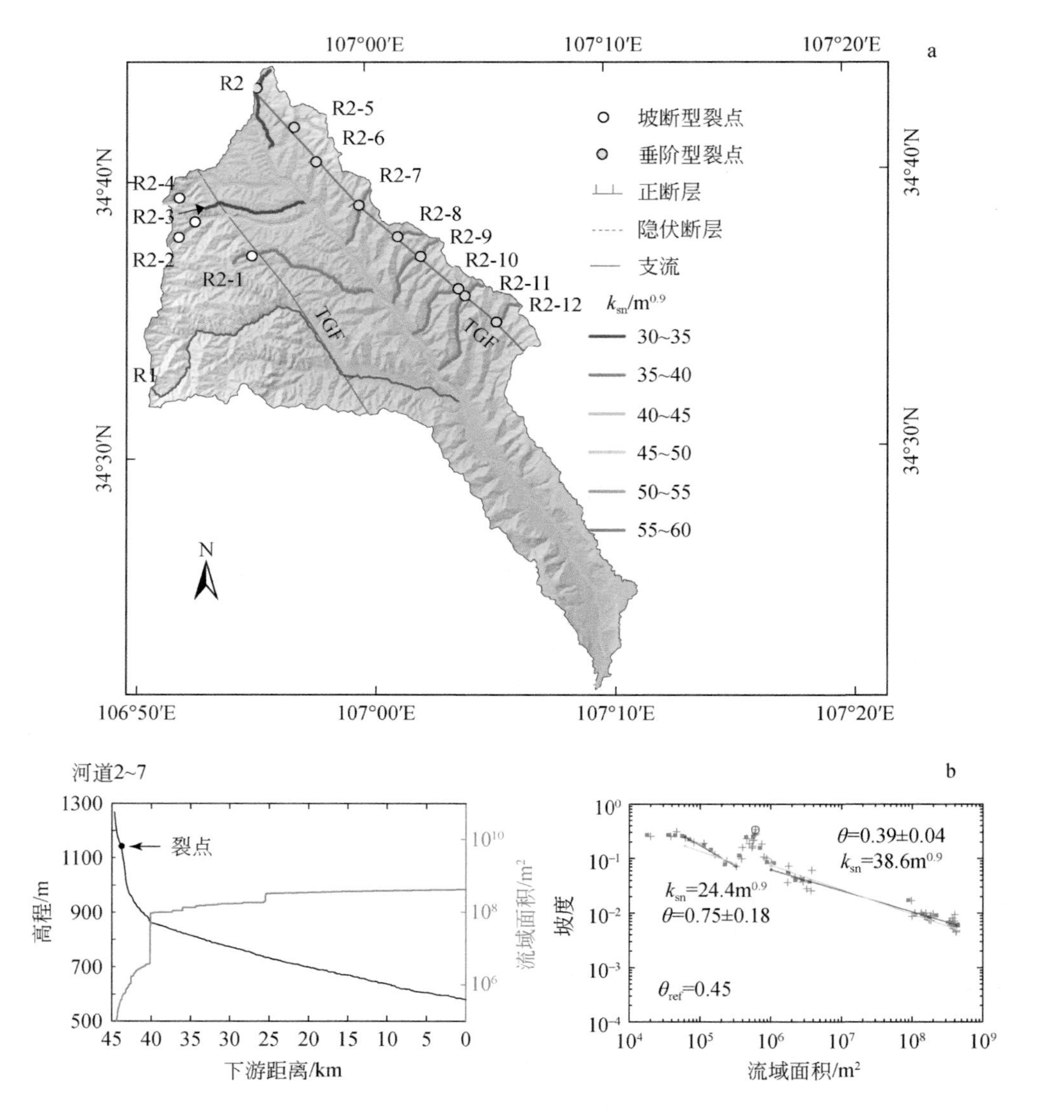

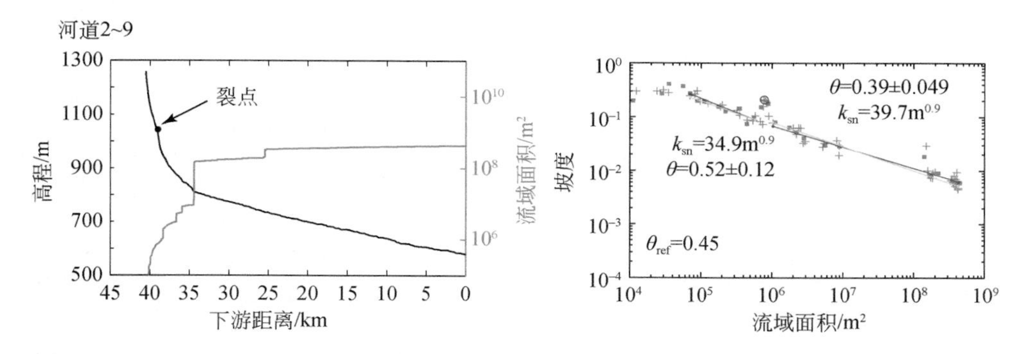

图 4.17　金陵河区域裂点分布图

a-金陵河地形及主要支流分布图；b-支流 R2 典型裂点及其 SA 图分布示例

最后，针对研究区的 8 条无裂点河道，利用河道的 lg$S$ 曲线在 SA 图上的形态及式（4.8）揭示断层的抬升速率快慢，并使用线性、指数、对数和幂函数拟合，结果如表 4.8 所示。支流 R4、R13 和 R15 的 log$S$ 曲线都在 SA 图上显示为上凸，其他的则为直线，且对数函数拟合效果最优（R^2>0.9）；而指数函数和幂函数的拟合效果次之（R^2>0.79）；相比之下，线性函数拟合结果最差。在所有 8 条河道中，对数函数最优拟合表明，河道切口是极高的，上游物质随着水系侵蚀到下游聚集。这些河道的侵蚀能力较弱，地貌阶段由壮年期过渡到老年期。此外，这些河道发育“U”形河谷，这一现象也说明这些河道经历了早起的夷平且不断被侵蚀，加之后期山体受构造抬升而遗留下来。

表 4.8　支流 R2 的子河道统计

支流编号	河长/km	裂点上游河道 k_{sn}/$m^{0.9}$	裂点下游河道 k_{sn}/$m^{0.9}$	k_{sn} 比值	裂点	
					类型	高程/m
R2-1	47.4	40.8	38.4	1.1	坡断型裂点	1128
R2-2*	55.4	46.2	53.5	0.9	坡断型裂点	1407
		53.5	46.7	1.1	坡断型裂点	1251
R2-3	52.0	30.7	—	—	无裂点	—
R2-4	56.7	62.3	43.6	1.4	坡断型裂点	1370
R2-5	55.2	40.2	39.4	1.0	垂阶型裂点	1190
R2-6	49.4	49.9	40.8	0.8	垂阶型裂点	1084
R2-7	44.7	24.4	38.6	1.6	垂阶型裂点	1034
R2-8	42.9	29.2	40.4	1.4	垂阶型裂点	1022

续表

支流编号	河长/km	裂点上游河道 $k_{sn}/m^{0.9}$	裂点下游河道 $k_{sn}/m^{0.9}$	k_{sn} 比值	裂点	
					类型	高程/m
R2-9	40.5	34.9	39.7	1.1	垂阶型裂点	1004
R2-10	38.6	33.0	39.1	1.2	垂阶型裂点	1044
R2-11	36.4	27.6	39.7	1.4	垂阶型裂点	1008
R2-12	34.4	26.7	42.0	1.6	垂阶型裂点	953

* 表示河道有两个裂点，如 R2-2 * 第一行表示海拔更高的裂点，第二行表示海拔低的裂点。

总体来说，千河南岸裂点具有更高的地形起伏度、高程、坡度和 k_{sn}，而北岸刚好相反。除此以外，坡断型裂点与在上游产生的瞬时切口响应一致，坡断型裂点向上游迁移的回退距离与流域面积呈指数函数关系。至于裂点产生的原因及地貌形态变化趋势有待进一步讨论与分析。

因此，千河流域南岸 k_{sn} 的空间分布证明了南岸正在经历快速的隆升，主要受到晚新生代以来南岸区域西侧的青藏高原东北缘的挤压和区内构造活动的控制（樊双虎等，2016）。

4.4 千河流域裂点成因及构造地貌瞬时响应

4.4.1 千河流域裂点产生的原因

以往的研究表明，裂点可以解释为一个地区的瞬时河流切割的结果（Wobus et al., 2006; Kirby and Whipple, 2012; Boulton et al., 2014），是反映河道变迁与地貌演化的间接标志。区域地形演化与气候、基底岩性和构造隆升的相互作用有关（Kirby and Whipple, 2012; Whittaker and Boulton, 2012; Allen et al., 2013）。因此，可以利用裂点的迁移来反映流域地貌受气候、构造、岩性隆升的快慢程度。在千河流域内，尽管裂点与上游河道瞬时切割一致，但引起流域地貌的瞬时扰动的原因是尚不明确的，换言之，引起裂点形成的原因是不明确的。所以，需要首先探讨千河流域裂点形成的成因和机制，也即需要综合考虑气候、岩性和构造对裂点的影响及其程度。

首先，从气候角度来看，降雨增大了河道的流量，随着时间的推移，河道的侵蚀量也随之增大，但河道的 k_{sn}减小（史小辉，2018）。通过获取千河流域地貌2003 ~ 2018 年共 16 年的年平均降雨量分布图（图 4.11b），发现其值为 574 ~ 654mm，但并未显示出明显的南北或东西线性方向特征。因此，短时间内年降雨量没有显示出明显的南北或东西线性趋势。而从长时间考虑气候变化，也并没有显示出明显的线性变化。例如，Sun 等（2017）利用黄土高原沉积物测年数据记录与植被时空分布表明，该区域自全新世以来（6～3ka），气候是极其干燥寒冷的。此外，前人分析了渭河上游地貌参数［如面积-高程积分（HI）和河流长度梯度指数（SL）］与降雨量之间的关系发现，降雨量与该区域地貌参数之间并没有明显的联系（Shi et al.，2018；Zhang et al.，2019）。因此，该区域裂点的产生不可能是降雨的结果。

其次，从岩性角度来看，水系的侵蚀能力随着基岩的属性而变化，也即岩性会影响水系的侵蚀程度和 k_{sn}（Kirby and Ouimet，2011；史小辉，2018）。通过追踪裂点在河流上的位置发现，研究区坡断型裂点（支流 R2 上的垂阶型裂点除外）并不在该区域岩性边界上（图 4.13）。南岸裂点上游的岩性多为花岗岩，下游的岩性多为砂岩，北岸裂点上下游河道则基本都是砂岩、粉砂质泥岩（图 4.14）。此外，以往研究表明，岩性阻力并不会增加裂点下游河道的 k_{sn}（Snyder et al.，2000；Wobus et al.，2006）。因此，研究区裂点下游河道 k_{sn} 普遍高于上游河道 k_{sn}，以及该地区大多数坡断型裂点的存在则再一次证明该区域裂点并不是由岩性变化引起的。

最后，排除了气候和岩性原因后，那么裂点的形成则最有可能是由活动构造的隆升引起的。其原因主要有：①坡断型裂点存在；②地形起伏度与裂点下游河道 k_{sn} 与裂点高程成正比（图 4.15）。由于千河流域位于秦祁造山带和鄂尔多斯地块的交接地区，是青藏高原东北缘向东隆升挤压的重要组成部分。正是由于该研究区自晚新生代以来的强烈的新构造运动，南岸受到来自青藏高原向东北方向挤压的分量被这些活动断裂所吸收，且研究区西北缘曾发生过大于 6.0 级的地震，才导致了山脉差异隆升，河流不断下切，形成了研究区特殊的“一隆二坳”的地貌形态（石卫，2011）。因此，区内发育的活动构造是区域瞬时地貌的主要控制因素，来自研究区西南方向青藏高原的挤压是该区构造运动的主要动力源（樊双虎等，2016；石卫，2011）。

综上所述，千河流域坡断型裂点和周边区域实地测量数据（Fan et al.，2018b）均表明千河流域裂点的形成是流域地貌对晚新生代断层抬升的瞬时响应的结果。此外，由于断层两侧的岩性强度差异很可能是造成这些垂阶型裂点的原因，特别是 R2 子流域上的次级河道产生的垂阶型裂点刚好分别位于两个地层的分界和构造的边界线上，因此不能忽略此区域的垂阶型裂点在构造识别定位中的作用，从而加深对构造定位的认识。未来的研究将拓宽研究区范围，进一步验证垂阶型裂点是否可以作为黄土区构造识别的间接解译标志。

4.4.2　活动构造的流域地貌瞬时响应

瞬时河道往往以瞬时裂点为识别标志。以往研究表明，断层的产生或断层的连接事件可导致隆升速率的增加，从而引发河流的瞬时切割及河道陡度的增加（Tucker and Whipple，2002；Harkins et al.，2007；Whittaker and Boulton，2012；Whittaker and Walker，2015），导致河道上产生瞬时裂点。而后续裂点在水平方向的迁移速率与河流流速与流域面积成正比（Crosby and Whipple，2006；Boulton et al.，2014；Whittaker and Walker，2015；Castillo，2017），垂直速率则依赖于断层扰动的程度或基准面的下降（Wobus et al.，2006；Whittaker and Boulton，2012）。尽管已有大量的研究已经表明 k_{sn} 与基岩隆升速率显著正相关（Snyder et al.，2000；Wobus et al.，2006），但并不能直接使用 k_{sn} 代替隆升速率（Snyder et al.，2000；Kirby et al.，2003）。基于以上分析，我们可以利用裂点的形态进一步研究千河流域地貌形态对活动断层的响应机制。

首先，将裂点的垂直位移分量表征为裂点（垂阶型裂点除外）与可能诱发裂点的断层之间的高差，如图 4. 18a 所示。千河流域裂点至断层高差均值和最大值分别为 482m 和 1136m。北岸裂点至断层的高差从西北向东南呈现减小的降低趋势，为 600 ~ 100m，大致呈线性趋势。尽管南岸裂点也呈现出降低趋势，但变化范围更大，从西北部的 1150m 下降到西南部的 180m。支流 R5 上的裂点高差是最低的（159m），且低于两侧裂点高差（图 4. 18b），而这个裂点则处于 TGF 断层连接重叠转化部分的上游河道（图 4. 11a 紫框西侧）。因此，南岸裂点被断层扰动造成局部抬升程度明显高于北岸裂点，整体隆升程度从西北向东南逐渐降低。

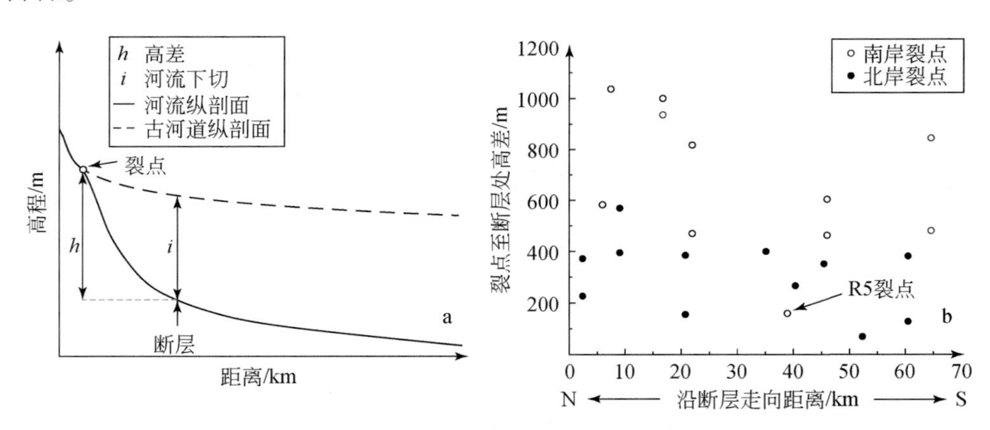

图 4. 18　南北两岸河流纵剖面裂点到断层之间的高差分布

a-河流下切示意图，虚线为重投影后的河道；b-千河流域裂点到断层之间的高差分布图

以往研究表明，断层连接是由于断层连接导致区域滑动量增加，从而增加了断层抬升速率，从而在河道上产生瞬时间断点，特别是上游重叠连接区域形成裂

点（Boulton and Whittaker, 2009; Whittaker and Walker, 2015; Kent et al., 2017）。而沿断层走向的裂点高度与河流/裂点限定的断层连接处的整体位移分布一致（Boulton and Whittaker, 2009; Kent et al., 2017）。但千河流域的北岸支流并不符合这种情况，因为穿过 QMF 的裂点的高程从西北向东南逐渐递减。对于西南缘的支流而言似乎也并不是这种情况，尽管 TGF 的转换斜坡的高度为最小，但断层两端的裂点高程都很高。这种裂点模式表明，要么沿 TGF 的走向分布的地势是向东南递减，要么断层的全长更长。

同样值得注意的是，研究区有八条支流存在两个裂点，其中海拔更高的裂点位于上游集水面积为 $1\times10^7\ m^2 \sim 1\times10^8\ m^2$ 的河道中（图 4.11a）。Crosby 和 Whipple（2006）认为，裂点受地貌隆升影响向上游迁移，直到河道下切至一个很小的集水区域，从而阻断河流继续下切，并导致裂点位于一个集水区域阈值范围之内，这个阈值范围对于研究的新西兰 Waipoa 河而言，为 $1\times10^5\ m^2 \sim 1\times10^6\ m^2$。结合本研究区统计结果，本研究区裂点存在的集水面积至少比 Crosby 和 Whipple（2006）所统计的集水面积大一个数量级，因此，千河流域上游的裂点难以固定在当前的集水区域，这一结果间接表明上游的裂点仍在通过地貌的演变进行迁移。换言之，裂点仍在持续迁移，地貌仍在逐渐隆升。

断层的产生事件和断层的连接事件都可以引起河道变陡和河流下切（Tucker and Whipple, 2002; Whittaker and Boulton, 2012; Whittaker and Walker, 2015），因此这两种事件都可以形成裂点，并通过河道进行迁移，所以这两种断裂事件都可能通过裂点的形变在千河流域地貌中得到响应。断层的产生事件发生在断裂连接事件之前，因此海拔较高的裂点势必比海拔低的裂点迁移的更早，因此，将海拔更高的裂点作为断层产生事件的标志，而海拔较低的裂点则作为断层连接事件的标志。

以往的研究表明，断层段可能存在两种形式的连接：①没有明显的地表连接标志，称为软连接；②通过破坏转换斜坡情况下的连接，称为硬连接（Kim and Sanderson, 2005）。千河流域北岸部分支流发现了两个裂点，但是 QMF 断层在地表并没有发现明显的地表连接标志（转换斜坡），而南岸支流既有两个裂点，且 TGF 有转换斜坡（图 4.11）。因此，千河流域断裂带已经界定了该区域的北岸，实现了在研究区外的硬连接，而南岸可能在目前的转换斜坡处发生软连接，并持续运动。

同样值得注意的是，南岸支流河道 k_{sn} 与高程比北岸支流高，这表明南岸区域抬升速率更高，这种解释得到了其他证据的支持。例如，首先，Song 等（2001）利用古地磁测量和红黏土序列的地貌地层学数据，确定了六盘山地块自 3.8Ma 以来一直在隆升；其次，Chen 等（2018）测量了千河流域北部河流阶地

（T1～T5）的拔河高度，分别为 8～10m、20～30m、60～80m、130～160m 和 22～260m，也表明该区域存在隆升，且 Zhang 等（2019）在其基础上进一步证实北部垂直滑动速率约为 0.5～1.5mm/a；再次，薛锋（2014）利用阶地剖面上古土壤、冲洪积相砂砾石和黄土堆积分析出研究区从中生代末期以来长期处于隆起状态；最后，王双绪等（2017）利用精密水准测量分析了研究区及周边2006～2014 年大地垂直形变与构造活动，并发现千河流域南岸桃园-龟川寺断裂 TGF 与固关-虢镇断裂 GGF 周围山区较东部台塬区呈现出明显隆升，且差异隆升速率约为 5.41mm/a。这些实测结果再一次支持了本研究关于地貌隆升的分析和结论，即归一化陡度指数 k_{sn} 的分布与隆升速率一致，表明高的 k_{sn} 代表高的基岩隆升速率，低的 k_{sn} 则表示低的基岩隆升速率。因此，千河流域南岸的隆升速率高于北岸，整体上呈现出自西北向东南逐渐降低的趋势。

此外，就没有裂点的另外八条河道纵剖面而言，尽管没有使用前面所用的流域面积-坡度 SA 分析方法，但它们仍然对区域抬升速率做出了响应。例如，支流 R4 在纵剖面上没有显示出裂点，但 lg$S$ 曲线在 SA 图上显示出上凸形式（图 4.17），表明该位置的隆升速率>侵蚀速率。而在相反方向的北岸，支流 R17 的 lg$S$ 曲线在 SA 图上呈线性形状特征（表 4.6），表明该位置的隆起速率≈侵蚀速率。因此，在没有侵蚀数据的情况下，若假定侵蚀速率相似，则南岸没有裂点的支流可能比北岸的支流有更高的隆升速率。与有裂点的支流相似，南岸没有裂点的支流的 k_{sn} 高于东北岸支流（表 4.6），也证明了千河流域南岸的抬升速率更高。尽管这些支流无法给出抬升速率的绝对值，但这些结果为无裂点支流河道分析提供了必要的辅助资料。

4.4.3　地貌响应时间

研究表明，地貌响应时间是计算裂点回退速率的关键部分，裂点回退速率取决于活动构造的隆升速率和基底岩石的强度（Boulton and Whittaker，2009；Whittaker and Boulton，2012；Allen et al.，2013；Castillo，2017；Kent et al.，2017）。因此，研究断层隆升引发的裂点迁移速率是揭示流域地貌响应活动构造程度的另一种途径。

如图 4.16 所示，裂点上游断层至裂点的回退距离与流域面积的关系（$L \sim A^{0.64}$）表明：研究区内的裂点运动与前人的研究遵循共同的标度（Whittaker and Boulton，2012；Kent et al.，2016），形成时间相似。为了探究断层形成的时间，利用黄土阶地基底河床年代学、古地磁学可以准确地测定研究区黄土剖面序列的年代（Zhang et al.，2019）。根据古地磁等方法及大量的年代学资料，得出本研究区断裂最早发生在 1.2～1.4Ma（Chen et al.，2018；Zhang et al.，2019）。因此，可将此年代范围作为裂点产生的时间范围。利用上游河道裂点至断层的距离和裂点产生的时间，可以计算裂点向上游迁移后退的速率（Retreat rate）。在没有其他限制的情况下，1.2～1.4Ma 的年代范围允许我们可以估算每条支流海拔更高的裂点后退率（表 4.9）。此外，这一时间尺度也同样符合其他拥有类似断层至裂点距离和流域面积的地区（Boulton and Whittaker，2009；Kent et al.，2017）。

表 4.9　千河流域裂点回退速率的统计　（单位：mm/a）

断层	最大值		最小值		均值	
	1.4Ma	1.2Ma	1.4Ma	1.2Ma	1.4Ma	1.2Ma
TGF	23.4	27.3	3.4	4.0	15.3	13.1
QMF	18.4	21.4	2.4	2.8	10.3	12.0

值得注意的是，由于研究区有很多不确定性因素的存在，如阶地年代与断裂事件的关系。对此，我们将有两个裂点的河道进行了分类，也即两个裂点由不同的断层事件所产生。海拔更高的裂点为断层引起，而海拔较低的裂点由断层连接所产生。因此在计算回退速率的时候，同样应根据裂点的类别进行区分，即断层产生事件；断层连接事件。为了与其他区域进行对比，仅对断层产生事件造成的裂点回退速率进行统计与分析，即遇到河道上两个裂点时，仅考虑海拔更高的裂点的回退速率。

结果表明，千河流域的坡断型裂点后退速率为 2.4～27.3mm/a（支流 R2 上垂阶型裂点不在统计范围内）（表 4.9），类似于土耳其西部 Gediz 流域（4.5～28.0mm/a）（Kent et al.，2017）和意大利中部亚平宁河（1.4～10.7mm/a）（Whittaker et al.，2007）。正如以往的部分研究所显示的数据结果，裂点的回退速率随着断层上游的总流域面积的增加而增加（Whittaker and Boulton，2012）。如图 4.19 所示，与北岸相比，南岸坡断型裂点的裂点回退速率更高，断层上游的全流域面积更大。例如，南岸支流 R9 具有最高的裂点回退速率，为 23.4mm/a，总流域面积为 139.1km^2；而支流 R5 具有最低的裂点回退速率，为 3.4mm/a，总流域面积为 66.3km^2；而对于北岸支流而言，支流 R14 具有最高的裂点回退速率，为 16.6mm/a，总流域面积为 100.5km^2，而支流 R20 具有最低的裂点回退速率，为 2.4mm/a，总流域面积为 43.4km^2。此外，TGF 和 QMF 沿断层走向的裂点回退速率由西北向东南递减，与裂点高程和 k_{sn} 的空间分布保持一致，进一步揭示了断层抬升在西北方向增加，并随着河流流向逐渐向东南方向减小。上述结果同时也表明，千河流域西北方向较高的隆升速率将导致裂点进一步向流域边界迁移。此外，史小辉（2018）通过对比以往资料分析，估算出研究区西侧范围渭河上游的平均河流侵蚀速率为 0. 25 ~0. 30mm/Ma，因此，侵蚀速率低于裂点的回退速率，也即研究区的隆升速率高于侵蚀速率。

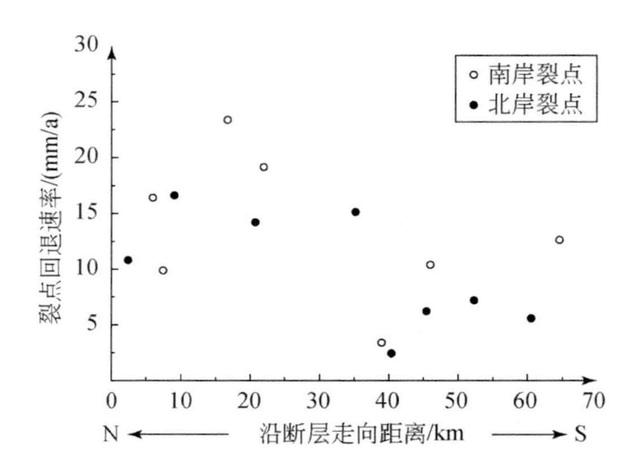

图 4. 19　沿断层走向裂点回退速率

裂点统计的是海拔更高的裂点及反应断层响应的裂点，年代以 1. 4Ma 为基准

最后，为了与不同流域的裂点迁移模式进行比较（Hayakawa and Matsukura, 2003；Bishop et al., 2005；Whittaker et al., 2007；Loget and Van Den Driessche, 2009；Whittaker and Boulton, 2012；Ye et al., 2013；Castillo, 2017；Kent et al., 2017)，选择 1. 4Ma 作为千河流域断裂起始的年代，所有的坡断型裂点的回退速率与流域的关系如图 4. 20 所示（河道有双裂点的，海拔更低的坡断型裂点不统计在内)。在这些不同的流域中，地中海 Messinian Salinity Crisis（MSC）区域裂点回退速率是最快的（0. 25 ~20. 00m/a）（Loget and Van Den Driessche, 2009)，发生在 0. 1 ~1. 0Ma，这是由于海平面的下降（sea-level fall）所导致的基准面下降；而墨西哥中西部 Vallarta 区域的裂点回退速率是最慢的（0. 07 ~0. 72mm/a）(Castillo, 2017)，岩石隆起的年代为 12. 5Ka，这是由断层作用（faulting）导致的基准面下降造成的。

根据基准面下降造成裂点的形成机制，可以将目前已发表的数据整理为两类，第一类裂点是由于断层引起的基准面下降（Whittaker et al., 2007；Whittaker and Boulton, 2012；Kent et al., 2016；Castillo, 2017)，具有较高的线性拟合优度（R^2 =0. 80)；而第二类则是因为海平面引起的基准面下降（Hayakawa and Matsukura, 2003；Bishop et al., 2005；Loget and Van Den Driessche, 2009；Ye et al., 2013)，其线性拟合优度较低（R^2 =0. 62）（图 4. 20)。这些结果表明，与海平面引起的基准面下降触发的裂点回退速率相比，断层引起的裂点通常具有较慢的回退速率，断层的滑动速率控制裂点迁移的速度（Boulton and Whittaker, 2009)。

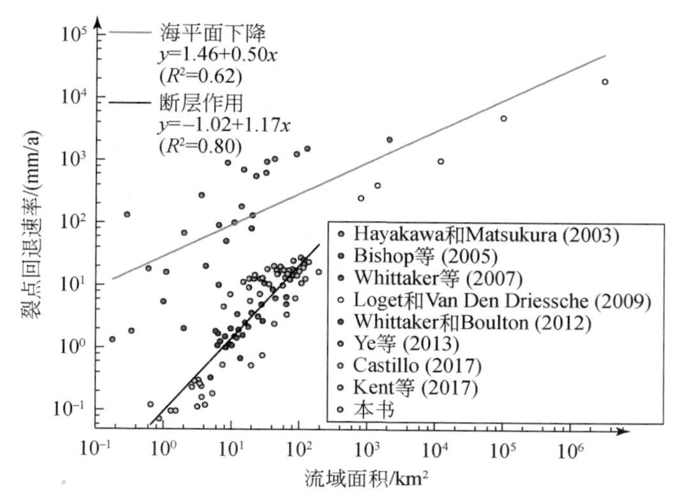

图 4. 20　全球裂点回退速率和流域面积关系对比图
千河流域裂点回退速率以 1. 4Ma 为准

当考虑到海平面导致的基准面下降时，裂点后退速率与海平面下降事件的年代无关。相反，断层活动引起的基准面下降的后退速率与断层活动的年代呈负相关，即较老的断层活动具有较低的裂点回退速率（Crosby and Whipple，2006；Castillo，2017）。这可以解释为流域面积随着裂点向上游迁移而减少的结果，从而导致侵蚀效率的损失和裂点迁移速度的减慢。造成这种现象的原因，与引发裂点的机制有关，且海平面的升降往往受到全球气候变暖、地壳隆升等更多因素的共同作用影响。例如，Ye 等（2013）认为 Tahiti 岛裂点的回退速率和流域面积是独立的关系，因为其子流域面积很小，但裂点回退速率却很高。然而，这并不是 Loget 和 Van Den Driessche（2009）所研究的 MSC 流域生成的裂点的情况，因为它们显示了子流域面积依赖于裂点的生成。因此，这种差异不可能是流域面积差异的结果。然而，值得注意的是，大多数海平面下降引起基准面的下降所产生的裂点是随着海水的抬升而引起的水力侵蚀，从而产生迁移，而断层引发的裂点则是由于河流沿着陡峭的基岩河道侵蚀而迁移，两者是并不一样的。因此，我们认为是不同的侵蚀机制揭示了这种差异产生的原因。

4. 4. 4　断层连接引发裂点

如 4. 4. 2 节所述，假设 TGF 的两段断层段目前是相连的（图 4. 11a 和图 4. 21a）。然而，并未在野外观测到转换斜坡连接明显的标志，导致目前这种断层实体结构的原因仍然存在不确定性。断层连接和生长是正断层发展的重要过程

(Peacock, 2002), 可由多个重叠段连接组成, 形成长度更长的大断层 (Childs et al., 2009)。研究表明, 断层生长是通过断层长度和位移的增长来实现的 (Walsh et al., 2003), 最终的断层长度主要根据断层的滑动历史来估计, 并通过位移的逐渐累积来增长 (Jackson and Rotevatn, 2013)。此外, 断层位移-长度模型 (Kim and Sanderson, 2005) 允许利用单个断层的有限断层长度, 来预测沿断层走向的应变或位移的变化 (Fossen and Rotevatn, 2016)。因此, 这些断层模型可以用来研究 TGF 在生长和连接过程条件的特征。

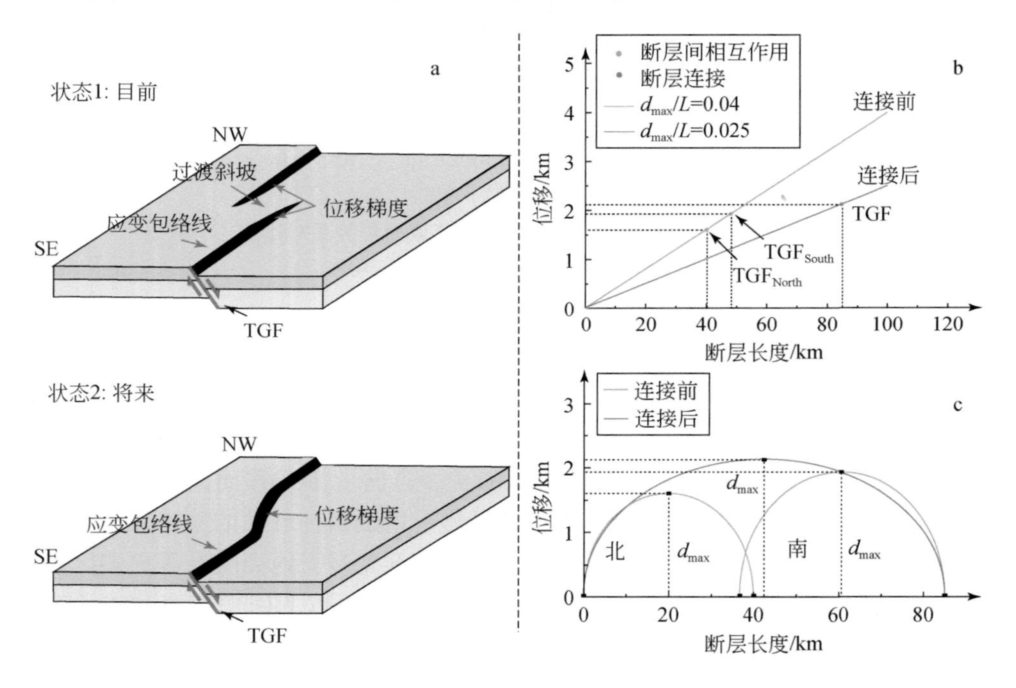

图 4.21　断层连接引发裂点

a-断层连接前后地貌形态; b-断层连接前后 TGF 长度和位移之间关系; c-断层连接模型 (Kim and Sanderson, 2005; Fossen and Rotevatn, 2016)

大量研究表明单个断层序列具有恒定的 d_{max}/L 值 (Kim and Sanderson, 2005), 其中 d_{max} 和 L 分别是断层上的最大累积位移和长度。该比值的大小取决于构造机制和断层的迁移速率 (Peacock, 2002)。如图 4.21a 所示, 用状态 1 和状态 2 来分别描述断层 TGF 连接前后的地貌演化模式。在状态 1 (目前) 时, 两个分离的 TGF 断层段的长度为 40.1km 和 48.3km, 并向外扩展连接。使用 Kim 等 (2001) 的研究成果, 断层连接前的位移可以使用 $d_{max}/L=0.04$ 计算, 结果发现北段和南段的位移分别为 1.6km 和 1.9km (图 4.21b)。由于断层是相互作用的，TGF南北两段通过转换斜坡（图4.21a）进行连接作用后，形成状态2（将来）中断层形式。连接后，研究区TGF的长度整体约为84.9km（图4.21c）。至于其位移则需要在 $d_{max}/L=0.025$ 关系下计算，并可以预测其结果为2.1km（图4.21b）。因此，断层的连接运动将会增加断层中段处的位移，从而增加滑动距离和速率，继而引发裂点的产生，而这也就是在一条河流上产生两个裂点的现象的原因。

之所以研究这一地貌演化过程，不仅仅是因为它可以产生裂点，更重要的是它可以揭示研究区中正断层的生长和连接方式，还能预测沿着断层长度的地震灾害的频率和震级（Kent et al.，2017），以及流域的构造–地层的长期发育特点（Ge et al.，2018）。研究表明，地震震级和断层的长度的对数成正比（张珂，2018），也即地震级数随着地震断层的长度和错距的增大而增大，从而诱发沿断层线周围的其他地质灾害。一般认为，当 $M_w<6.0$ 时，地震断层出现的概率很小。

研究区尽管发生过一些地震，但是地震级数极小，沿断层周围的地震灾害尚不清晰，地震与构造之间的关系还不明确。因此，利用断层–位移长度模型和地表断层破裂长度，可以预测断层连接前后潜在地震的震级。有研究表明，在地震产生的过程中，有三分之一到一半长度的断层将会破裂（Kayabali and Akin，2003）。因此，可以根据Wells和Coppersmith（1994）的研究结果，利用正断层的长度预测研究区断层连接前后发生地震的震级，公式表示如下：

$$M_w=4.86+1.32L \tag{4.20}$$

式中，M_w 为地震的震级；L 为断层破碎长度，km。

计算结果表明，TGF北段断层长度1/3～1/2分别为13.4km和20.1km，而南段断裂长度1/3～1/2分别为16.1km和24.2km。继而可以预测出在断层连接之前，TGF可能导致断层北部和南部的地震震级分别为 M_w6.3～6.6和 M_w6.5～6.7。而在断层连接之后，新的TGF长度1/3～1/2分别为28.3km和42.5km，因此预测其可能诱发地震的震级可以达到 M_w6.8～7.0，足以显示出研究区断层连接事件的危险性。至于北缘QMF，其断裂长度的1/3～1/2分别为21.0km和31.5km，预测其有可能发生 M_w6.6～6.8的地震，很明显南缘TGF比QMF诱发地震的级数更高。这些结果与Cheng等（2014）讨论的研究结果类似（该区域地震震级 $M_w>6.0$），也与该区域的地质灾害风险图一致（樊双虎等，2016）。此外，He等（2020）使用式（4.20）预测了研究区南部渭河流域中秦岭北麓断裂（QLF，图2.2a）及华山北麓断裂（HPF）可诱发地震级数为 M_w7.7～7.9。由于研究区所处地理位置的特殊性，其孕震诱震的可能性是极大的，即便是很短的断层长度也能发生很高震级的地震，特别是增加断层连接后的区域的地震危险性。

但是从研究区历史资料来看，发生的地震级数极小，这与世界上很多断层-地震机制是一致的，这是由于有些活动断层很长（>200km），但并不是整条断层发震，而是分段发生地震的，也即活动断层的分段问题导致地震并不聚集发生，而是分段出现。因此，在当前环境条件下，地震级数即便较小，更大的可能是由于断层分段连接事件并未结束或正处于持续生长状态中，故而产生的地震级数极小。这一新发现不仅揭示了以往研究所没有记载的断层连接事件所诱发的潜在地震危险性，而且强调了该区地震与断层长度的关系，应引起相关防震减灾部门足够的重视。这些来自地貌学的观测结果，不仅量化了活动断层作用下的瞬时景观响应，而且为地震灾害和构造-地层发育提供了新的见解，特别是在难以进入的地区。这些见解对于地震和相关灾害易发地区未来的可持续环境发展、灾害防治和管理至关重要，具有重要的实际指导意义。

4.5 千河流域活动构造加剧地质灾害的发生频率

千河流域活动构造带是青藏高原东北缘向鄂尔多斯地块碰撞的主要产物，活动断层的隆升为地质灾害的发生提供了动力作用，加剧了地质灾害的变形和失稳。为了进一步探讨千河流域地质灾害与河流纵剖面等参数的关系，使用 GIS 空间分析技术叠加了河道纵剖面与滑坡等地质灾害点，结果如图 4.22 所示。

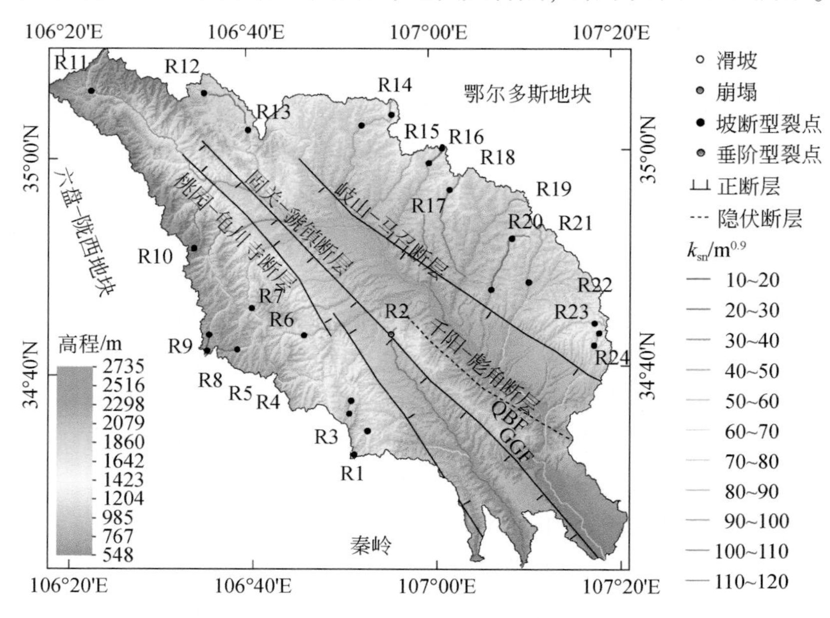

图 4.22　千河流域活动构造控制地质灾害

千河流域活动断层隆升导致地质灾害相关结论已经基本成熟，而地质灾害与河道地貌之间的联系仍不明朗。事实上，该区域的地质灾害主要集中在千河和金陵河的河谷阶地两侧以及断层的周围。而这些区域的河道 k_{sn} 值主要为 71 ~ $120m^{0.9}$。但也有例外，如北岸河道地处鄂尔多斯地块梁峁区，虽发育大量的滑坡地质灾害（滑坡 95 个，崩塌 26 个），但规模较小且更稳定，与其所处地层岩性有关（图 2.1c），该地区主要分布白垩系红色砂岩（K_1）。而南岸河道周围断层分布更密集，地质灾害数量虽少（滑坡 76 个，崩塌 12 个），但规模更大且更频繁（樊双虎等，2020）。从整体上而言，该区域地质灾害数量呈现出边缘少、内部多的分布趋势。此外，李健强等（2017）利用信息量方法评价了千河流域南部阶地两侧的地质灾害易发性和危险性，结果表明，该区域高危险性与高易发性集中在研究区断层周围的边坡、地貌单元过渡带、侵蚀冲沟等地区。因此，活动断层的隆升速率加剧了河道周围地质灾害事件的产生。

4.6　DEM 数据揭示千河流域河道下切

河流阶地是记录构造活动和造山带气候变化的载体，是河流周围环境动态变化的结果，是气候变化或基岩强度变化等各种构造活动造成的，代表了构造隆升后的地貌景观，反映了构造变形的规律、范围和速度（Burbank et al.，1996）。因此，千河流域五条河流阶地在内的活动构造带已成为研究河流系统如何应对构造和气候变化的天然实验室。以往的研究表明，该区阶地由冲积物组成（Chen et al.，2018），使用电子自旋共振（electron spin resonance，ESR）和光释光（optical simulating luminescence，OSL）测定其形成年代分别为（T1 ~ T5）的年 41ka、127ka、375 ~ 505ka、788ka 和 1411ka（张天宇，2020）。因此，从不同 DEM 中提取了 6 个地形剖面（*AA′*、*BB′*、*CC′*、*DD′*，*EE′*和 *FF′*）的河道阶地拔河高度（*H*）（图 4.23），并通过前述测年结果，算该区域由构造抬升引起的河道下切速率［式（4.21）］，结果如表 4.10 所示。值得注意的是，尽管 DEM 所指示的河道下切面和拔河高度与野外作业测量得到的结果之间存在一定的差异，特别是上层侵蚀与下层堆积的差异不容忽视，但其结果仍为构造地貌等分析如何选择元数据提供了参考。

$$V=\frac{H}{t} \tag{4.21}$$

式中，V 为河道下切速率；t 为前述 ESR 和 OSL 测定的阶地形成年代。

如图 4.23a 所示，千河河流阶地在南北两岸呈不对称分布，北岸的 T2 和 T3 侵蚀迅速，在一些区域已无法看到明显的阶地面，而南岸的四级阶地则呈阶梯状分布。此外，分别对 SRTM1、ASTER-GDEM 和 ZY3-DEM 中的河流下切速率进行

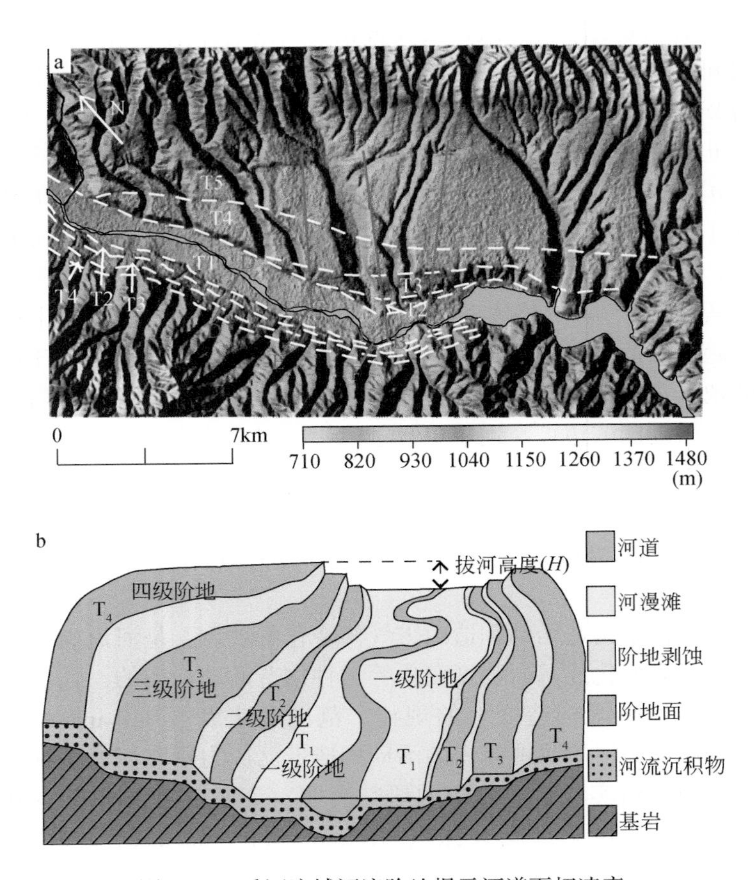

图 4.23　千河流域河流阶地揭示河道下切速率

a-为千河流域河流阶地示意图，白线为千河阶地分界线，修改自张天宇，2020，红线 *AA′*、*BB′*、*CC′*、*DD′*、*EE′*和 *FF′*分别为千河流域南北两岸提取的河流阶地剖面；b-为河道阶地下切速率结算示意图

了估算，发现 ASTER-GDEM 与其他两种 DEM 相差较大。具体来说，由于 SRTM1 在山区的高程精度更高（表 4.3、表 4.4），而 ZY3-DEM 由于在山区受限于 GCPs 的精度和地表植被覆盖的影响，而导致其结果与 SRTM1 相仿，略低于 SRTM1，而 ASTER-GDEM 高程精度最差。因此，SRTM1 中的高程可以作为河道下切速率研究的参考数据。北岸河道下切速率为 0.12 ~ 0.45m/ka，而南岸下切速率为 0.08 ~ 0.33m/ka。因此，千河阶地台塬区的支流中，北岸河流的下切速率更高。ASTER-DEM 和 ZY3-DEM 的提取的河道下切速率分别为 0.06m/ka 和 0.02m/ka，说明 ASTER-GDEM 没有 ZY3-DEM 精度高。

表 4.10　不同 DEM 提取的千河流域阶地拔河高度与河流下切速率（张天宇，2020）

剖面线	阶地	前缘高程/m			后缘高程/m			阶地高度/m			年代/ka	下切速率/(m/ka)		
		SRTM1	ASTER	ZY3	SRTM1	ASTER	ZY3	SRTM1	ASTER	ZY3		SRTM1	ASTER	ZY3
	T_1	5.3	7.1	3.9	12.5	9.8	12.4	8.9	8.5	8.2	41	0.21	0.21	0.20
AA′	T_3	95.3	129.1	97.9	112.4	130.4	108.1	103.9	129.8	103.0	505	0.21	0.26	0.20
	T_4	131.3	141.6	130.3	135.7	160.1	136.4	133.5	150.9	133.4	788	0.17	0.19	0.17
	T_1	3.3	4.6	3.7	7.2	10.3	8.1	5.3	7.5	5.9	41	0.13	0.18	0.14
	T_2	54.8	52.3	53.8	58.3	62.6	61.0	56.6	57.5	57.4	127	0.45	0.45	0.45
BB′	T_3	112.2	113.3	105.5	122.0	139.0	119.1	117.1	125.6	112.3	505	0.23	0.25	0.22
	T_4	142.7	145.0	145.0	152.6	147.3	159.9	147.7	146.2	152.5	788	0.19	0.19	0.19
	T_5	162.7	169.7	159.7	183.0	183.3	185.9	172.9	176.5	172.8	1411	0.12	0.13	0.12
	T_1	3.6	12.6	5.5	17.4	20.3	18.8	10.5	16.5	13.1	41	0.26	0.40	0.30
CC′	T_2	47.7	52.8	48.3	67.1	55.3	67.1	57.4	54.1	57.7	127	0.45	0.43	0.45
	T_3	100.6	106.2	97.3	112.2	120.0	115.7	106.4	113.1	106.5	505	0.21	0.22	0.21
	T_4	156.9	153.1	163.3	172.9	173.2	168.1	164.7	163.2	165.7	788	0.21	0.21	0.21
	T_1	4.6	8.7	6.4	9.9	13.2	10.0	7.3	11.0	8.2	41	0.18	0.27	0.20
DD′	T_2	32.5	44.1	37.4	38.9	55.2	43.7	35.7	49.7	40.6	127	0.28	0.39	0.32
	T_3	74.8	66.7	79.0	86.1	96.9	96.4	80.5	81.8	87.7	375	0.21	0.22	0.23
	T_4	93.9	102.1	93.6	109.7	125.2	117.7	101.8	113.7	105.7	788	0.13	0.14	0.13

续表

剖面线	阶地	前缘高程/m			后缘高程/m			阶地高度/m			年代/ka	下切速率/(m/ka)		
		SRTM1	ASTER	ZY3	SRTM1	ASTER	ZY3	SRTM1	ASTER	ZY3		SRTM1	ASTER	ZY3
EE'	T_1	3.1	7.5	2.7	7.0	8.8	9.0	5.1	8.2	5.9	41	0.12	0.20	0.14
	T_2	7.8	25.7	10.1	12.7	36.4	16.0	10.3	31.1	13.1	127	0.08	0.24	0.10
	T_3	52.2	90.8	52.7	71.7	110.3	77.4	62.0	100.6	65.1	375	0.17	0.27	0.17
	T_4	127.2	133.5	122.9	157.7	157.3	160.4	142.5	145.4	141.7	788	0.18	0.18	0.18
FF'	T_1	10.7	11.2	10.0	16.2	19.2	17.2	13.5	15.2	13.6	41	0.33	0.37	0.33
	T_2	29.6	36.3	33.5	39.0	52.6	44.7	34.3	44.5	39.1	127	0.27	0.35	0.31
	T_3	84.3	81.2	85.5	103.5	106.2	103.1	93.9	93.7	94.3	375	0.25	0.25	0.25
	T_4	126.2	126.5	129.8	166.8	162.2	172.0	146.5	144.4	150.9	788	0.19	0.18	0.19

此外，除了 GCPs 的精度和分布外，限制 ZY3-DEM 提取河道下切速率的主要因素还有立体对的匹配算法、RFM 模型、地形、区域地形起伏度等（兰穹穹等，2015）。具体来说，当使用 RFM 参数时，直接前方交会的定位精度存在较大的系统误差，但可以利用图像之间的约束关系进行补偿（Tang et al.，2015），说明应该选择更多的 GCPs 来改善相对定位的精度。Tang 等（2013）提出当应用更多的 GCPs 时，提取的 DEM 垂直精度会提高。然而，GCPs 的分布和精度也是由区域地貌（如坡度、山体阴影、位置等）决定的，尤其在山区（千河流域），周围山地是由活动断层隆升造成的，无法选择更多的点。另外，GPS 测量受限于地表植被覆盖范围，导致绝对定位不精确。因此，在千河流域使用 ZY3-DEM 受限因素多于 SRTM1。

六盘-陇西和鄂尔多斯地块的隆升对千河流域的河流侵蚀下切有显著影响。据 Gao 等（2008）记录，渭河上游的陇西盆地的河流下切速率范围为 0.09 ~ 0.32m/ka。此外，还测量了三阳川盆地渭河上游沿岸河流阶地的年龄和拔河高度，发现其下切速率为 0.21 ~ 1.03m/ka（Gao et al.，2017）。Zhao 等（2014）认为位于千河流域北缘和鄂尔多斯区块西南缘的六盘山北段的河道下切速率为 0.37 ~ 1.13m/ka。这些结果均表明，从边缘到中心区的下切速度呈下降趋势，满足 Gao 等（2017）所讨论的“高-低-高”的模式特征，以及该地区地形和坡度的变化。此外，已证实该区地貌的变化不可能是由气候造成的（Liu et al.，2020），但可能限制了河流侵蚀的速度，使侵蚀速度低于抬升速度。这说明六盘-陇西地块受青藏高原东北缘向东挤压也会增加河流的下切速率。这一发现不仅为构造变形的空间分布提供了一定的指导，而且强调了该地区的河流阶地是由晚新生代以来构造抬升变化导致河流下切侵蚀的结果。

4.7　千河流域活动构造控制地貌演化

千河流域是六盘山南段、秦岭北麓和鄂尔多斯西南缘的交汇部分，是渭河中上游的重要组成，区内构造应力主要千河南岸地区，形成了一系列 NW-SE 向活动断裂。自晚新生代以来，区内差异性构造隆升运动导致的地表抬升与水系侵蚀形成了目前的地貌形态（图 4.24）。千河流域瞬时地貌是渭河流域形态的主要表现形式，区内坡断型裂点以及 k_s 在千河南岸聚集存在，反映了受断层的影响导致的基准面下降，这都源自青藏高原东北缘向东不断挤压与生长（史小辉，2018），从而导致岐山-马召断层的左旋走滑，继而鄂尔多斯地块发生了逆转（图 4.24）。归一化陡度指数 k_{sn} 的高低表征了区域山体隆升和河流侵蚀的强弱程度和相互作用后的结果，瞬时地貌的形成不仅详细记录了这些活动断裂的趋势及活动性程

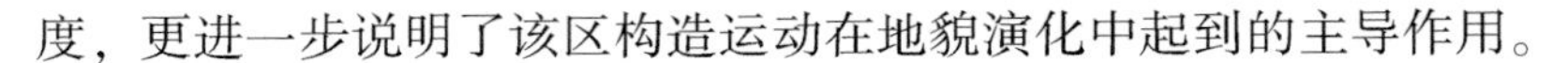
度，更进一步说明了该区构造运动在地貌演化中起到的主导作用。

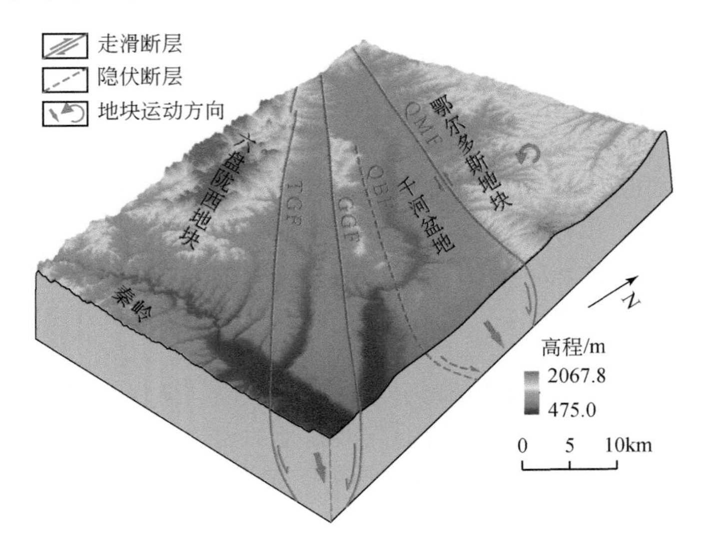

图 4.24　千河流域晚新生代以来构造变形

本章小结

本章主要做了三个方面的工作来探究鄂尔多斯西南缘千河流域的断裂活动程度，重点分析了该流域活动断裂作用下的瞬时河流响应。

首先，为了探讨多源 DEM 在河道地貌参数提取中的差异及精度，使用资源三号卫星影像立体像对生成了千河流域 DEM，同时利用 SRTM1 数字高程模型，分析了河流纵剖面上的裂点类型、空间分布及归一化陡度指数 k_{sn}，验证了资源三号卫星像对提取的 DEM 在构造地貌中的可行性，讨论了千河流域裂点与气候、岩性和活动构造的关系，揭示了裂点的成因，证实了研究区河流仅对活动构造存在瞬时响应，探索了垂阶型裂点在构造识别定位中的作用。

其次，利用坡断型裂点水平（回退距离）和垂直分量（断层至裂点的高差），计算了坡断型裂点迁移速率，分析了千河流域地貌受构造隆升影响的演化过程，通过对比以往的研究结果，发现由断层活动引起的基准面下降引起的裂点回退速率要低于海平面下降引起的基准面下降。

最后，利用研究区断层连接模式及断层位移-长度模型，分析了研究区南岸 TGF 断层演化趋势，并预测了研究区断层连接前后的潜在地震震级，探讨了千河流域活动构造对地质灾害的控制作用，揭示了千河流域地貌演化的指示意义。

第5章 千河流域河流横截面对于活动构造隆升的响应及程度

第4章主要是针对千河流域纵剖面特征，利用裂点的形态特征及迁移过程揭示地貌受构造隆升的变化及影响，这些结果与结论都是基于河流纵剖面受构造隆升的变化，是沿着水流方向（纵向）的分析。而本章则围绕河流横截面进行探讨，探究河流横截面受构造隆升后的形态及变化过程，主要解决“千河流域河流横截面对于活动构造隆升的响应及程度”这一科学问题。

5.1 河流横截面

目前，大部分探索和研究主要着眼于基岩河道的几何形状，更广泛的研究是从河流走向（纵剖面）考虑其对构造隆升程度的响应（Allen et al.，2013），且千河流域河流纵剖面已经在上一章详细探讨，重点建立了该区裂点类型与回退率、上下游陡度指数对活动断裂隆升速率的响应过程及趋势，对探索该区的构造变形模式提供了有利的依据和条件。然而，极少有研究关注河道横截面对于活动构造的隆升程度的响应（李琼等，2020），关于该区域相关横截面资料更是没有，且该区域由于历史、地貌等条件的限制，修建了大量的人工湖渠，因此，流域内河道横截面与构造、气候和岩性强度的联系也几乎不存在，或没有详尽的阐述和分析（Yanites and Tucker，2010）。

事实上，横截面的形态及分布也是流域地水系对地貌形成原因的响应，换言之，横截面也可以记录构造的隆升和下切侵蚀之间的不平衡状态。河流宽度的变化限制了水系侵蚀的边界及潜能，同时是对河道两侧陡度变化的响应，因此，河道的宽度变化控制着流域系统的侵蚀（Yanites and Tucker，2010）。此外，从能量守恒角度而言，河道宽度的变化使得势能在宽度变化处聚集，从而导致河流下切切口大小的变化（Allen et al.，2013）。所以，仅仅研究河道的陡度指数及裂点的变化可能不足以捕捉和记录外部应力驱动对河道形态的调整程度和信号，甚至会忽略岩性或者气候对地貌变化的响应。对千河流域六盘山南部活动断裂带持续开展流域水系宽度及地貌形态研究，可以进一步完善区域地貌成因及变化趋势等理论研究，同时为区域水系侵蚀奠定坚实的基础，强化河道对于区域构造隆升变化的响应机制研究（Yanites and Tucker，2010；Allen et al.，2013）。综上所述，研究河道横截面宽度的变化与构造隆升速率之间的关系，也是区域构造地貌演化的主要内容和研究方向。

从目前的研究来看，影响河道横截面宽度的因素有很多，如河道流量和河道坡度等（Snyder et al.，2003；Whipple，2004）。如式（5.1）所示，该式明确指出了河道宽度与流量呈正相关关系，即河道宽度的大小随着流量的变大而变大（Kirby et al.，2003；Whipple，2004）。这是因为流量的增大与区域气候（降雨量）、河道海拔变化、流域面积、蒸发量及植被覆盖度有关。通常情况下，年降雨量大的区域河流流量也会增大；海拔高的河道流速更快；流域面积越大的河道流量越大；蒸发量越大的区域流量越小；植被覆盖度高的含沙量更少等。而这些结果的产生必将导致河道宽度发生调整，从而适应河道及周边环境的改变。与此同时，该方程还指出了河道宽度可以随着河道坡度的增加而减小，也即河流宽度缩小从而使其可以通过逐渐变陡的河道，例如，在河流进入地区的岩石隆起速度较快或岩石阻力较大，可造成河道变陡，该理论基础在第4章河道陡度指数中更为突出（Kirby et al.，2003）。

$$W=\left[\alpha\left(\alpha+2\right)^{\frac{2}{3}}\right]^{\frac{3}{8}}Q^{\frac{3}{8}}S^{-\frac{3}{16}}n^{\frac{3}{8}} \tag{5.1}$$

式中，α 和 n 为常数，在自然河道中，α 为恒值；W、Q 和 S 分别为河道的宽度、流量和坡度。

即便如此，该方程仍忽略了一些因素的变化，如构造隆升的速率、基底岩性的抗蚀性等。这是因为当河道通过上游窄而陡的河道时，由于重力的作用，水量聚集，动力增强，从而流速较大，河道侵蚀变强；相反，下游河道通常宽而缓，水量分散，动力减弱，因此流速较小，河道侵蚀变弱。同时，大量国内外研究表明，在大多数条件下，河道在高抬升速率时变得更窄，而在低抬升速率时变得更宽（Yanites and Tucker，2010）。但也并非全部如此，有一些河道在构造隆升前后不调整宽度，或者仅微调；也有一些河道呈现出与前文相反的变化趋势，即在高抬升速率时河道变宽，而在低抬升速率时河道变得更窄（Snyder et al.，2003）。所以，河道的宽窄变化，可以间接反映河道的地貌地势变化，而地表地势的变化则是在构造隆升、基底岩性、河流下切侵蚀的变化下不断驱动形成的，也即河道的宽窄可以对隆升和侵蚀能力进行合理的调整（Montgomery and Gran，2001）。另外，基岩抗蚀性对河道宽度的影响也不能忽视（Yanites and Tucker，2010）。河道宽度随着基岩抗蚀性的变强而变窄，反之则变宽（Whipple，2004）。和构造隆升因素对河道宽度的影响一样，也存在一些河道的基岩抗蚀性对河道宽度的影响甚微（Yanites and Tucker，2010）。然而，由于河道基岩抗蚀性的测量方式存在差异，且该数据难以获取，其中就包括基岩的硬度和节理两个基底抗蚀性的主要依赖因素（李琼等，2020）。因此，基岩抗蚀性在基岩河道宽度的调整过程及其影响仍需要进一步研究与探索，本章则重点探讨千河流域河道的宽度变化对于构造隆升的响应。

此外，传统的河宽算法多基于数字高程模型，而忽略了遥感影像在河宽提取中的作用。为了进一步研究流域地貌演化过程，本章依旧以千河流域为主要研究区域，从河道横截面的角度，利用河流水力侵蚀模型，通过测量千河支流河道的宽度差异，研究其在构造、岩性和气候等因素作用下的流域地貌响应变化。同时将从流体力学角度分析河道宽度变化的功率变化，以及在河道形态调整中所起到的主要作用。这部分内容将充分发挥遥感影像在河宽提取中的作用，丰富与补充该流域构造隆升的证据，用遥感的手段解决地质问题，为研究河道形态响应构造地貌变化提供依据，同时对于预测地貌发育演化趋势具有重要的指导意义。

5.2　研究方法与数据源

5.2.1　河道宽度指数

与基岩河道陡度指数一样，河道宽度也与区域构造隆升和侵蚀有关。河道宽度决定了施加在单位面积河床上的应力大小，通过应力的聚集，同时增大河道下切，从而减小了河道的宽度（Li et al., 2019）。类比河道陡度指数 k_s，同时简化式（5.1），局部基岩河道宽度、河道流量和流域面积（A）之间呈现如式（5.2）和式（5.3）所示的幂律关系（Whipple, 2004），这一关系是基于经验函数模型所得，但同样适用于基岩河道和冲积河道（Snyder et al., 2003；Whipple, 2004；Wohl and David, 2008；Kirby and Ouimet；2011）：

$$W = k_w Q^b \tag{5.2}$$

$$Q = k_q A^c \tag{5.3}$$

式中，k_w 和 k_q 分别为其中河道宽度系数和河道流量系数，是河道几何形状的经验参数，与河流动力模型中河道切口大小有关；b 和 c 分别为河道宽度和河道流量的指数。

整合式（5.2）和式（5.3），可得式（5.4）：

$$W = k_w k_q^b A^{bc} \tag{5.4}$$

为了简化式（5.4），且与式（5.2）对比，利用河道宽度与流域面积的系数 k'_w 和指数 b' 替换式（5.4）：

$$k'_w = k_w k_q^b \tag{5.5}$$

$$b' = bc \tag{5.6}$$

其中，系数 k'_w 的大小取决于河道位置、基岩属性等。指数 b' 反映了河道宽度对流域面积变化的响应程度，其值大小取决于河道流域面积，当测量点越向下游靠近，河道流域面积越大，河道宽度也越大（Snyder et al.，2003；Duvall et al.，2004）。

最终，可得河道宽度（W）与流域面积（A）之间的幂律函数关系：

$$W = k'_{w} A^{b'} \tag{5.7}$$

在上述公式中，k_w、k_q、k'_w、b、c、b'均为正值常数。

与式（4.6）一样，同样设置平均宽度指数作为参考的宽度指数（b_{ref}），并对式（5.7）进行转换变形，结果如下：

$$k_{wn} = WA^{-b_{ref}} \tag{5.8}$$

式中，k_{wn}为河道归一化宽度指数（nomalised wideness index）。

与归一化陡度指数k_{sn}的求解方法相似，通过测量沿岸基岩河道宽度和对应的上游流域面积，即可绘制河道宽度-流域面积双对数图（lg$W$-lg$A$ plot），并根据lg$W$-lg$A$ plot上的散点及参考的宽度指数b_{ref}，进行回归拟合计算即可求得河道k_{wn}。k_{wn}是一个主要用来用于定量比较区域河道宽度大小变化的参数（Li et al.，2019），在定义方法上与归一化陡度指数k_{sn}没有本质的区别，都与上游局部河道流域面积的变化相关，是对b_{ref}设定的区域平衡宽度-面积尺度偏差的经验性测量。也正因为这两种参数均可以反映上游流域面积的变化，且构造与侵蚀相互作用控制流域的边界及演化速率，因此，才选其作为区域构造和侵蚀的响应参数。通过绘制k_{wn}的分布及取值变化图，不仅可以探究千河流域河道宽度的空间展布规律，同时可以探究基岩河道宽度对构造、气候、岩性的响应（Snyder et al.，2003；Li et al.，2019；李琼等，2020）。

类比图4.2，绘制了河道宽度指数的形态变化分布图（图5.1）。如图5.1a所示，随着面积-宽度指数b'的增加，河道宽度向下游变宽的速率逐渐增大，河道-距离曲线呈现出由凹变凸的变化趋势，相应的宽度-流域面积双对数曲线的斜率绝对值随着b'的增大而增大。而在相同宽度指数b的条件下，河道宽度随着归一化宽度指数k_{wn}的增大而增大，而宽度-流域面积双对数曲线的斜率相同，但截距随k_{wn}的增大而增大。研究表明，河道面积-宽度指数b'和河道凹度指数θ类似，并不会产生太大的变化，只与构造、降雨量和岩石硬度有关。特别地，冲积河道与基岩河道在面积-宽度指数b'的取值上有微弱差异，即$b'_{冲积河道} \in (0.4, 0.5)$，而$b'_{基岩河道} \in (0.3, 0.5)$。整体上来说，其值总体为0.3～0.5（Whipple，2004；Wohl and David，2008）。同样地，当岩性和气候不是主观影响因素的情况下，归一化宽度指数分布也可以作为基岩构造隆升的标志。通常情况下，在计算中为了和归一化陡度指数k_{sn}做对比，同样设置参考宽度指数b_{ref}，且令其值等于0.45，对比分析研究流域地貌对区域构造隆升的地貌响应。

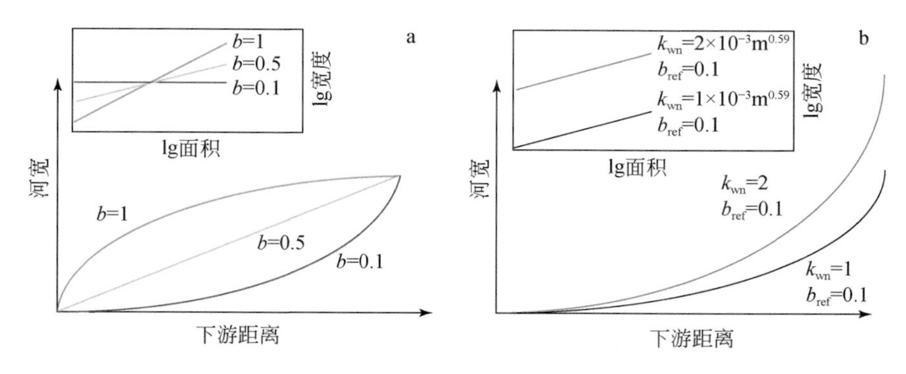

图5.1 河道宽度指数形态变化（Allen et al.，2013）

5.2.2 基于遥感影像和DEM河道宽度提取算法

5.2.1节中各公式的前提是河道宽度 W 的获取。根据河道流量的大小，将河道宽度分为三种河道横截面宽度，分别是低流量宽度（low-flow width）、高流量宽度（high-flow width）和河谷宽度（valley width）（Snyder et al.，2003）。其中，低流量宽度被定义为夏季条件下河道基流宽度（base flow width）；而高流量宽度则为河道两岸之间的河道宽度，一般为无植被区域，这种宽度类似于齐岸河流宽度（bankfull width）（Snyder et al.，2003）；至于河谷宽度，则是穿过整个洪水平原的距离，是河谷两侧斜坡之间的距离（图5.2）。显而易见，低流量宽度在各个季节变化较大，且容易受人为测量干扰，引入误差。而高流量宽度和河谷宽度测量受测量方式限制而极其困难，但这两种宽度类型对于研究流域侵蚀及其速率有极大的帮助，因此，构造地貌研究主要关注高流量宽度，特别是齐岸河流宽度的测量结果，且这种宽度相对来说便于测量，短时间范围内该宽度边界不会被人为改动。因此，本研究主要使用齐岸河流宽度测量结果及DEM提取的流域面积结果进行河流宽度–流域面积模型［式（5.7）］的构建。

目前，传统的河道宽度统计拟合方法的计算流程是将野外宽度仪测定的河道宽度与流量、输沙量等要素进行拟合，获取河宽的经验公式。这类方法的缺陷在于工作量大，人为干扰导致其经验公式难以在其他覆盖区适用。为此，何蒙等（2019）设计并实现了一种新型的基于DEM数据的河宽提取算法，一方面，该算法利用斯皮尔曼等级相关系数研究河宽与流域面积的相关关系时发现，河道宽度与流域面积存在正相关关系，即河道宽度随着流域面积的增大而增宽；另一方面，考虑到地形地貌、地质构造和岩性硬度等的变化也会造成河道局部区域坡度起伏变大，从而使得河道变陡，此时河道受到水流侵蚀而需要更大的约束力才足

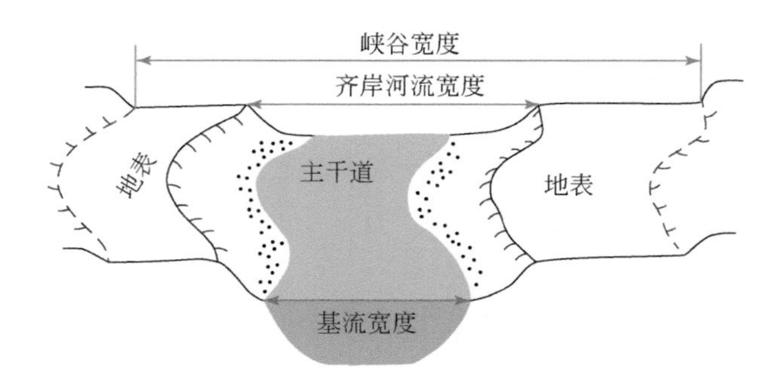

图 5.2 河道横截面形态分类（Snyder et al.，2003）

以控制，因此河道变窄；反之起伏变小，则河道相对变缓，河道在水力侵蚀作用下变得宽阔。但 DEM 的坡度仅局限于相邻像素的地形起伏，故采用坡度一阶原点矩衡量临近的地形起伏变化，即在河道栅格范围内创建缓冲区，计算河道坡度的一阶原点矩，作为河道宽度提取的重要因子之一。因此，流域面积和河道坡度可以作为提取宽度的重要因素。在此基础上，该河宽提取算法可用面积因子（f_a）和坡度因子（f_s）描述，计算方法如下：

$$f_a = 1 - \frac{\sqrt{\text{Max}A_i} - \sqrt{A_i}}{\sqrt{\text{Max}A_i} - \sqrt{T}} \tag{5.9}$$

$$f_s = 1 - \frac{\text{Mer}_i}{\text{MaxMer}_i} \tag{5.10}$$

$$\text{Mer} = \frac{\sum_{i=1}^{n} S_i}{n} \tag{5.11}$$

$$W = \alpha \cdot f_a \cdot f_s + \beta \tag{5.12}$$

式中，A_i和 $\text{Max}A_i$分别为河道上第 i 个像元和最大的集水面积；T 为形成河道的最小流域面积；Mer_i和 MaxMer_i分别为河道上第 i 个像元和最大的坡度原点矩；n 为搜索半径内的像素数；S_i为第 i 个像元的坡度值；α 和 β 分别为比例因子和河源处的河宽。

因此，以高分辨率的谷歌影像（Google Earth）上采集河道宽度值 W_g为纵坐标，f_a和f_s的乘积为横坐标，拟合出每条河道的 α_i和 β_i值（其中，i 为正整数），利用拟合优度 R^2评判其结果的可靠性。值得注意的是，不论是室内影像上采集河道宽度，还是野外验证河道宽度，都应该尽可能避开人类活动（水库）和自然灾害区域。

为了便于计算，按照该算法流程，使用 ArcGIS 中的模型构建器（model

builder）进行流程化建模，结果如图 5.3 所示。

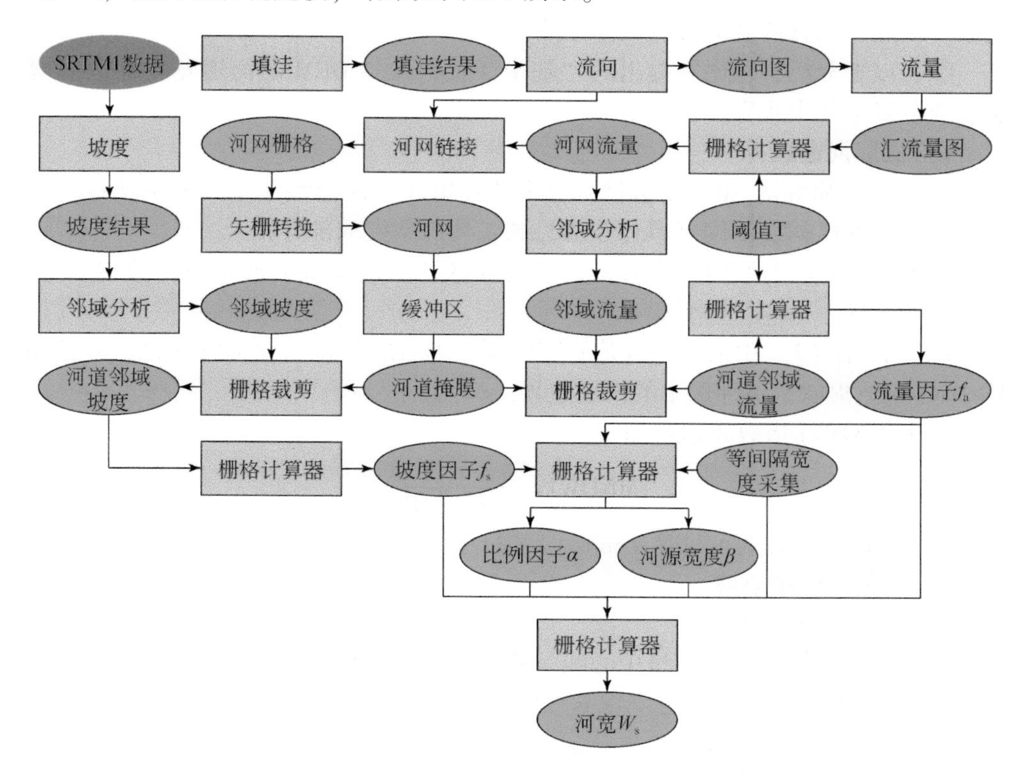

图 5.3　河道宽度计算模型（据何蒙等，2019，建立）

上述算法的缺点在于最终的系数（α 和 β）是根据研究者在 Google Earth 等卫星影像上量测河宽后，不断迭代拟合得到，因此在一定程度上会引入误差。且该工作需要耗费大量的人力，依赖于量测者的经验。

实际上，河宽提取的主要思路主要包括三个步骤：①河流边界提取；②河道中心线提取；③河宽测量。

事实上，ArcGIS 软件中水文分析工具可以提取河网（河道中心线），但这种河网的提取仅限于数字高程模型，特别是部分河道处于建筑物正上方，并不合理。而目前基于遥感影像的河流提取，以归一化差异水体指数（normalized difference water index，NDWI）（McFeeters，1996）和改进的归一化差异水体指数（modified normalized difference water index，MNDWI）（Xu，2007）为代表，主要利用水体对太阳光的强吸收，在遥感影像多波段（绿波段和中红外波段）中表现的差异特征，运用波段运算抑制植被并增强水体。这种河宽提取能够精准地提取河道边界，但是大多提取地表有水的河道，对于干涸的河道没有 DEM 提取的精准。因此，结合两者的优点成为必然。

综合以上分析，本研究提出的“基于遥感影像和 DEM 的河道宽度提取”算法主要分以下几个步骤。

1）提取河道边界

（1）使用研究区 SRTM1 数据，分别计算填洼→流向→流量→河网链接→矢栅转换→研究区初级河网（具体步骤见 5.3 节河网提取部分）；

（2）以（1）中河网为中心线，以研究区地表河流最大河宽量测值 D_m 的一半创建缓冲区；

（3）使用（2）中的缓冲区裁研究区预处理后的 Landsat 8 OLI 影像，并使用 MNDWI 指数提取水缓冲区中的河道边界。

式中 MNDWI 指数表达式如下：

$$\text{MNDWI} = \frac{\text{Green} - \text{MIR}}{\text{Green} + \text{MIR}} \tag{5.13}$$

式中，Green 和 MIR 为研究区 Landsat 8 OLI 影像的绿波段和中红外波段。

2）提取河道中心线

（1）确定河道中点。

在河道中，直接确定河道中心线是非常困难的，因为河道是不断向下游变宽（窄）的，但如果将河道细分到像素级时，则可以通过河道的中点以及河道的方向连接成线，确定中心线。在本算法中，需要借助人工初始给定河道中的点。可以任意在河道像素点中选择一点作为初始点，如图 5.4 中的 O 点，为河道中的一随机点（尽可能不要选择河道边缘点），且偏离了河道中线。且河道边缘的点梯度存在极值，因此可以利用此特征求出河道边缘线。此时，以点 O 为坐标中心，分别以图像坐标系的横轴、纵轴为 X 轴和 Y 轴（图 5.4），可以得到坐标轴与两岸河道边缘的交点 A、B、C 和 D。此时，根据三角形中位线定理可知，AC 和 BD 的中点 M_2 和 M_1 位于河道的中心线上。此时，仅需要知道河道的方向，或河道中心线的方向，就可以提取河道的中心线。

理想状态下，河道是均匀向下游运动的，那么在求取河道中点时，即可快速计算河道宽度（w）：$w = L_{AC} \times \cos\alpha = L_{BD} \times \cos\beta$，其中 α 和 β 分别为梯度方向与坐标轴的夹角。然而实际并非如此，正由于基底岩石受到构造和岩性硬度的限制，河道并不能按照统一的河宽向下游迁移，只能不断变换宽度以适应河流下切的侵蚀影响。

（2）基于方向纹理的河道中心线方向提取。

河道是狭长的带状区域，在沿河道方向的灰度及纹理与周围其他的方向相比，有显著的差异。方向纹理特征（angular texture signature）就是利用带有一定

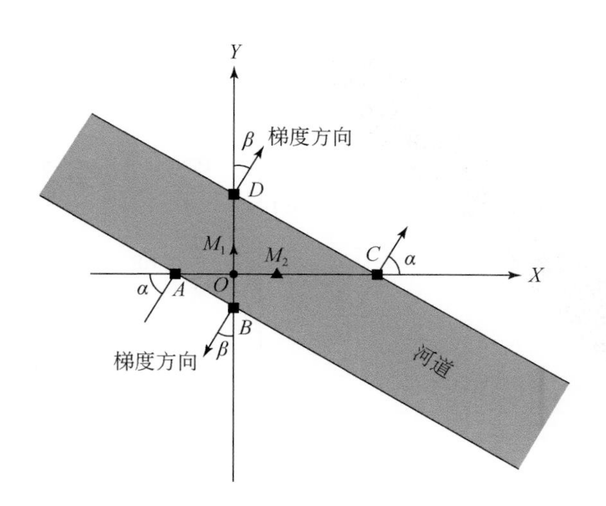

图5.4　河道中心点提取

方向的矩形，统计矩形内灰度、熵、均值、方差等纹理变化的（李润生等，2014），该特征已被广泛用于基于遥感影像的线状道路的提取中。由于在第一步中提取的河道中，已经是二进制图像结果，此时使用方向纹理则更为简单，因为图像中只有0和1两类值。如图5.5a所示，在河道中心点 O 处，以20°为间隔绘制了18个矩形，并计算该矩形内方差值，结果如图5.5b所示。点 O 处第3个和第12个方向的方差处于极小值，表明这两个方向的灰度变化小，也正处于图5.5a的河道方向上。因此，可以使用方向纹理的矩形角度提取河道方向，再结合（1）中的河道中点，即可提取河道中心线。

3）提取河宽

（1）河道中心线的正交方向提取：在第二步中获取了中心线的方向，此时可以用角 θ 表示该河道中心线的方向，那么河道的正交方向则为 $\theta\pm\pi/2$，即此时河道正交线的斜率也是已知的，便可用河道中点坐标及斜率表示该正交直线的方程。

（2）沿着（1）中的正交方向延长至河道边缘处（河道边缘处的梯度存在极值），得到该正交方向上的交点 P_1（x_1，y_1）和 P_2（x_2，y_2），利用两点之间距离公式［式（5.14）］，既可求出此河道中点处的河宽 W。

$$P_1P_2=\left|\sqrt{(x_1-x_2)^2+(y_1-y_2)^2}\right| \tag{5.14}$$

如图5.6所示，利用步骤（2）中的方向纹理提取了河道中心线 l（图5.6中纯黑色像元），因此，河道中心线 l 的在每段的方程是已知的。对于河道上的一

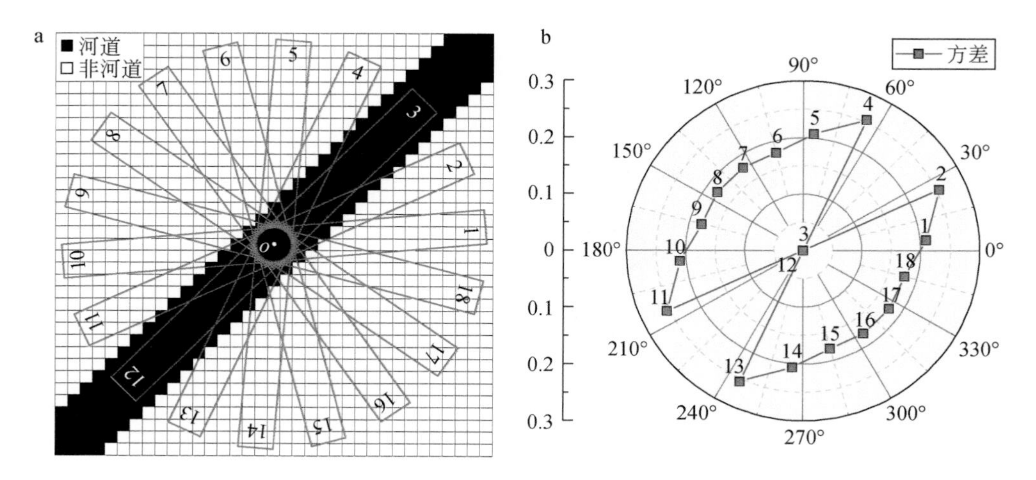

图 5.5　河道方向纹理统计

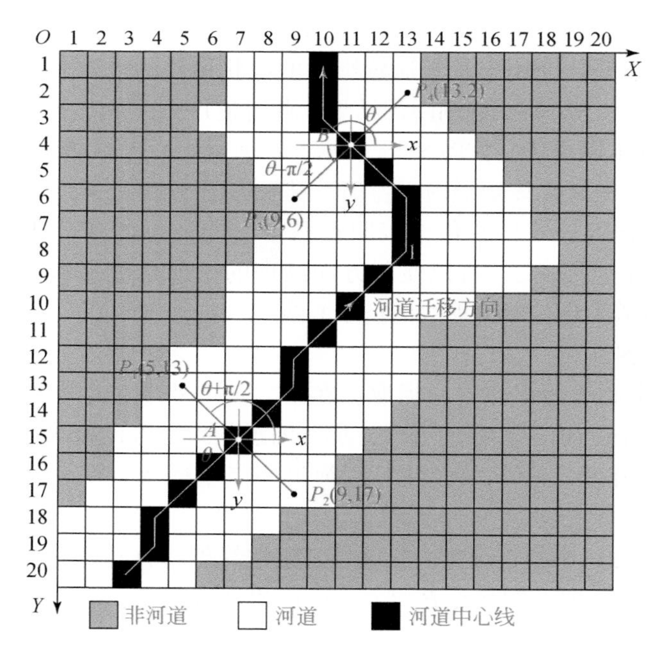

图 5.6　河道宽度计算

点 A，其向下游迁移的方向 θ 为 45°，因此，其正交方向为 135°。利用河道边缘像素的灰度梯度存在极值，可以寻找到该正交方向下的河道边缘处的两个点 P_1

（5，13）和 P_2（9，17），利用式（5.14）可以求得该点处的河道宽度为 5.66，而假如一个像素的大小是 10m，那么此时的河道宽度为 56.6m。类似地，亦可以求出 *B* 点处河宽为 56.6m。对于 Landsat 8 OLI 影像而言，30m 的像素分辨率会造成与实际河道宽度之间存在差异，因此可以选用第 4 章中研究区的经过正射校正的资源三号卫星影像正视全色波段（ZY3 Nad）进行数据融合，以使其空间分辨率保持一致。

综上所述，本研究提出的基于遥感影像和 DEM 的河宽提取模型如图 5.7 所示。

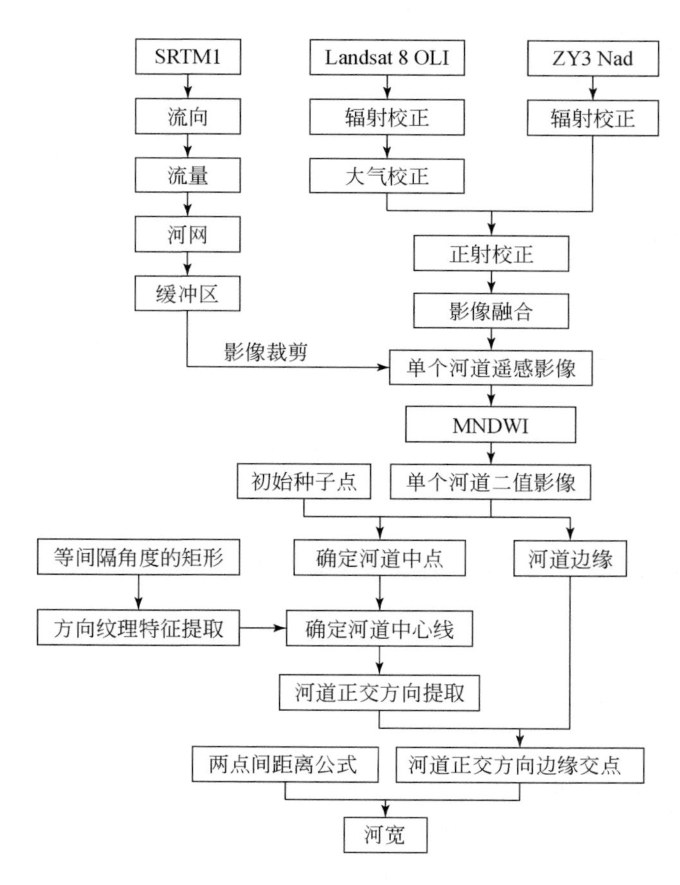

图 5.7　改进的河道宽度提取模型

5.2.3　遥感数据源

如图 5.7 所示，本章中主要使用的数据源分别是 SRTM1 数字高程模型、

Landsat 8 OLI 影像和资源三号卫星全色波段影像和。首先，使用 USGS Earth Explorer interface（https://eartxplorer. usgs. gov）提供的 SRTM1 DEM（1″×1″），作为基础河网和影像裁剪缓冲区的主要数据源；其次，Landsat 8 OLI 影像的绿波段和中红外波段则为 MNDWI 提取的主要波段影像；最后，资源三号卫星影像全色波段影像主要与 Landsat 8 OLI 影像融合使用，以使 Landsat 8 OLI 与其有相同的空间分辨率。此外，为了和图 5. 3 中模型进行对比，同样使用了 Google Earth 中的卫星影像，用以提取河宽和 α、β 的计算。具体的数据源如表 5. 1 所示。

表 5. 1　河宽提取主要数据源

数据产品	分辨率/m	数据获取	主要用途
SRTM1 DEM	30	https://eartxplorer. usgs. gov	基础河网和缓冲区
Landsat 8 OLI 影像绿色和中红外波段			MDNWI 计算
资源三号卫星正视全色波段影像	2. 1	http://www. satimage. cn/ [2023. 4. 10]	影像融合
Google Earth 卫星影像	1	http://earth. google. com/	提取河宽 α 和 β 的计算

5. 3　主要结果

5. 3. 1　基于遥感影像和 DEM 河道宽度提取结果

按照图 5. 7 所示算法模型，对千河流域河道宽度进行逐一提取，提取结果如图 5. 8 所示。

千河流域的支流宽度范围为 2. 7 ~ 174. 2m（表 5. 2）。整体呈现出从西北向东南逐渐变宽的趋势，南岸支流较北岸支流更宽（中部的黄土台塬区河道除外）。值得注意的是，断层截断的上、下游河段，其中上游普遍比下游河段窄。部分河道，断层上、下游两侧 100m 范围内，下游宽度是上游的 3 ~ 5 倍（图 5. 8 R4 和 R5），这一变化是否与构造隆升和基岩岩性有关，具体是对哪一段河道产生影响，仍需进一步讨论。

此外，为了评价河道宽度的结果，使用图 5. 3 中的何蒙等的河宽提取算法，对第 4 章中已提取出的每条支流及其 5×5 邻域范围内的河道创建缓冲区，进行邻域计算；其次，以表 5. 1 中的数据源为基础，进行坡度因子 f_s 和面积因子 f_a 的提取；最后，将支流按照等间隔划分为不同的河段，在河道上均匀采集部分样点，

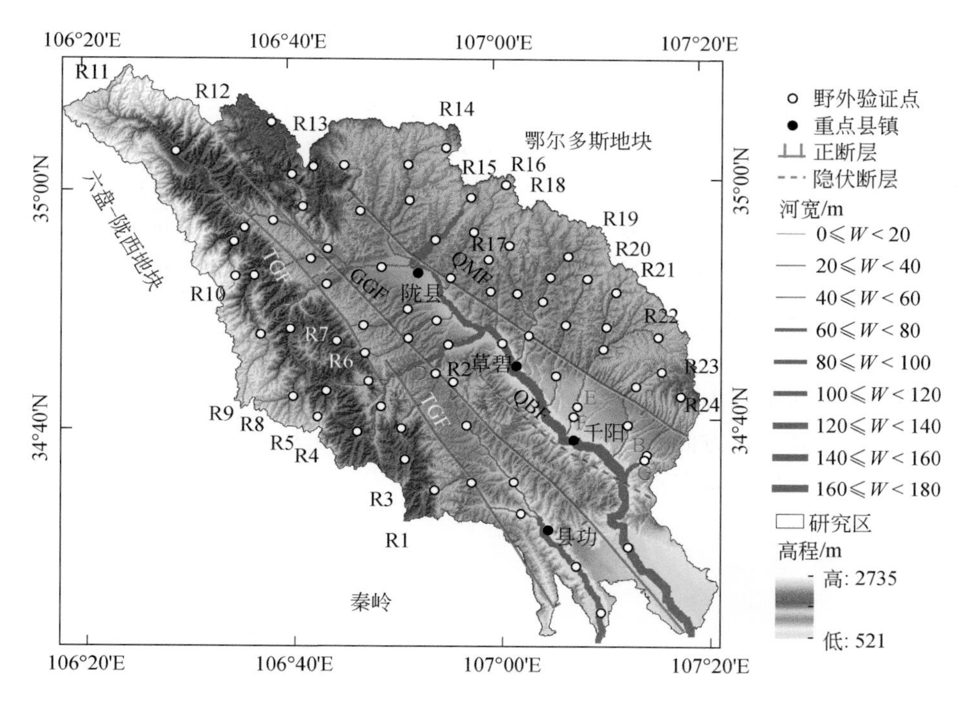

图 5.8　千河流域河道宽度分布图

并基于 Google Earth 高精度卫星影像，按照图 5.3 所示采集影像上的河段宽度 W_i（i 为河段编号）；再次，对 f_s、f_a 和 W_i 进行线性拟合，得到比例因子 α_j 和河源河宽 β_j（j 为支流编号）；最后，按照式（5.12）和河道 f_s、f_a 因子，计算得到整条支流的河宽分布。

表 5.2　千河流域河道宽度统计

编号	最小值/m	最大值/m	平均值/m	b'	均值 k_{wn} /10^{-3} $m^{0.59}$	编号	最小值/m	最大值/m	平均值/m	b'	均值 k_{wn} /10^{-3} $m^{0.59}$
R1	7.4	110.8	55.1	0.37	8.8	R8	2.7	174.5	91.9	0.46	9.5
R2	6.5	110.8	58.0	0.37	9.1	R9	8.1	174.5	86.0	0.3	7.7
R3	5.7	174.5	98.8	0.41	9.7	R10	4.9	174.5	93.4	0.32	8.6
R4	8.2	174.5	101.7	0.42	11.1	R12	8.6	174.5	88.8	0.33	8.6
R5	3.9	174.5	102.7	0.41	10.4	R13	3.3	174.5	96.2	0.39	8.9
R6	5.7	174.5	105.7	0.38	10.6	R14	5.2	174.5	98.1	0.39	10.6
R7	7.2	174.5	106.2	0.31	11.5	R15	3.5	174.5	107.5	0.38	12.5

续表

编号	最小值/m	最大值/m	平均值/m	b'	均值 k_{wn} /10^{-3} $m^{0.59}$	编号	最小值/m	最大值/m	平均值/m	b'	均值 k_{wn} /10^{-3} $m^{0.59}$
R16	5.8	174.5	102.6	0.37	8.7	R21	5.4	174.5	89.0	0.51	7.9
R17	6.8	174.5	112.9	0.35	12.7	R22	6.1	174.5	85.1	0.37	8.9
R18	4.3	174.5	97.5	0.38	10.4	R23	5.4	174.5	87.7	0.48	10.7
R19	3.5	174.5	99.7	0.35	10.3	R24	4.4	127.9	86.3	0.42	13.8
R20	6.3	174.5	94.9	0.32	10.6						

如图 5.9 所示，为实验中分别在南北两岸河道采集的 Google Earth 高精度卫星影像中的河宽，一方面用于何蒙等算法中比例因子 α_j 和河源河宽 β_j 的确定；另一方面，用以检验本研究算法的准确性。

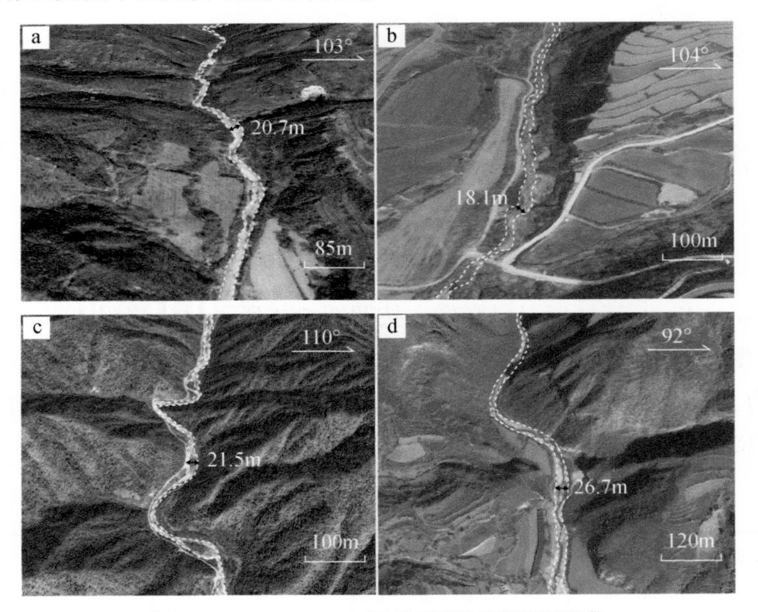

图 5.9　Google Earth 卫星影像河道宽度采集

a、b 为北岸河段；c、d 为南岸河段；白色虚线为河段边界；黑色双箭头为齐岸河流宽度；所用遥感影像数据为 Google Earth 卫星影像；a ~ d 对应图 5.8 中红色的 A ~ D

此外，为了验证本研究模型和何蒙等人模型提取的河宽结果（W_s）及其精度，均匀地在研究区选择了样点 75 个（图 5.8 中白色实心点），选取原则主要依据第 4 章中裂点类型、个数、断层上下游河道、基底岩性等因素。在野外依次对这些点进行了河宽数据（W_f）采集（图5.10），分别对两个提取模型的结果与野外实测河宽结果进行线性拟合，结果如图5.11所示。

图5.10　野外河宽测量

a、b、c、d分别对应图5.8右下角的B、E、F、G

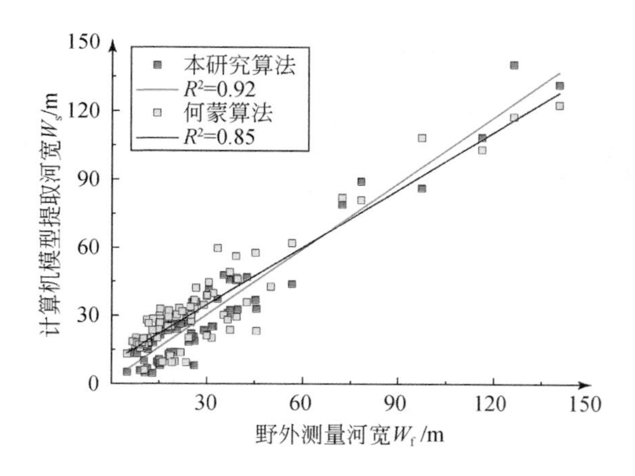

图5.11　河道宽度提取算法验证

分别本研究算法的拟合优度为 $R^2=0.92$，何蒙算法的拟合优度为 $R^2=0.85$，表明本研究提出的河宽提取模型结果更可靠，可以用于后续河道宽度指数的提取。而何蒙等提取的模型，一方面依赖于量测者的知识及经验，另一方面依赖于采样点的个数及空间分布是否均匀。特别是研究区处于宝鸡-陇县断裂带，河道受断层的隆升以及基底岩性的硬度影响，河道宽度已不再是向下游逐渐增宽的趋势（图 5.8），仅用一组比例因子 α 和河源河宽 β 计算得到的河宽来代替整条河道宽度，显然不能达到后续河宽-面积 b' 指数提取的要求。但可以通过将河道分段并逐段拟合，逐步优化才能得到更高的精度。

本研究沿千河南北两岸支流，选取千河流域中 8 条支流河段，分别对应于第 4 章中的无裂点河段、垂阶型裂点河段、单一坡断型裂点河段和双坡断型裂点河段（R2、R5、R6、R8、R14、R17、R20 和 R23），按照一定的采样间隔，绘制了这些河道的河道宽度沿程向下游迁移变化的空间分布图（图 5.12 和图 5.13）。

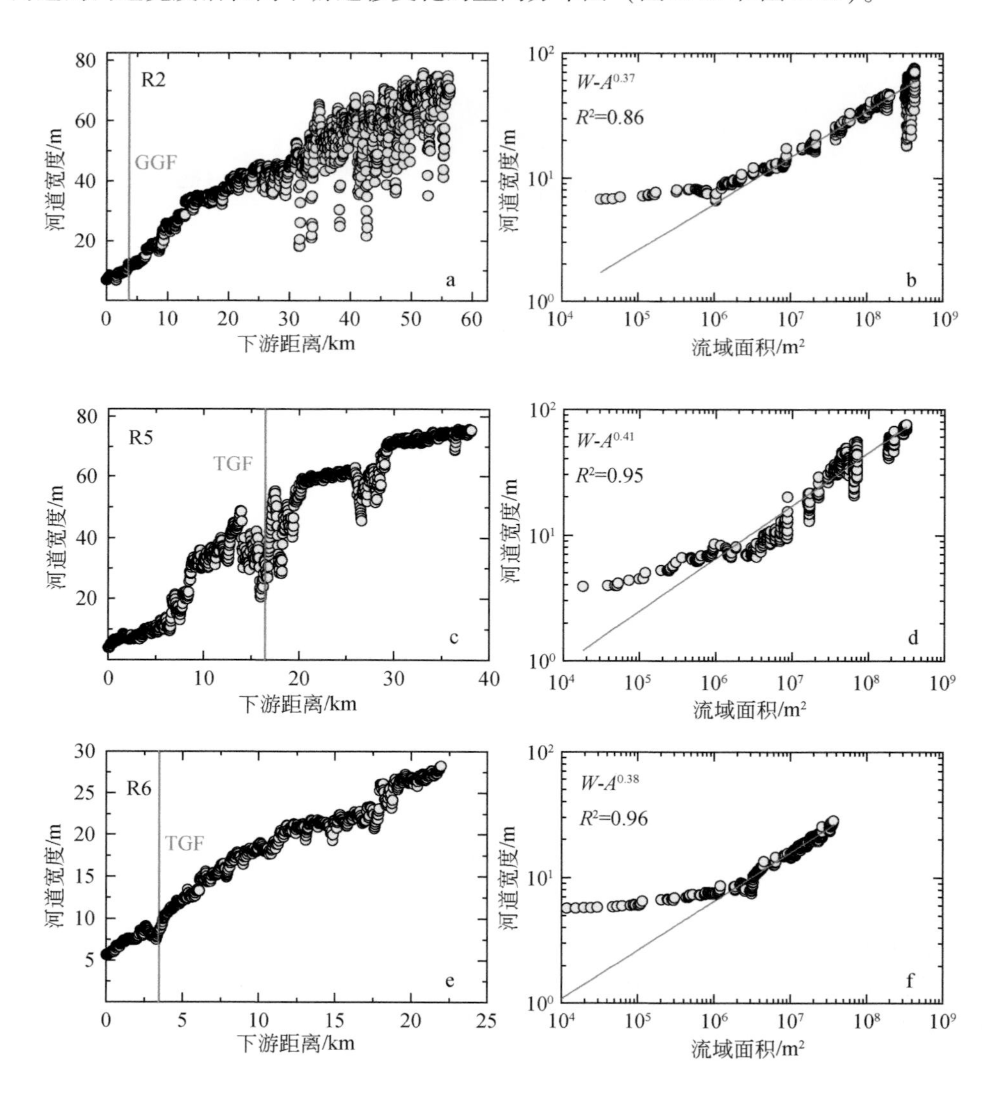

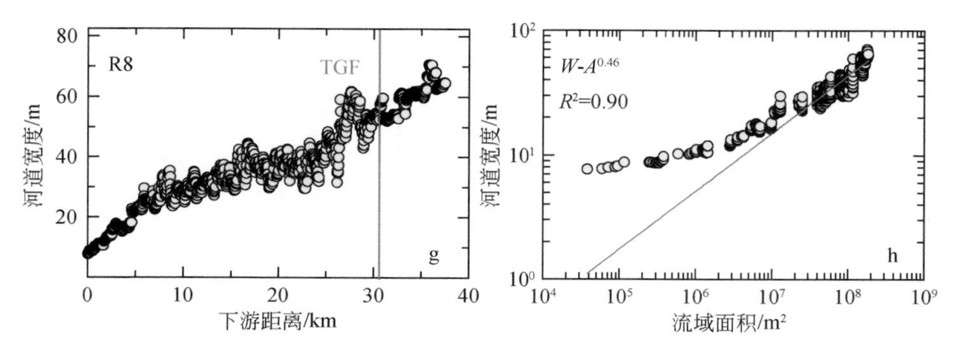

图 5.12　千河南岸典型河道宽度分布图

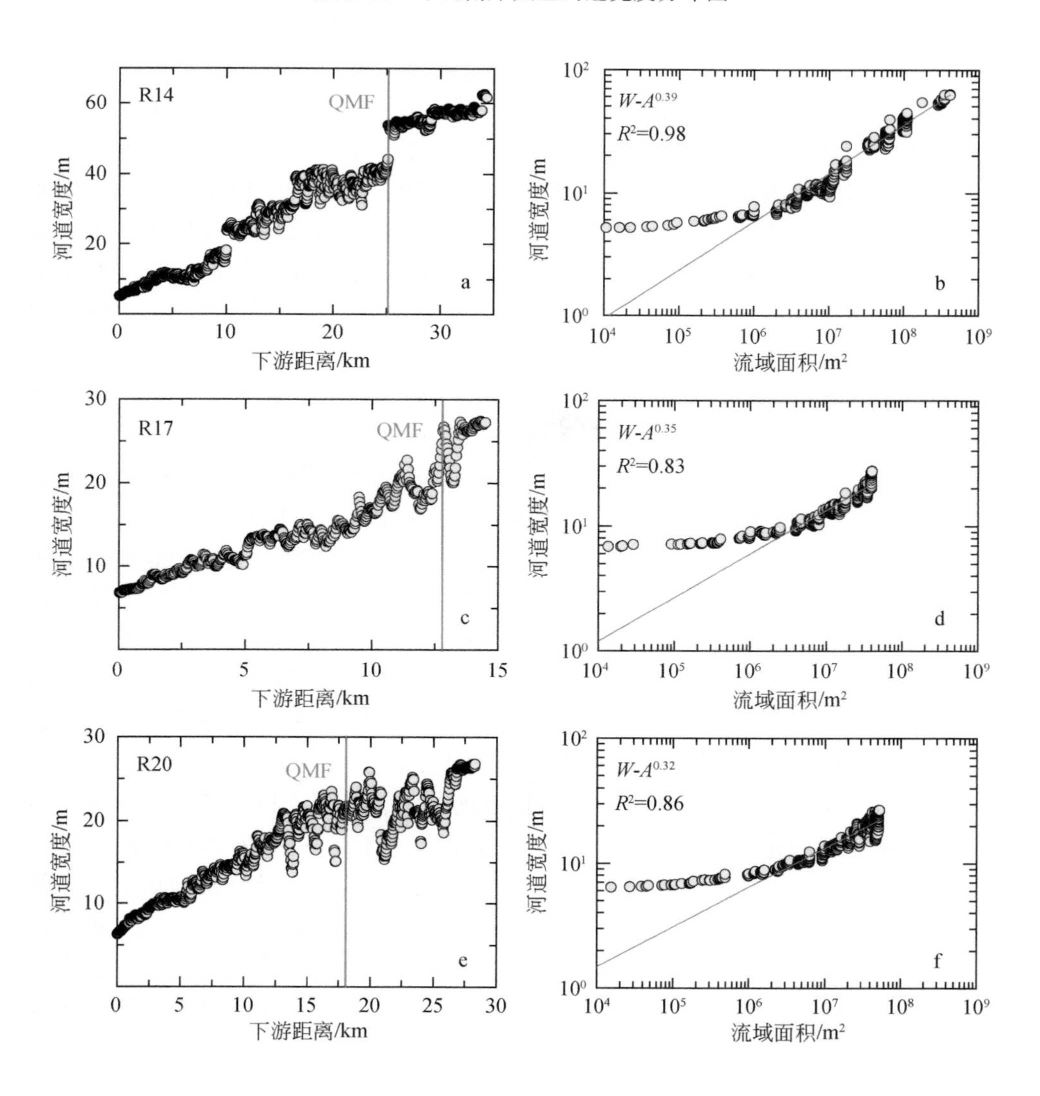

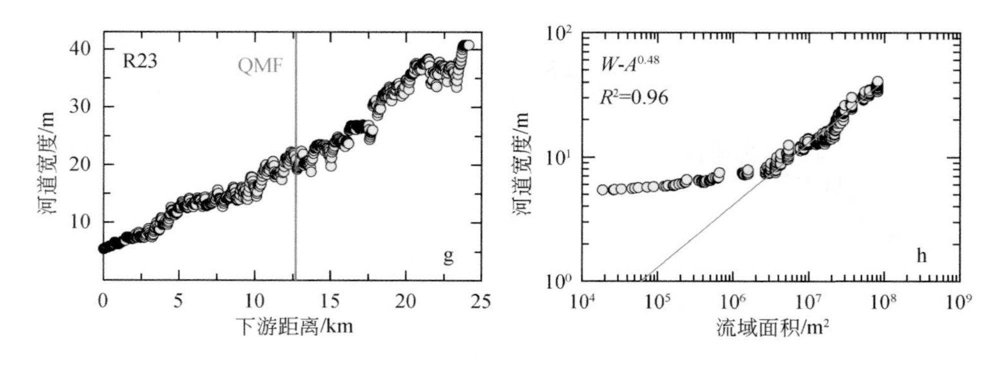

图 5.13　千河北岸典型河道宽度分布图

河道宽度的分布整体上沿河道向下游逐渐增宽（图 5.12 和图 5.13 中左列），而在靠近断层处的上游峡谷河段，河道呈现出局部变窄的趋势。可以推测，断裂上游的峡谷河段，由于断层的隆升，局部地表挤压，河道为了向下游侵蚀，只能通过狭窄的河道，才能满足隆升的变化影响，但是否同时受到基底岩性的硬度影响？如果两种因素同时影响河道宽窄，那么，哪种因素占据主导地位？河道宽窄的变化，是否也会如河道陡度一致（同时增大或减小，或一增一减）？这些问题需要进一步验证与讨论。

结合 SRTM1 数据得到的流域面积数据，分别绘制了南北两岸典型河道流域面积–河道宽度分布图（图 5.12 和图 5.13 中右列），并对支流河道宽度集进行幂函数拟合回归，结果显示流域面积–宽度指数 b' 值均值分别 0.37 和 0.39（表 5.2），介于 0.3 ~ 0.5，符合以往研究结论（Allen et al.，2013）。

为了进一步对比，分别选择南北两岸的河道 R5 和 R17，选择经验指数 b' = 0.45 作为宽度–面积指数，并对这两支支流进行相同指数的幂函数回归，结果表明，在相同的流域面积条件下，支流 R5 的河道宽度是支流 R17 的 2 ~ 3 倍（图 5.12 和图 5.13）。此外，由于千河流域南北两岸分别地处六盘–陇西和鄂尔多斯两大地块，两大地块之间为黄土台塬，相比之下，河段 R5 大部分处于高山带和低山带之间，而 R17 河段类比河段 R5 时，则大部分属于低山带（图 2.2）。因此，为了进一步对比地形的影响对河道宽度的调整，分别选择两条支流河道的高山带和低山带河段进行回归拟合，分别得到 R5 高山带 b' = 0.33 和 R17 低山带 b' = 0.35（图 5.14）。值得注意的是，而 R5 的河道面积–宽度指数 b' 则从全河段的 0.41 减小至高山带的 0.33（图 5.12d 和图 5.14a），R17 的河道面积–宽度指数 b' 没有明显的变化（b' = 0.35，图 5.12d 和图 5.14b）。这一变化表明河道宽度指数 b' 与地形位置有关，换言之，河道宽度–面积指数 b' 在高山带受地质地形的影响更大，高山带的河道宽度与流域面积的正相关关系弱于低山带河道。因此，在构造隆升的过程中，河道宽度–面积指数 b'是否也会产生对应的变化？

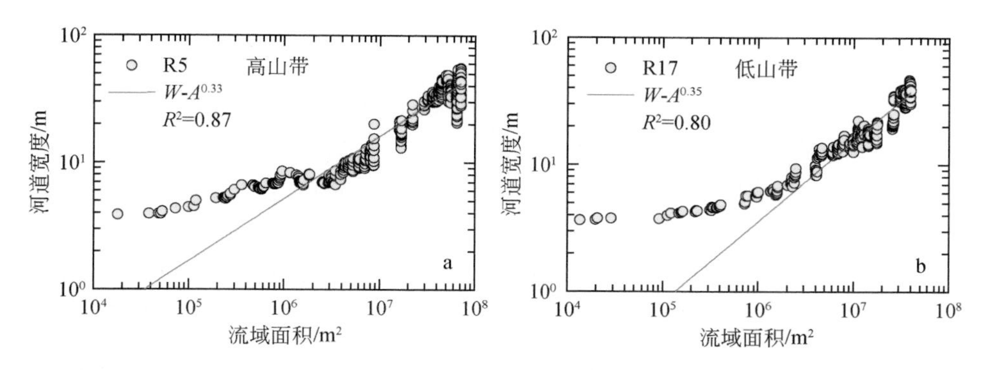

图 5.14　高山带和低山带河道宽度–面积双对数分布

5.3.2　归一化河宽指数 k_{wn} 提取

根据式（5.8）以及参考面积–河宽指数（$b_{ref}=0.45$），可得千河流域归一化河宽指数 k_{wn} 的空间分布图（图 5.15），千河流域归一化河道宽度指数为 $0\times10^{-3}\sim156\times10^{-3}\mathrm{m}^{0.59}$，均值为 $9.3\times10^{-3}\mathrm{m}^{0.59}$，其中，南、北两岸归一化河道指数 k_{wn} 分别处于 $7.7\times10^{-3}\sim12.5\times10^{-3}\mathrm{m}^{0.59}$ 和 $5.9\times10^{-3}\sim13.8\times10^{-3}\mathrm{m}^{0.59}$，平均值分别为 $9.7\times10^{-3}\mathrm{m}^{0.59}$ 和 $10.4\times10^{-3}\mathrm{m}^{0.59}$。因此，南岸河段 k_{wn} 较北岸河段低。此外，西北侧河段（R9、R10、R11 北段、R12）的 k_{wn} 整体偏低（$0\sim8\times10^{-3}\mathrm{m}^{0.59}$），而东南河段 k_{wn} 整体较高（$8\times10^{-3}\sim16\times10^{-3}\mathrm{m}^{0.59}$），整个流域归一化河道宽度指数 k_{wn} 呈现出自西北向东南逐渐升高的趋势，同时，在千河流域边界处达到最大。

此外，为了研究单一河道 k_{wn} 响应区域构造差异性隆升的变化，对穿越 TGF 和 QMF 的河道分成上下游两端，并分别计算和统计 k_{wn} 的变化。结果显示，单一河道的 k_{wn} 沿程逐渐向下游递减，并穿越断层后趋于稳定。高隆升速率的南岸穿越 TGF 的单一河道上、下游河段的 k_{wn} 均值分别为 $9.3\times10^{-3}\mathrm{m}^{0.59}$ 和 $11.2\times10^{-3}\mathrm{m}^{0.59}$，而低隆升速率的北岸穿越 QMF 的单一河道上、下游河段的 k_{wn} 均值分别为 $9.6\times10^{-3}\mathrm{m}^{0.59}$ 和 $10.7\times10^{-3}\mathrm{m}^{0.59}$。这一结果说明归一化河道宽度指数 k_{wn} 会因为构造隆升而降低，且上游河道 k_{wn} 整体上低于下游河道。特别地，对于特定的单一支流而言，k_{wn} 的最大值存在于上游裂点附近的河段，当河流沿程流至断层处时，k_{wn} 处于局部极小值，再递增后趋于稳定（图 5.15a）。

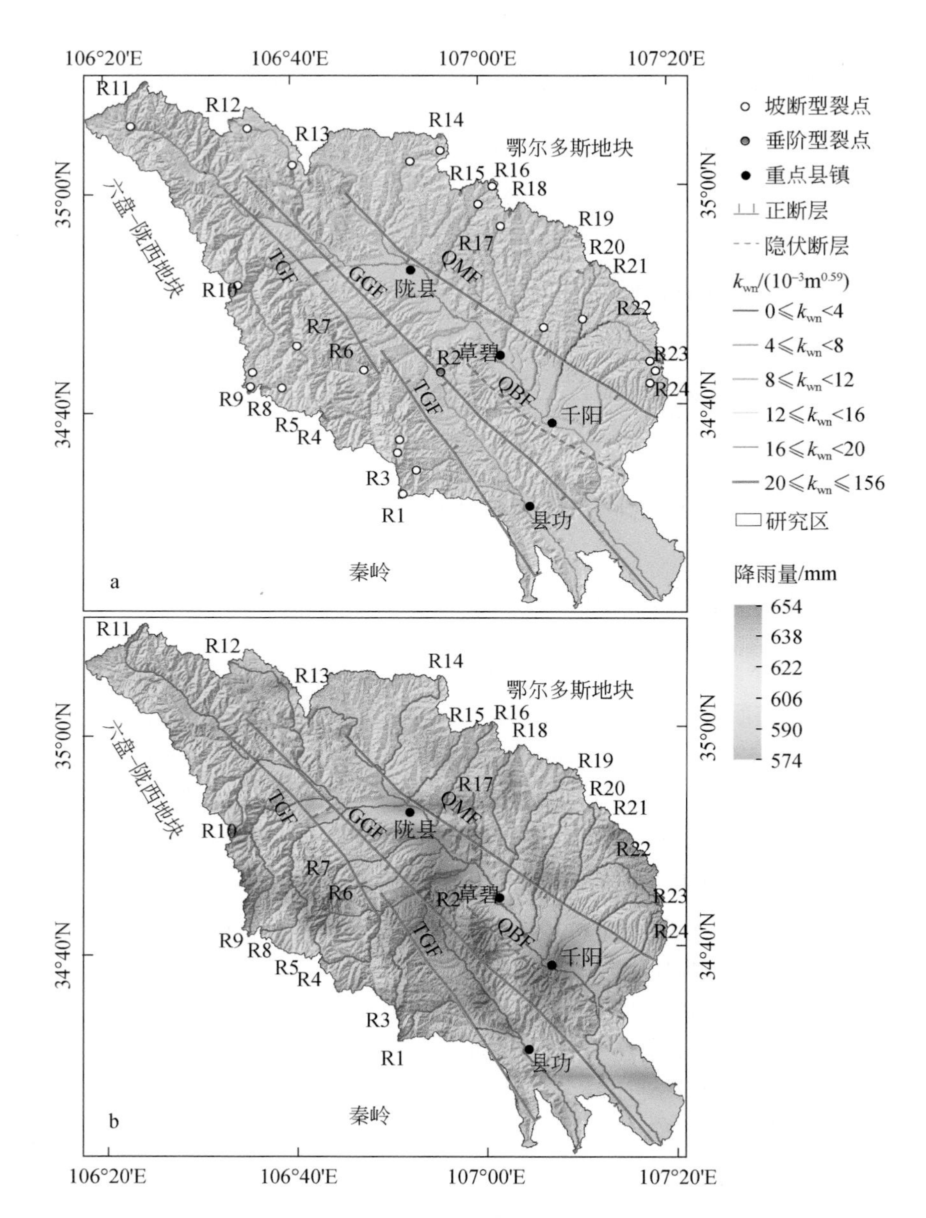

图 5.15　千河流域河道宽度指数分布与降雨

a-千河流域归一化河道宽度指数 k_{wn} 分布图；b-为千河流域河道降雨分布图

5.4　千河流域河流横截面响应构造隆升

5.4.1　千河流域河流宽度变化的成因

晚更新世以来，随着构造快速隆升和水系侵蚀的相互作用，两岸河道宽度随下游距离的增加而表现出不同，南岸河道宽度向下游增加的速率高于北岸，但河流在断层处上、下游河道宽度存在差异。千河流域南北两岸支流同属千河流域，源于陕西省宝鸡市陇县西北端，气候相近，具有相同的侵蚀条件，但南北两岸河道宽度的调整幅度和方式存在不同。在相同的流域面积条件下，断层上游的北岸支流 R17 的河道宽度是南岸支流 R5 的 2 ~ 3 倍（图 5.12 和图 5.13）。事实上，控制河道宽度–流域面积关系的变化也可以归结为气候降雨、构造隆升和基岩抗蚀（Wohl and David，2008；李琼等，2015），但尚不清楚哪种因素占据主导。为了探究该区河道宽度的变化方式及成因，对流域河道宽度进行进一步对比分析。

首先，从气候变化来看，降雨增大了河道的流量，水系对河道的侵蚀作用也逐渐增大，因此，河道宽度也随着时间的推移向下游逐渐增大，河道 k_{wn} 也逐渐增大。千河流域河道宽度自西北向东南逐渐增大，归一化河道宽度指数也随之增大（图 5.5 和图 5.15a）。然而通过对比第 4 章获取的千河流域地貌的 2003 ~ 2018 年的年平均降雨量分布图（图 5.15b），并未显示出明显的南北或东西线性方向特征，因此，短时间内该流域年降雨量并没有表现出明显的 NW–SE 线性变化趋势。而从长时间考虑，也并未表现出线性变化，且全新世以来，气候极其干燥寒冷（Shi et al.，2018）。因此，该流域河道宽度的调整并不可能是降雨的结果。

其次，从岩性角度来看，有研究表明岩石侵蚀速率在侵蚀力一定的条件下，与抗张强度的平方成反比（Sklar and Dietrich，2001），这意味着岩性在河道侵蚀过程中，基岩河道的岩石性质（强度、解理）在河道的下切侵蚀过程中有着举足轻重的作用（胡小飞等，2014）。这是因为当河道流量保持一定时，河流必须有足够的侵蚀力才能通过两侧抗蚀性极强的基岩，才能保证河流平缓向下游流出。而要保证足够的侵蚀力，一方面可以减小河道宽度，另一方面则可以增加河道两侧的坡度。Montgomery 和 Gran（2001）利用野外宽度测量认为，在岩石更硬的花岗岩和石灰岩地段，河道宽度更窄，且当河流从抗蚀性更弱的河段经过基岩更硬的岩石时，河段变窄，同时也意味着这些河段的抗蚀性更强。如图 2.1 所示，TGF 以南为抗蚀性更强的花岗岩，这些河段（R1、R3 ~ R10）的河道宽度普遍更窄，平均宽度为 20.4m。而当河流流至 TGF 以北（TGF 和 GGF 之间），这些河段（R1 ~ R9）岩性主要为白垩系红色砂岩以及第四系黄土，两侧基岩抗蚀性减弱，河道宽度逐渐增加，平均宽度为 55.7m。而当河流流经 GGF 以北，这些河段（R2 ~ R7）则为新近系红黏土和奥陶系白云质灰岩，抗蚀性强于砂岩和黄土，弱于花岗岩，河道平均宽度变为 32.7m。而千河北岸支流河道（R13 ~ R24），即 QMF 以北山区，岩性主要为白垩红色砂岩和砂质泥岩以及大面积的第四系黄土，整体与 TGF 和 GGF 之间相同，基岩抗蚀性弱于南岸，平均河道宽度为 17.2m。至于 QBF 以及 QMF 之间的第四系黄土河段，抗蚀性是最弱的，两岸河道宽度均为最大，北岸支流宽度更大（北岸河段 R18 ~ R24 平均宽度为 36.2m，南岸河段 R6 和 R7 平均宽度为 28.8m）。因此，河道基岩岩性的变化是千河流域河道宽度调整的一大主要因素。

最后，千河流域两岸河道出山口河流阶地的存在（图 2.3），已经证实了该流域经历了明显的构造隆升过程，南北两岸之间河道下切速率相差1.4 ~ 1.5 倍（北岸河道下切速率为 0.12 ~ 0.45m/ka，而南岸下切速率为 0.08 ~ 0.33m/ka，图4.23 和表4.10），尽管传统地质调查方法中常将抬升速率和下切速率视为近似相等关系，但两者并不是一一对等关系（刘小丰等，2011），因为地貌分异也会造成河道下切速率的增加（李勇等，2005）。特别地，在第 4 章中河道陡度指数所揭示的千河流域支流河道并没有处于均衡河道。因此，在千阳阶地台塬区（图 2.2a），南岸河道的抬升速率比北岸低，而对于整个千河流域，南岸河道的抬升速率更高，这种差异性抬升与区域断层活动息息相关。而控制千河流域南北两岸高、低山带之间的构造差异性隆升的主要活动断层是 TGF 和 QMF，而这些断层的抬升量差异造成了千河流域高、低山带河流的下切速率的不同。

而构造和河道宽度的关系，主要表现在断层南北两侧的河道宽度的调整。具体来说，控制南岸支流的主要断裂为桃园–龟川寺断层 TGF 和固关–虢镇断层 GGF，桃园龟川寺断层以南河段（六盘–陇西地块高山带），河道宽度保持在 5 ~ 55m，穿越 TGF 至 GGF 之间（低山带），河道宽度迅速增加 55 ~ 105m，而当河道再次穿越黄土丘陵地区（GGF 以北），河道宽度又逐渐变窄至约 88m。因此，在南岸河道宽度整体呈现出自西向东“窄–宽–窄”模式，且 TGF 以南高山带河道宽度比 GGF 以北低山丘陵区河道宽度更窄。而千河北岸支流河段，岐山–马召断层以北河段（鄂尔多斯地块西南缘高山带），整体偏窄，河道宽度为 5 ~ 60m，向下游穿过 QMF 至千阳台塬区，河道宽度增至约 80m。

特别地，部分河道穿越断层后，河道宽度逐渐增加，而另外一些河道在穿越断层后，则呈阶梯状或成倍递增。如南岸支流河段 R6，穿越 TGF 后，河道宽度逐渐递增，并未出现明显的峰值，而河段 R5 在穿越 TGF 后，河道宽度呈现出阶梯状递增。类似地，北岸支流 R14 穿越 QMF 后呈阶梯状递增，而支流 R23 穿越

QMF 后逐渐递增，没有表现出明显的异常峰值。

千河流域南北两岸支流河段宽度的变化及调整模式，与该区活动断裂的活动性强度有关，同时也可能受到西侧来自青藏高原东北缘向东扩展的影响。千河流域位于青藏高原东北缘与鄂尔多斯地块的接触地带，晚更新世以来，研究区经历了古近纪、中新世、上新世—第四纪三个不同的挤压变形演化时代，这与渭河盆地的形成有关（Qu et al.，2018）。盆地从形成初期的主应力轴（NWW-SEE 方向的拉应力逐渐偏转发育到现今 NW-SE 方向的拉应力和 NE-SW 方向的压应力（图3.13d）。而青藏高原东北缘向东挤压的构造应力致使鄂尔多斯地块西南缘发生了逆向翻转，以及北岸的岐山马召断裂的部分左旋走滑正断性质（左旋走滑速率为0.5～1.5mm/a），致使研究区北窄南宽，呈束状向南插入渭河盆地（樊双虎等，2020b），主要活动断裂最终与秦岭北麓断裂相连接。而垂直位移量则显示出由北向南递增的趋势，特别是研究区东南侧垂直位移量高达80m。研究区南岸高山带主体位置受青藏高原东北缘在全新世以来的构造活动以及扩展运动影响颇深。而固关-虢镇断裂和千阳-彪角断裂自晚更新世以来已无明显的水平垂直运动，仅在遥感影像上可明显看出 GGF 作为坡度分界线（图2.2a），因此其受青藏高原东北缘挤压扩展运动影响弱于 TGF 和 QMF（石卫，2011）。因此，可以推测，晚更新世以来，千河流域内 TGF 和 QMF 在晚更新世以来的强烈构造活动以及青藏高原向东北向扩展运动，对千河流域南北两岸支流产生了不同的影响，致使两岸河流在分别穿越 TGF 和 QMF 后，河道宽度表现出了不同的调整。

综上所述，千河流域主要断层的活动控制了该流域的差异性构造抬升，从而造成了支流河道穿越该区活动断层时，河道宽度被断层活动控制与改变，河道基底岩石的抗蚀性同样影响着河道宽度的变化。因此，千河流域河道宽度的调整模式、范围和大小与该区域活动断层的运动方式和活动性强度及基岩抗蚀性等有关，且构造活动为主要影响因素。

5.4.2　千河流域河流宽度揭示的构造意义

晚更新世以来，千河流域河道宽度也经历了对应的调整，从而响应该区由构造差异性隆升变化引起的地貌运动。具体地说，在千河流域，支流河道的河宽逐渐穿越断层向下游调整变化，可以间接反映研究区的抬升速率。河道宽度-面积双对数图（lg-lg W-D，WD plot）是研究流域地貌中河道宽度受构造运动影响向下游变化的有效工具之一（李琼等，2020）。在4.4.2节中归一化陡度指数 k_{sn} 的分布表明千河流域南岸的隆升速率高于北岸，整体上呈现出自西北向东南逐渐降低的趋势。而对千河流域南北两岸河道宽度集进行全幂函数拟合回归，高抬升速率的南岸支流河道宽度随流域面积的增速小于北岸，流域面积-宽度指数 b' 值均值分别 0. 37 和 0. 39（表 5. 2），且宽度–面积指数 b'整体从西北向东南逐渐增加，如北岸支流从西北端的 0. 33 增加到东南侧的 0. 48，南岸支流则从西北侧的 0. 30 增加到西北侧的 0. 42（表 5. 2）。对高隆升速率的西北侧支流和低隆升速率的东南侧支流，分别对河道宽度进行幂函数拟合可知，西北侧支流河段的河道宽度向下游增加的速率低于东南侧河道宽度，宽度–面积指数 b'值分别为 0. 36 和 0. 40。

此外，对支流 R17 而言，低山带河道宽度和全数据集河道宽度–面积指数 b'没有明显的变化（b'=0. 35，图 5. 12d 和图 5. 14b），而南岸支流河道 R5 的河段宽度–流域面积指数 b'则从全河段的 0. 41 减小至高山带的 0. 33（图 5. 12d 和图 5. 14a）。这一现象表明，高山带河道宽度向下游增加的速率低于全河道宽度数据集，这意味着区域地形的局部升高会引起河道上游宽度的变窄，而地形起伏变化与地质构造的隆升相关。更具体地说，高山带河道所代表的高隆升速率河段宽度窄于低隆升速率的低山带河道宽度，即高抬升速率的地区河道宽度整体比较狭窄，而低抬升速率的地区整体较为宽阔。这一结论与以往研究保持高度一致（李琼等，2015）。

值得注意的是，从河道宽度向下游延伸响应区域构造隆升来看，并不是所有的支流河道宽度与区域隆升速率保持如上所述的变化趋势，但仅在部分支流河道存在异常。具体来说，如图 5. 8 所示，支流河道 R8、R17、R20 和 R23 分别在控制千河流域地貌的主断裂（TGF 和 QMF）的上游河段，不仅具有较高的隆升速率，同时具有更狭窄的河道宽度，而在穿越这些主断裂后，河道宽度明显变得更加宽阔（图 5. 12 和图 5. 13）。特别地，南岸支流 R5 和 R14，在穿越 TGF 之前，河道宽度尽管非常狭窄，但整体没有表现出太大的波动，而当穿越 TGF 后，隆升速率降低，河道宽度突增，部分河段是未穿越 TGF 河段宽度的 2 倍 ~3 倍（图 5. 12 和图 5. 13）。然而，支流河道 R6 和 R23 与构造隆升速率的变化没有显示出很大的波动，尽管这些河段也分别穿过了 TGF 和 QMF。另外，值得注意的是，支流河段 R2 通过了断裂 GGF 后，河道宽度表现出明显的波动（图 5. 12a），但是其隆升速率没有明显的波动，因其河道裂点为垂阶型裂点（图 4. 11）。根据第 4 章的结论，这一现象的产生与基底岩石抗蚀性有关，不仅在 SA 图上产生了垂阶型裂点，同时导致河道在穿越断裂后呈现出剧烈波动的现象，该结论与以往研究保持一致（李琼等，2020）。

事实上，和归一化陡度指数 k_{sn}一样，归一化河道宽度指数 k_{wn}同样也能响应构造差异性隆升，但整体上和 k_{sn}的变化趋势相反，即整个千河流域归一化河道宽度指数 k_{wn}呈现出自西北向东南逐渐升高的趋势（图 5. 15a），且南岸归一化河道宽度指数低于北岸（表 5. 2）。这意味着河道宽度指数 k_{wn}与河道宽度变化趋势保持一致，从西北侧向东南侧逐渐向下游增宽，同时，高隆升速率的河道 k_{wn}更低，低隆升速率的河道 k_{wn} 反而更高。此外，在 5.3 节中主要结果也表明，河道在上游裂点处 k_{wn} 处于最大，而后穿越断层前，河宽变窄，k_{wn} 偏低，而通过断层后，河宽显著变宽，k_{wn} 也随之增大。当然，也有一些河道的 k_{wn} 没有产生剧烈的波动（如 R6），我们推测，与河道所在的基底岩石的抗蚀性有着密切的相关性。此外，我们也注意到流域边界处的 k_{wn} 值极高，部分河道超过了 $20\times10^{-3}\,m^{0.59}$，一方面与河网提取时所用的汇流累积量阈值有关，另一方面与流域边界分水岭的调整有关。正是在青藏高原东北缘向东北方向的持续挤压作用，致使河道分水岭位置不断调整，从而导致河道上游流域面积极小，产生更大的 k_{wn}［式（5.8）］。

综上所述，对千河流域支流河道开展的宽度变化调整等相关研究发现，该流域内支流河道向下游穿越活动断层后，河道宽度的变化是响应该区域内构造差异性隆升的又一佐证。

（1）千河流域南岸构造隆升速率的升高致使其河道宽度、宽度–面积指数 b' 值和归一化河道宽度指数 k_{wn} 低于隆升速率更低的北岸，整体上呈现出从流域西北侧向东南侧逐渐升高的趋势。

（2）对于单一河道而言，河道穿越断裂之前，河道宽度、宽度–面积指数 b' 值和归一化河道宽度指数 k_{wn} 偏低，河道侵蚀下切的速率也随之增大，而当河道穿越断裂向下游侵蚀，河道宽度、宽度–面积指数 b' 值和归一化河道宽度指数 k_{wn} 则随之变大，河道侵蚀下切的速率也随之减小。

5.4.3　单位河道功率

尽管河道宽度、河宽–面积指数 b' 值和归一化河道宽度指数 k_{wn} 指数可以响应构造差异性隆升速率，但并没有有效地综合考虑坡度的影响。事实上，地貌的演变可以同时考虑纵剖面（坡度）和横截面（河宽）两方面的影响，从而响应区域构造的差异性隆升。因此，仍需进一步探索河道宽度和坡度同时在构造运动条件下的响应结果及程度。河道功率（stream power）是河道下切和泥沙输送能力的表征参数（Bagnold，1966），这是限制剥离类（detachment-limited models）河道下切模型（Tucker and Whipple，2002）中的重要参数之一，主要研究基岩河道的下切侵蚀，其值变化取决于水流随重力下移所产生的势能差（李琼，2015），目前的研究主要侧重模型应用与校正（李琼，2015）。

如图 5.16 所示，河流从 A 点流至 B 点的高差为 h，产生的重力势能（E_p）可以按式（5.15）表征：

$$E_p = mgh \tag{5.15}$$

式中，m 为河流质量；g 为重力加速度。式（5.15）可以进一步根据河流的体积（V）转化为

$$E_{\mathrm{p}}=\rho Vgh \tag{5.16}$$

式中，V 为流体体积；ρ 为河水的密度。

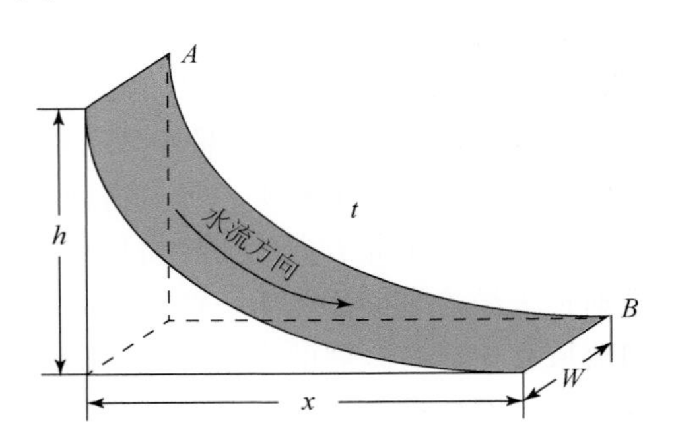

图 5.16　河道功率参数示意图

因此，河流在时间 t 内流经距离 x，而河道功率（Ω）（也即河道势能的消耗量）可按式（5.17）表示：

$$\Omega=\frac{E_{\mathrm{p}}}{\Delta t\Delta x}=\frac{\rho Vgh}{\Delta t\Delta x} \tag{5.17}$$

而流量（Q）和局部的坡度（S）也可以表示为

$$Q=\frac{V}{\Delta t} \tag{5.18}$$

$$S=\frac{h}{\Delta x} \tag{5.19}$$

因此，式（5.16）可以转化为

$$\Omega=\rho gQS \tag{5.20}$$

而为了表征单位面积上的河道功率，式（5.20）则进一步表示为

$$\omega=\frac{\Omega}{W}=\frac{\rho gQS}{W} \tag{5.21}$$

式中，ω 也被称为单位河道功率（$\mathrm{W/m^2}$），常用来记录区域构造地貌单元的侵蚀变化程度（Whittaker et al., 2007），表示单位河道宽度内河床的下游能量耗散率，可以反映断层下盘随着构造隆起的幅度和分布而变化（Cowie et al., 2008）。

此外，河道下切侵蚀速率和单位河道功率也满足幂律关系，这意味着：

$$E=k_{\mathrm{b}}w^{a}=k_{\mathrm{b}}\left(\frac{\rho gQS}{W}\right)^{a} \tag{5.22}$$

联立式（5.2）和式（5.3），式（5.22）可转化为

$$E=k_{b}\rho^{a}g^{a}k_{w}^{-a}k_{q}^{a(1-b)}A^{ac(1-b)}S^{a} \tag{5.23}$$

这意味着其符合侵蚀速率的通式 $E=KA^{m}S^{n}$，其中：

$$K=k_b\rho^a g^a k_w^{-a} k_q^{a(1-b)} \tag{5.24}$$

$$m=ac(1-b) \tag{5.25}$$

$$n=a \tag{5.26}$$

如图 5. 17 所示，绘制了千河流域河道功率（Ω）和单位河道功率（ω）分布图。河道功率（Ω）的变化主要呈现出从流域分水岭向下游干流河道逐渐升高的趋势（图 5. 17a），这反映了河道从更高的坡度向下游迁移所需要做的功。具体来说，南、北岸河道功率均值分别为 19. 743kW 和 19. 527kW，表明坡度更高的南岸支流河道向下游迁移需要做的功更多，重力势能差更大。而对于单一支流河道，将穿越 TGF 和 QMF 的河道分为上、下游河段，并统计计算了河道功率，其中南岸上、下游河道功率均值分别为 15. 631kW 和 32. 786kW，而北岸上、下游河道功率均值分别为 13. 462kW 和 27. 396kW，说明南岸河道上游河道沿程向下游迁移时，重力势能差更大。

尽管如此，这一参数可能仍并不能完全表征整个流域的变化趋势，因为忽略了河道宽度对河道下切侵蚀的响应，特别是一些河道沿程向下游迁移时，河道功率并没有产生巨大的波动（R6 和 R7）。此时，单位河道功率则成为表征河道下切更为有利的工具。每条支流河道中单位河道功率的演化，可以衡量每条河道响应断层的隆起速率（Kent et al., 2020）。千河流域单位河道功率整体呈现出从西北向东南逐渐降低的趋势（图 5. 17b），且南岸单位河道功率高于北岸（南、北两岸单位河道功率均值分别为 1843W/m^2 和 1362W/m^2）。这一结果与 k_{sn} 的变化趋势一致，间接说明千河流域隆升速率从西北向东南逐渐降低。但是对于单一支流的单位河道功率，是否也如河道功率一样，逐渐从上游向下游降低呢？

为了更直观地展示千河流域支流河道在构造隆升的作用下单一河道的单位河流功率分布情况，选取南北两岸共计 6 条支流河道，并绘制了单位河道功率分布图沿程分布，结果如图 5. 18 所示。虽然经历不同断层抬升速率的 6 条河流的单位河道功率峰值和最大平均值不同，但具有相同的变化趋势。单一河道单位功率整体表现出“先增后减”的趋势，且在未穿越断层前达到峰值（图 5. 18）。以南岸支流河道 R8 为例（图 5. 18c），河道功率从上游的最小值$<$100W/m^{2}逐渐增长到离活动断层上游约 4km 处达到最大（1561W/m^2）。而后逐渐向断层方向逐渐降低，特别地，断层处的河道功率约 1200W/m^2，而对岸的 R17 在断层处的河道功率只有 830W/m^2。断层附近的水流势能值有增大的趋势，而在其后又下降，且裂点前后河道的 ω 变化很快。这可能与河道宽度的分布或局部河道坡度有关，断层附近河道更陡。重力势能的改变引起上游河道需要更大的下切，即更陡的坡度。这种变化逐渐传播到上游裂点，也更有力地证明裂点是在断层隆起时形成的并不断迁移的，而峰值所处的位置在河道中的位置有所差异，可以推测与河道基

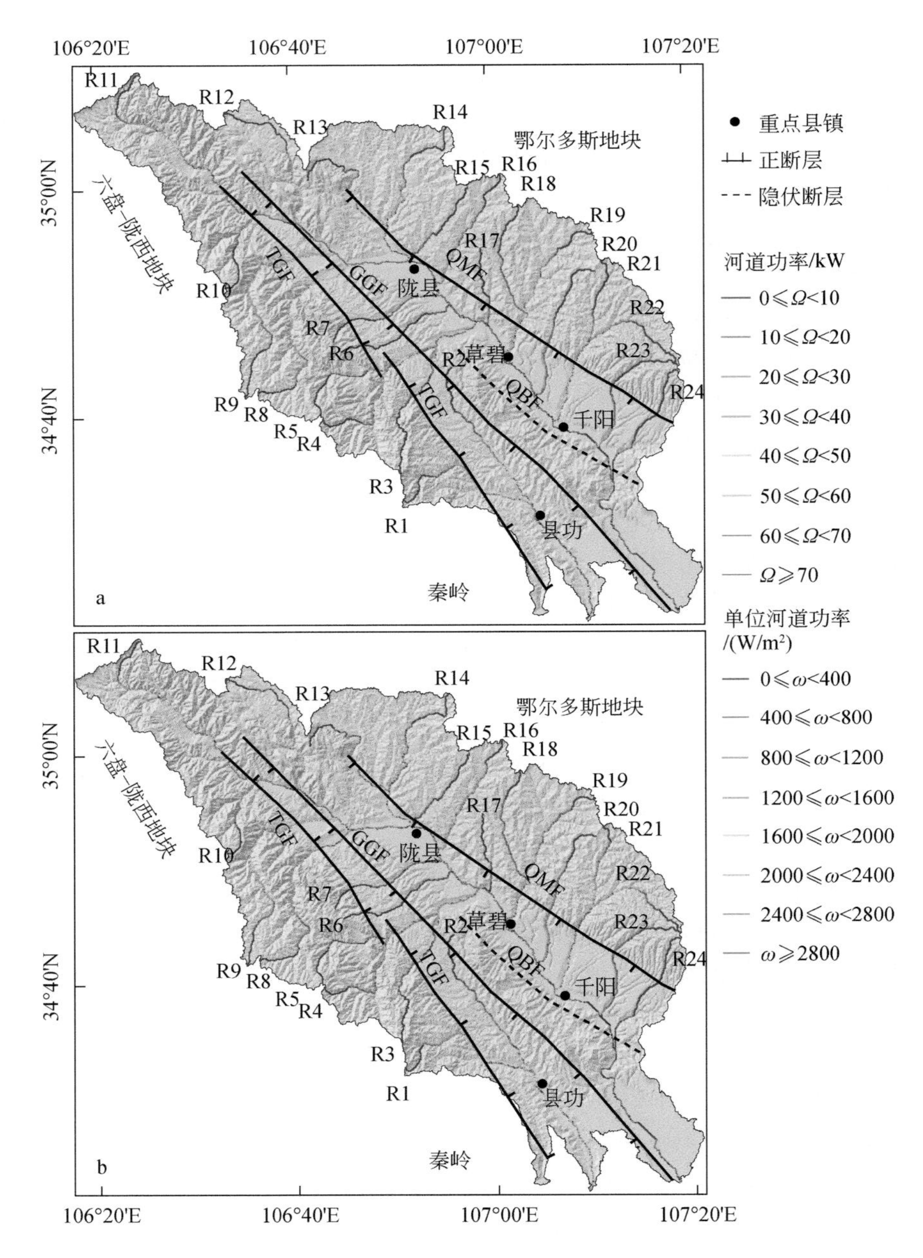

图 5. 17　千河流域河道功率分布图

a-河道功率分布图；b-单位河道功率分布图

底岩性硬度有关（图 5.18a 和 c）。河流功率自硬变质岩的裂点下游显著增加，然后在遇到软沉积岩的断层处或向断层方向迅速下降，尽管裂点处的基岩岩石硬度很大，但仍处于河道功率极小值（<100W/m^2），这与目前相关河流下切模型

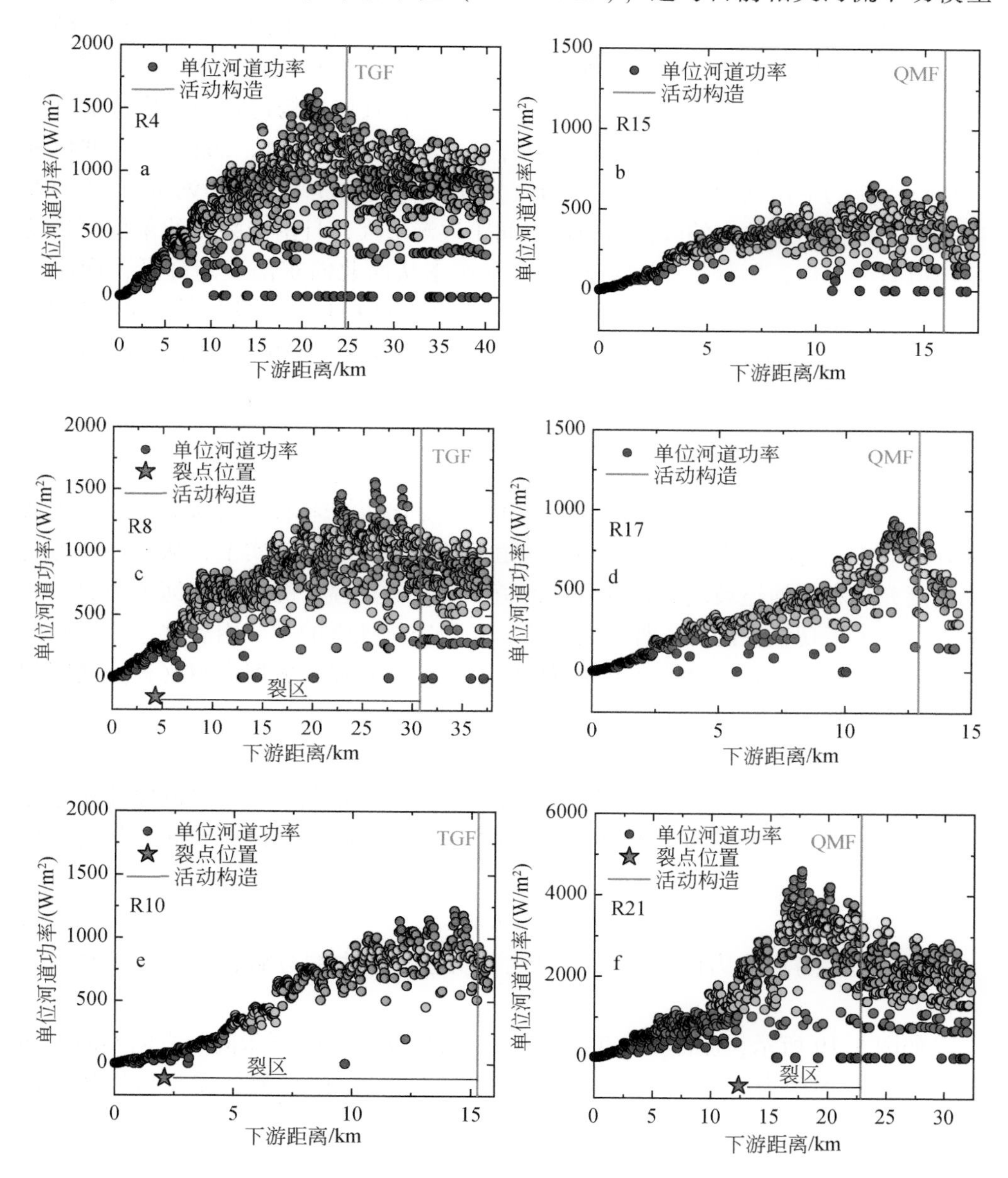

图 5.18　典型单位河道功率分布图

结论保持一致（Kent et al.，2020）。这一结果有力地证明了断层会引发河道上游势能的改变，而河道最大势能与河道功率峰值处的岩性有关。

假设河流下切与构造隆起保持相等，仅靠岩石硬度的变化是无法完全解释所观测到的单位河道功率的变化的，因此必须得到比较断层上游裂区（裂点至断层距离）的单位河道功率。研究表明，河道功率峰值位置可以代表河道受断层隆升的位移速率（满足“限制剥离”河道下切模型），且如果构造是裂点形成的唯一元素，那么构造隆升速率与单位河道功率成正比（Kent et al.，2020）。西北侧和东南侧支流的单位河道功率峰值的均值分别为 1935W/m^2 和 1400W/m^2，从西北向东南，单位河道功率的峰值与裂点的间距逐渐增大，且南岸裂点的单位河道功率峰值高于北岸，因此，千河流域的隆升速率从西北向东南逐渐降低，南岸受 TGF 的隆升作用较北岸更强，隆升速率约是北岸的 1.4 倍。综上所述可以推断，南岸 TGF 的断层垂直活动速率为 0.035 ~ 0.059mm/a（QMF 的垂直活动速率为 0.025 ~ 0.042mm/a）。

5.4.4　河道边界剪切应力

5.4.3 节是基于构造隆升引起的重力势能变化而探索的单位河道功率对构造隆升的响应，这些结果有效地利用了河道的坡度和宽度。事实上，从流体受力角度也能充分利用河道坡度和宽度分析河道下切对构造隆升的响应。河道边界剪切应力是河道下切模型的另一种表达形式，是研究抗蚀性的主要内容之一，反映的是河流下切速率（E）和河道边界剪切应力（τ_b）和临界剪切应力（τ_c）之间的幂律关系（Duvall et al.，2004）。

$$E = k_e(\tau_b - \tau_c)^a \tag{5.27}$$

式中，k_e为剪切应力系数；a 为剪切应力指数，为正常数；τ_c为河道侵蚀初始需要的最小应力，一般情况下可以忽略为 0（胡小飞等，2014）。因此，其可以转化为

$$E = k_e \tau_b^a \tag{5.28}$$

河道边界剪切应力的计算源于河流下切过程中力的分解，因此，满足力学定律。

如图 5.19 所示，流体以速度为 $u(x)$ 沿坡度为 α 的河床向 x 方向不断下切长度为 Δx，时间为 t，根据牛顿第二定律可知，单位体积流体受力可以按照式（5.29）表示：

$$\begin{aligned} F &= ma \\ &= \rho V \frac{\mathrm{d}\,\overline{u(x)}}{\mathrm{d}t} \end{aligned}$$

$$=\rho\Delta x\Delta yh\frac{\mathrm{d}\overline{u(x)}}{\mathrm{d}t}$$

$$=\rho\frac{\mathrm{d}\overline{u(x)}}{\mathrm{d}t} \tag{5.29}$$

式中，m、a、ρ 和 V 分别为流体质量、加速度、密度和体积；$\overline{u(x)}$ 为流体的平均流速。

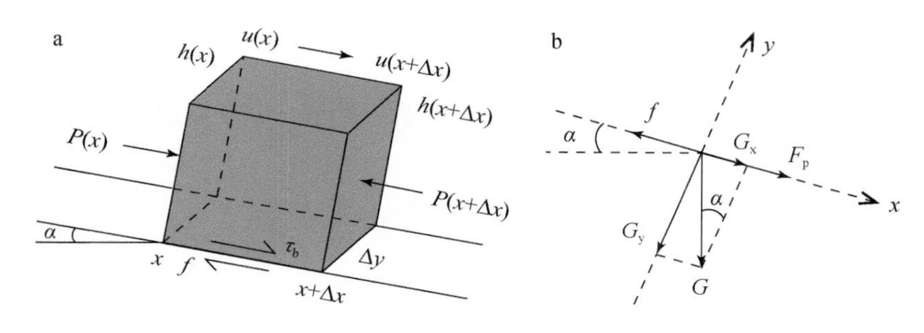

图 5.19　流体受力分解图

因此，对于河道而言，流体在 x 方向的力可以分解为摩擦力 f，重力在 x 轴上的分解 G_x 和压力 F_p（图 5.19b），根据动量守恒，也即：

$$F=G_x\pm F_p-f=G_x\pm F_p-\frac{\tau_b}{h} \tag{5.30}$$

对于单位体积的流体而言，具体可按式（5.31）和式（5.32）计算：

$$\begin{aligned}G_x&=\rho Vg\sin\alpha\\&=\rho g\Delta x\Delta y\Delta h\sin\alpha\\&=\rho g\sin\alpha\end{aligned} \tag{5.31}$$

$$\begin{aligned}F_p&=P\times S\\&=[\rho gh(x)-\rho gh(x+\Delta x)]\times h\times\Delta y\\&=\rho g\Delta h\times h\times\Delta y\end{aligned} \tag{5.32}$$

事实上，对于均匀稳定流体，在长度极小时，流速 $u(x)$ 和水深变化 Δh 是可以忽略不计的，加速度 a 计为 0，因此，联立式（5.30）～式（5.32），可得式（5.33）：

$$\frac{\tau_b}{h}=\rho g\sin\alpha \tag{5.33}$$

对于常见河道而言，坡度大多小于 5°，因此：

$$\sin\alpha\approx\tan\alpha=\frac{\mathrm{d}z}{\mathrm{d}x}=S \tag{5.34}$$

式中，z 为河床高程。

因此，式（5.33）可表示为

$$\tau_{\mathrm{b}}=\rho g h S \tag{5.35}$$

在此式中，径流深度 h 可以用径流横截面积 A 和宽度 W 来表示：

$$h=\frac{A}{W} \tag{5.36}$$

而径流面积则为流量 Q 和流速 u 的比值：

$$A=\frac{Q}{u} \tag{5.37}$$

同时，根据曼宁公式（Manning Formula），可进一步将流速 u 转化为径流深度 h 的函数式：

$$u=\frac{k}{n}\times R_h^{\frac{2}{3}}\times S^{\frac{1}{2}}\approx\frac{k}{n}\times h^{\frac{2}{3}}\times S^{\frac{1}{2}} \tag{5.38}$$

式中，k 为转换常数，通常为1；n 为粗糙系数；R_h 为水力半径，约等于水深 h。

因此，联立式（5.35）~式（5.38），河道剪切应力 τ_{b} 可以表示为

$$\tau_{\mathrm{b}}=\rho g\left(\frac{nQ}{W}\right)^{\frac{3}{5}}S^{\frac{7}{10}} \tag{5.39}$$

此外，根据河道宽度和流量，流域面积和流量的幂律关系［式（5.2）和式（5.3）］，式（5.39）又可以转化为

$$\tau_{\mathrm{b}}=\rho g n^{\frac{3}{5}}k_{\mathrm{w}}^{-\frac{3}{5}}k_{\mathrm{q}}^{\frac{3}{5}(1-b)}A^{\frac{3}{5}c(1-b)}S^{\frac{7}{10}} \tag{5.40}$$

因此，河道下切侵蚀速率 E 可以表示为

$$E=\rho^a g^a n^{\frac{3}{5}a}k_{\mathrm{e}}k_{\mathrm{w}}^{-\frac{3}{5}a}k_{\mathrm{q}}^{\frac{3}{5}a(1-b)}A^{\frac{3}{5}ac(1-b)}S^{\frac{7}{10}a} \tag{5.41}$$

在式（5.41）中，A 和 S 都是非常容易计算的，类似于单位河道功率，该式也满足河道下切速率通式 $E=KA^mS^n$，其中：

$$K=\rho^a g^a n^{\frac{3}{5}a}k_{\mathrm{e}}k_{\mathrm{w}}^{-\frac{3}{5}a}k_{\mathrm{q}}^{\frac{3}{5}a(1-b)} \tag{5.42}$$

$$m=\frac{3}{5}ac(1-b) \tag{5.43}$$

$$n=\frac{7}{10}a \tag{5.44}$$

如图5.20所示，是千河流域河道边界剪切应力分布图。和单位河道功率一样，河道边界剪切应力的分布也呈现出从西北向东南逐渐降低的趋势，但河道边界剪切应力向下游增长后又急剧下降的趋势更明显。相比穿越断层的下游河道而言，上游河道宽度往往非常窄，进一步增强了单位河流功率和剪切应力。对于整个流域而言，千河流域的河道边界剪切应力从西北侧的265N/m^{2}逐渐降低到东南侧的232N/m^2，且南北两岸的河道边界剪切应力均值分别为271N/m^{2}和

255N/m²，同样满足南岸大于北岸且从西北向东南逐渐降低的趋势。但对于支流河道而言，一些河道并没有产生“先增后降”的趋势，而是从河道源头持续增加（如 R2、R6 和 R7），推测与基底岩石的硬度有关，更具体地说是基底岩性影响了河道宽度（没有裂点的存在，图 4.14a）。

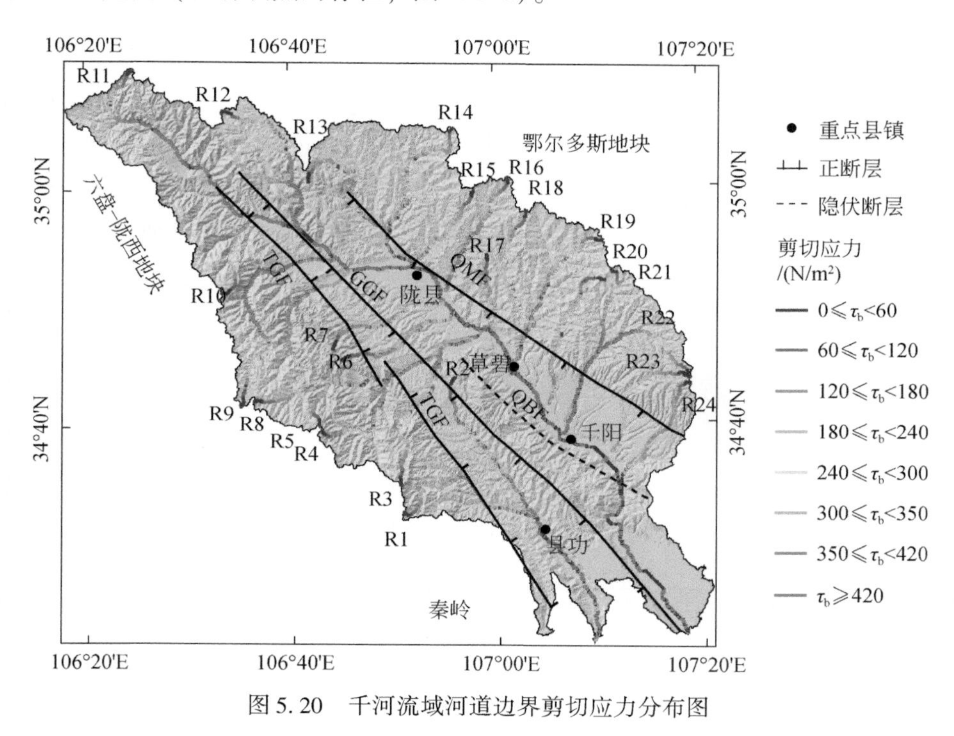

图 5.20　千河流域河道边界剪切应力分布图

类比单位河道功率，绘制了相同支流河道的边界剪切应力，如图 5.21 所示。支流河道边界剪切应力变化趋势与单位河道功率一致，即先增大至断层上游支流后逐渐减小（图 5.21）。仍以支流河道 R8 为例，河道边界剪切应力沿程逐渐向下游增大至 27.3km 处的 491N/m²，虽然在该峰值点后下游存在局部变异性，但在整体上，河道边界剪切应力是均匀的，河流穿越断层 TGF 后急剧下降至 315N/m²（图 5.21c）并逐步趋于平稳。同样统计了河道边界剪切应力峰值，南岸支流边界剪切应力峰值是北岸的 1.3 倍（南、北两岸分别是 531N/m² 和 408N/m²），因此，TGF 的垂直活动速率约是北岸 QMF 的 1.3 倍，即其垂直活动速率为 0.033 ~ 0.055mm/a。

事实上，河道边界剪切应力的增大是由于汇流较大，流域面积翻倍，但由于对遥感数据的平滑过程，河道宽度的测量影响被抑制。在山前附近的河道中观察到更多的基岩暴露，这表明沉积物覆盖相对较薄，因此减少了大量回填的可能

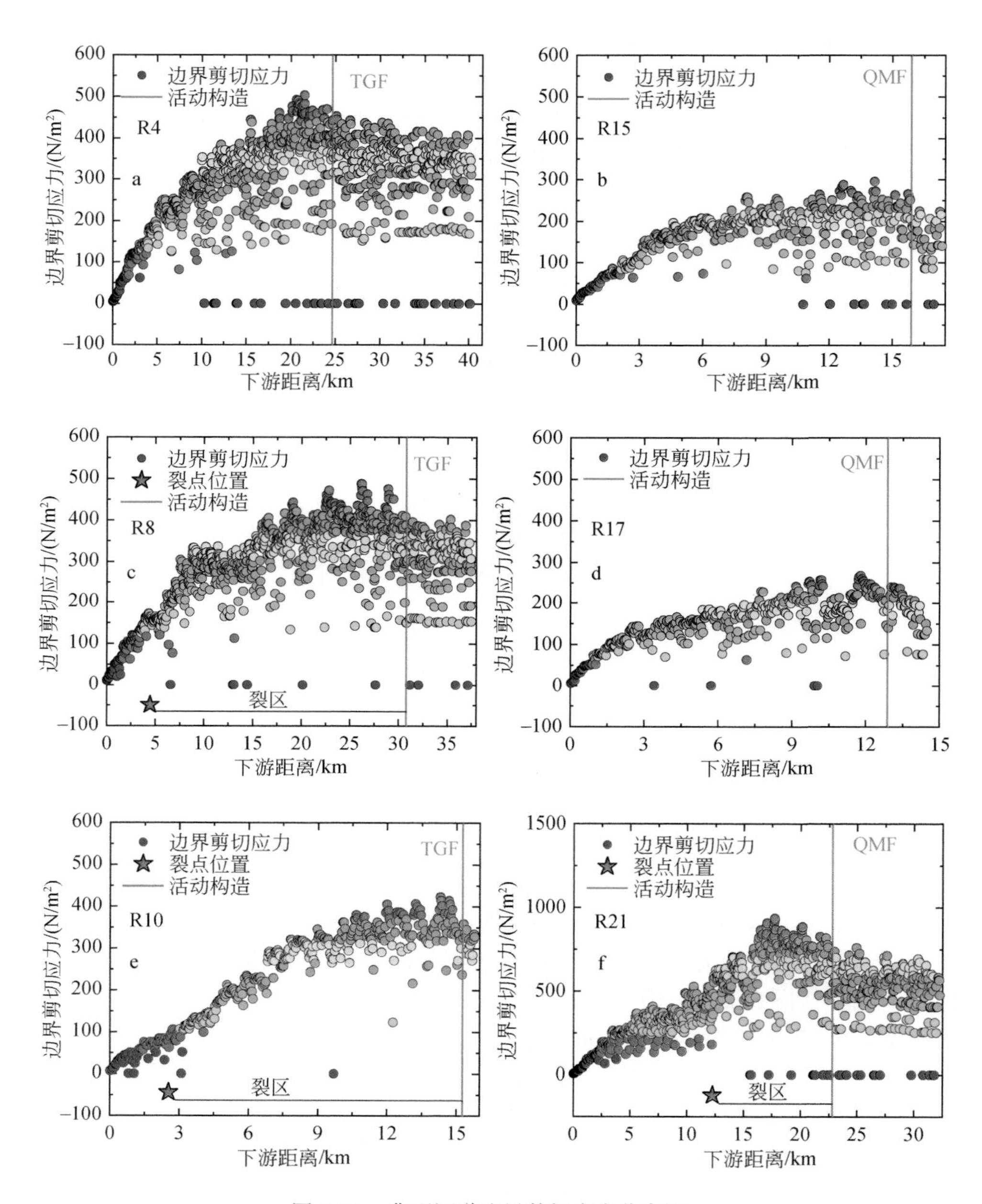

图 5.21　典型河道边界剪切应力分布图

性。研究表明，岩石抬升速率降低的主要地貌指标是通道宽度。河流通过改变其宽度来减少其下切切口，而不是通过改变其陡度。由于必须输送推移质，河流通过减少河道弯曲度和增加河道宽度来维持其长期平衡（Yanites et al.，2010）。在解释高含沙河流引起的下游构造抬升减少时，应考虑河道宽度的变化。事实上，使河道变宽的过程与使河道变陡的过程的动力学是不同的。宽度调整的时间尺度通常比坡度调整的时间尺度短得多（Yanites et al.，2010），且宽度调整可以在水深/切口率这一时间尺度内发生（Wobus et al.，2006）。在这个时间尺度上，河道突然变陡，虽能造成单位河道功率和边界剪切应力的减小，但难以超越河道宽度变窄造成的单位河道功率和边界剪切应力的增大，也即河道变窄的速率引起了两者先增后减的趋势。

以南岸为例，TGF以南的上游河段为构造隆升河段，河道变窄和变陡是河道形态的主要调整方式，而在断裂下游河段，河道变宽和变缓是河道形态的主要调整方式。这种不同形态调整的一种解释是基岩通道中能量的耗散和应力的分布，而这是基于河道是垂直侵蚀的原则，也就是说当河道由于断层隆升而产生切口，河道壁上则会出现大量的能量耗散和边界剪切应力的改变，从而适应断层的隆升，并降低沟道垂直侵蚀，但过度的变窄并不会继续增加河床的垂直切口，只有坡度能够适应该变化，这一形态变化的结果是河道的势能不断增加，伴随着构造的隆升，而逐渐形成裂区（knickzone，图5.18和图5.21）。具体来说就是河流如果先随着构造隆升而变窄，单位河道功率和边界剪切应力逐渐增加到河道下切速率和岩石隆升速率相等，坡度则不需调整就已经完成了地貌运动；而当两者不能使河道下切速率和岩石隆升速率相等，那么河道的垂直调整则仍会继续，从而逐渐形成更高的k_{sn}。

综合5.4.3节和5.4.4节的结果，可以得出，河道沿程切割速度、单位河道功率和河道边界剪切应力均呈现出“先增大后减小”的趋势，表明该流域内断裂至少在全新世是活跃的，且TGF的垂直活动速率约是QMF的1.3倍（0.033～0.055mm/a）。河道宽度调整的时间尺度通常比坡度调整的时间尺度短得多，因此，在构造隆升河段，河道变窄和变陡是河道形态的主要调整方式，单位河道功率和边界剪切应力逐渐增加到河道下切速率和岩石隆升速率相等，而后坡度进行调整，以响应河道的受构造的影响而变化，即河道先变窄后变陡引起了单位河道功率和河道边界剪切应力呈现出“先增后减”的趋势。

本章小结

千河流域主要断层的活动控制了该流域的差异性构造抬升，从而造成了支流河道穿越该区活动断层时，河道宽度被断层活动控制与改变，河道基底岩石的抗蚀性同样影响着河道宽度的变化。因此，本章主要做了三个方面的工作，来探究河道宽度对千河流域的断裂活动程度的响应。

首先，提出了一种基于遥感影像和 DEM 数据的河宽提取算法，该算法适应范围更广，与野外实测结果更接近（$R^2=0.92$），很大程度上减少了人为因素的干预。

其次，重点利用河道宽度、流域面积-河道宽度指数 b' 和归一化河道宽度指数 k_{wn} 探索了对千河流域构造差异性隆升的响应，千河流域南岸构造隆升速率的升高致使其河道宽度、宽度-面积指数 b' 值和归一化河道宽度指数 k_{wn} 低于隆升速率更低的北岸，整体上呈现出从流域西北侧向东南侧逐渐升高的趋势。

最后，分析了河道宽度和陡度的调整对单位河道功率和河道边界剪切应力的沿程分布的影响，分析了两者呈现出“先增后减”趋势的原因，得出 TGF 的垂直活动速率是 QMF 的 1.3～1.4 倍，即 0.033～0.059mm/a。

第6章　结　　论

本研究依托国家地质调查重点项目“陕西省草碧镇等六幅1∶50000黄土覆盖区地质填图遥感新方法试点项目”和“中央高校基本科研业务费黄河专项资金项目”，针对黄土覆盖区大面积掩盖了地质构造、区域地貌演化无法量化的难题，通过结合数学地质、计算机科学、流体力学等，着重探讨了用遥感技术解决黄土覆盖区地质构造及地貌演化等方面的科学问题：千河流域地质构造的空间展布规律及其地质构造意义、千河流域瞬时河道地貌响应活动构造隆升过程、千河流域河流横截面响应活动构造隆升过程等。主要内容包括以下几个方面：

（1）研究基于张量投票耦合霍夫变换的千河流域地质线性体提取算法；

（2）研究基于遥感数据的千河流域河流纵剖面和横截面形态特征提取；

（3）研究河流地貌参数对区域构造差异性隆升的响应过程及构造意义。

本研究主要工作及结论如下。

1. 基于遥感数据的黄土覆盖区地质线性体提取研究

为解决“千河流域地质构造的空间展布规律及其地质构造意义”这一科学问题，分析了地质线性体在多源遥感数据上的特征，提出了“一种基于张量投票耦合霍夫变换的地质线性体提取算法”，通过与STA、PCI等已有算法的对比分析，验证了本研究算法的正确性，该算法普适性更强，在线性体空间连续性、与断裂构造空间上更吻合，即实现了边缘突出，又有效地降低了噪声。在此基础上，探讨了线性体长度、密度、方位和分形等特点，千河流域的线性体主要表现出短而密，集中分布在大断裂周围等特点；其主要方向为NW-SE，次要方向为NE-SW，这与研究区的构造应力方向相反（以NE-SW方向的挤压应力为主，NW-SE方向的拉张应力为辅）；通过分析研究区线性体的分维值和分维谱，间接证实该区断裂为中等规模的断裂，结构复杂，发育不稳定，虽然具有较高强度的活动性，但活动不频繁。

2. 基于多源遥感数据的千河流域纵剖面特征提取研究

为解决“千河流域瞬时河道地貌响应活动构造隆升过程”这一科学问题，探讨了多源遥感数据（SRTM1、ASTER-GDEM和资源三号立体像对提取的DEM）的垂直精度对瞬时河道地貌参数提取中的影响，提取了千河流域河流纵剖面上的裂点、空间分布及归一化陡度指数 k_{sn}，验证了资源三号卫星像对提取的 DEM 在构造地貌中的可行性和不足，讨论了千河流域裂点与气候、岩性和活动构造的关系，揭示了该区裂点的存在是区域构造差异性隆升的结果，证实了研究区河流仅对活动构造存在瞬时响应，即千河流域隆升速率从西北向东南逐渐降低，南岸隆升大于北岸的趋势，探索了垂阶型裂点在构造识别定位中的作用；量化了坡断型裂点水平和垂直方向上的迁移速率（0.3～27.3mm/a），探讨了断层活动引起的基准面下降引起的裂点回退速率要低于海平面下降引起的基准面下降；结合断层连接模式和位移-长度模型，分析了研究区南岸 TGF 断层演化趋势，并预测了研究区断层连接前、后的潜在地震震级（分别是 M_w6.3～6.7 和 M_w6.8～7.0）。

3. 基于多源遥感数据的千河流域横截面特征提取研究

为解决“千河流域瞬时河道地貌响应活动构造隆升过程”这一科学问题，提出了一种基于遥感影像和 DEM 数据的河宽提取算法，该算法适应范围更广，与野外实测结果更接近（R^2=0.92），减少了人为因素的干预；利用河道宽度、流域面积-河道宽度指数 b' 和归一化河道宽度指数 k_{wn} 探索了对千河流域构造差异性隆升的响应，千河流域南岸构造隆升速率的升高致使其河道宽度、宽度-面积指数 b' 值和归一化河道宽度指数 k_{wn} 低于隆升速率更低的北岸，整体上呈现出从流域西北侧向东南侧逐渐升高的趋势。分析了河道宽度和陡度的调整对单位河道功率 ω 和河道边界剪切应力 τ_b 的沿程分布的影响，揭示了两者呈现出“先增后减”趋势的原因，得出 TGF 的垂直活动速率是 QMF 的 1.3～1.4 倍，即 0.033～0.059mm/a。

本研究针对遥感技术解决鄂尔多斯西南缘千河流域黄土覆盖区地质构造提取和构造地貌演化进行了深入的研究和探索，尤其是解决了传统构造地质学中的一些无法量化的难题，尽管取得了一些成果，仍有诸多问题和不足之处需要继续完善。

1. 线性体提取算法的批处理性能和构造地貌研究参数的深度融合

本研究基于张量投票耦合霍夫变化的算法，是基于 MATLAB 编程语言实现的，且是将研究区的遥感影像进行了分割裁剪，尽管精度上最优，但运行时间上远不如 STA 和 PCI 的 LINE 算法。因此，批处理算法的实现以及运行效率的提升成为必然要求。此外，本研究中提出的线性体的密度、方位和分形特征，以及构造地貌等参数，都需要进行深入融合，以期整个系统代替人工目视解译并进入项目化生产中。

2. 水平方向上的河流地貌参数对构造隆升的响应

尽管本研究对千河流域河道纵剖面和横截面进行了深入的探讨，挖掘了一些野外地质调查难以探测的数据，但不论是河道的坡度和宽度，这些结果都是基于构造在垂直方向的活动速率探讨，事实上，水平方向上的运动也值得深入分析与研究，如 Allen 等（2013）指出河道弯曲度也能表征活动断裂的活动性程度，Lin Aiming 等（2015）利用河流在断层处的同步转折量及阶地的年代时间，计算出千河流域岐山-马召断裂（QMF）的水平滑动速率。这些研究结果的出现，对于深入探究活动构造地貌演化有着前瞻的理论意义和研究价值。

3. 建筑物和阴影等干扰物对河道宽度提取的影响

尽管本研究算法提取的河道宽度精度更高，但是仍然不能避免建筑物遮挡的问题，特别是阴影对于水体等影响，因为 MNDWI 指数对于河道而言，阴影同样容易被误判。因此，未来应该着重探讨去除干扰物影响的河宽提取算法。

综上所述，本研究虽然完成了一些构造地貌的相关讨论，后续还有很多问题亟待解决。但是多源遥感数据作为快速提取地质构造和构造地貌演化研究的重要基础数据和技术手段，对强化遥感地质在特殊地质地貌区应用具有深远的指导意义和研究价值。

参 考 文 献

曹代勇，马志凯，宋时雨，等．2017. OLI 数据和数字高程模型相结合的断裂信息提取［J］．遥感信息，32（3）：93-97.

曹建军，方炫，那嘉明，等．2017. 基于多重分形的黄土高原不同地貌类型区沟沿线起伏特征研究［J］．地理与地理信息科学，33（4）：51-56.

柴登峰，张登荣．2007. 高分辨率卫星影像几何处理方法［M］．杭州：浙江大学出版社．

陈国雄．2016. 基于分形与小波理论的成矿复杂信息提取与识别方法研究［D］．武汉：中国地质大学．

陈娟，何政伟，赵银兵，等．2017. 地质线性体与铜矿点相关性分析［J］．地质论评，63（S1）：383-384.

陈玲，张微，周艳，等．2012. 高分辨率遥感影像在新疆塔什库尔干地区沉积变质型铁矿勘查中的应用［J］．地质与勘探，48（5）：1039-1048.

陈鹏，彭是阳，王鹏飞，等．2019. 断层分形与多重分形特征及其对突出分布的控制作用［J］．煤炭科学技术，47（7）：47-52.

程亚莉．2018. 渭河盆地南缘断裂带的构造活动特征研究［D］．杭州：浙江大学．

邓起东，张培震，冉勇康，等．2002. 中国活动构造基本特征［J］．中国科学（D 辑：地球科学），（12）：1020-1030+1057.

樊双虎，李荣西，王冉．2016. 陕西省 1：50000 草碧镇等六幅黄土覆盖区区域地质填图［R］．西安：长安大学．

樊双虎，李庆春，韩玲，等．2020a. 1：50000 区域地质调查报告——草碧镇幅 I48E008021，千阳幅 I48E009021，凤翔幅 I48E009022，姚家沟幅，I48E009023［R］．西安：长安大学．

樊双虎，张天宇，卢玉东，等．2020b. 鄂尔多斯西南缘陇县-岐山断层构造地貌特征定量分析［J］．西北地质，53（2）：60-76.

付杨康，张志，余沐瑶，等．2017. 线性体核密度分析与岩浆岩体分解［J］．遥感信息，32（5）：117-123.

高效东，谢虹，袁道阳，等．2019. 祁连山东段石羊河流域河流纵剖面及其构造意义［J］．地震地质，41（2）：320-340.

郭笑怡，张洪岩，张正祥，等．2011. ASTER-GDEM 与 SRTM3 数据质量精度对比分析［J］．遥感技术与应用，26（3）：334-339.

何蒙，李致家，童冰星，等．2019. 基于 DEM 的河宽模型在山区中小流域内的构建与应用［J］．水力发电，45（4）：22-27.

胡小飞，潘保田，李琼．2014. 基岩河道水力侵蚀模型原理及其最新研究进展［J］．兰州大学学报（自然科学版），50（6）：824-831.

姜文亮，张景发，申旭辉，等．2018. 高分辨率遥感技术在活动断层研究中的应用［J］. 遥感学报，22（S1）：192-211.
孔凡臣，丁国瑜．1991. 线性构造分数维值的含义［J］. 地震，（5）：33-37.
兰穹穹，郝雪涛，齐怀川．2015. 资源三号卫星影像 DEM 提取与精度分析［J］. 遥感信息，（3）：14-18.
雷天赐，崔放，余凤鸣，等．2012. 基于遥感技术的断裂构造分形特征及其地质意义研究——以湘南九嶷山地区为例［J］. 地质论评，58（3）：594-600.
李健强，韩海辉，高婷，等．2017. 资源三号卫星在地质灾害调查评价中的应用 ——以宝鸡黄土区为例［J］. 国土资源遥感，29（z1）：73-80.
李利波，徐刚，胡健民，等． 2012a. 基于 DEM 的活动构造研究［J］. 中国地质，39（3）：595-604.
李利波，徐刚，胡健民，等．2012b. 基于 DEM 渭河上游流域的活动构造量化分析［J］. 第四纪地质，32（5）：866-879.
李琼． 2015. 祁连山北部基岩河道形态及其对构造抬升的响应研究［D］. 兰州：兰州大学．
李琼，潘保田，高红山，等．2015. 祁连山东段基岩河道宽度对差异性构造抬升的响应［J］. 第四纪研究，35（2）：453-464.
李琼，秦冰雪，潘保田． 2020. 祁连山北部基岩河道宽度对构造和岩性的响应［J］. 第四纪研究，40（1）：132-147.
李润生，司毅博，朱述龙，等．2014. 利用方向纹理特征从影像上搜索道路中心线［J］. 测绘科学技术学报，31（4）：393-398.
李松阳，余杭，罗清虎，等．2020. 洪涝诱发灾害干扰下受损恢复林地土壤颗粒的组成变化特征及多重分形分析［J］. 北京林业大学学报，42（8）：112-121.
李小强，任金卫，杨攀新，等．2015. 六盘山东西两侧第四纪以来构造差异隆升速率递变性［J］. 第四纪研究，35（2）：445-452.
李阳．2015. 基于资源三号卫星立体像对的 DEM 提取及精度分析［D］. 成都：成都理工大学．
李勇，曹叔尤，周荣军，等． 2005. 晚新生代岷江下蚀速率及其对青藏高原东缘山脉隆升机制和形成时限的定量约束［J］. 地质学报，79（1）：28-37.
李振林，王晶． 2013. ASTER GDEM 与实测数据精度对比及其影响因素分析［J］. 测绘与空间地理信息，36（11）：150-153.
连蓉，李莉．2015. 基于立体像对提取 DEM 的方法研究与实践［J］. 测绘与空间地理信息，38（9）：222-224.
梁宽． 2019. 鄂尔多斯块体西北缘晚第四纪构造活动特征研究［D］. 北京：中国地震局地质研究所．
刘春学，倪春中，燕永锋，等． 2014. 基于遥感影像的线性构造自动提取［J］. 遥感技术与应用，29（2）：273-277.
刘恩泽． 2017. 遥感技术在黄土覆盖区构造解译及煤田地质工作中的应用研究［D］. 西安：长安大学．
刘小丰，刘洪春，李保雄，等．2011. 渭河流域河流下切速率及其构造意义［J］. 高原地震，23

(3): 51-54+66.
吕晓健, 高孟潭, 郝平, 等. 2010. 中国大陆 7 级大地震强余震震级和空间分布特征 [J]. 地震, 30 (2): 61-70.
毛浩宇, 张敏, 蒋若辰, 等. 2020. 基于微震信号多重分形特征的岩石边坡变形预警研究 [J]. 岩石力学与工程学报, 39 (3): 560-571.
秦臣臣, 陈传法, 杨娜, 等. 2020. 基于 ICESat/GLAS 的山东省 SRTM 与 ASTER GDEM 高程精度评价与修正 [J]. 地球信息科学学报, 22 (3): 351-360.
任战利, 崔军平, 郭科, 等. 2015. 鄂尔多斯盆地渭北隆起抬升期次及过程的裂变径迹分析 [J]. 科学通报, 60 (14): 1298-1309.
邵崇建. 2019. 龙门山构造地貌特征与应变差异传递机制研究 [D]. 成都: 成都理工大学.
施炜. 2006. 鄂尔多斯高原东西两侧构造地貌特征分析及新构造意义 [D]. 北京: 中国地质大学 (北京).
石卫. 2011. 陇县—宝鸡断裂带发育特征及活动性分析 [D]. 西安: 长安大学.
史小辉. 2018. 秦岭-大巴山构造地貌特征及动力学意义 [D]. 西安: 西北大学.
孙涛, 李杭, 吴开兴, 等. 2018. 铜陵矿集区断裂分形与多重分形特征 [J]. 有色金属工程, 8 (4): 111-115.
谭凯旋, 谢焱石. 2010. 新疆阿尔泰地区断裂控矿的多重分形机理 [J]. 大地构造与成矿学, 34 (1): 32-39.
王润生, 杨文立. 1992. 遥感线性体场的数量化分析 [J]. 国土资源遥感, (3): 49-54, 81.
王双绪, 蒋锋云, 张四新, 等. 2017. 六盘山及其邻区现今大地垂直形变与构造活动研究 [J]. 大地测量与地球动力学, 37 (1): 16-21.
王一舟, 张会平, 郑德文, 等. 2017. 稳态河道高程剖面分析的新方法——积分法 [J]. 地震地质, 39 (6): 1111-1126.
温佩芝, 黄锦芳, 宁如花, 等. 2012. 基于张量投票的主动轮廓边缘提取 [J]. 计算机工程, 38 (6): 216-218.
吴鸣. 1958. 介绍“中国科学院第一次新构造运动座谈会发言记录” [J]. 地质论评, (4): 332.
伍楚君. 2017. 佛子冲铅锌矿田线性构造的分形特征 [J]. 中国矿业, 26 (z1): 233-236.
薛锋. 2014. 六盘山地区现今三维地壳运动与变形特征研究 [D]. 兰州: 中国地震局兰州地震研究所.
杨小宇, 韩洁, 秦海鹏. 2012. 五大连池老黑山西部熔岩流张裂的多重分形分析 [J]. 首都师范大学学报 (自然科学版), 33 (5): 62-66, 71.
余敏. 2014. 基于分形的云南昭通毛坪铅锌矿遥感构造及蚀变信息提取研究 [D]. 昆明: 昆明理工大学.
余敏, 温兴平, 祝爱明, 等. 2015. 遥感线性构造分形统计在毛坪铅锌矿中的应用 [A]. 西安: 中国地质学会 2015 学术年会.
袁修孝, 曹金山. 2012. 高分辨率卫星遥感精确对地目标定位理论与方法 [M]. 北京: 科学出版社.

曾脉. 2008. 基于数字图像处理的羊毛测量与分类系统 [D]. 成都：电子科技大学.
詹蕾，汤国安，杨昕. 2010. SRTM DEM 高程精度评价 [J]. 地理与地理信息科学，26 (1)：34-36.
张船红. 2011. 西藏墨竹工卡地区遥感找矿信息提取研究 [D]. 成都：成都理工大学.
张珂. 2018. 地貌学与第四纪地质学的基本理论及应用 [M]. 北京：地质出版社.
张天宇. 2020. 鄂尔多斯西南缘晚新生代盆地地质—地貌演化 [D]. 西安：长安大学.
张岳桥，廖昌珍，施炜，等. 2006. 鄂尔多斯盆地周边地带新构造演化及其区域动力学背景 [J]. 高校地质学报，12 (3)：285-297.
赵健，雷蕾，蒲小勤. 2008. 分形理论及其在信号处理中的应用 [M]. 北京：清华大学出版社.
赵尚民，程维明，蒋经天，等. 2020. 资源三号卫星 DEM 数据与全球开放 DEM 数据的误差对比 [J]. 地球信息科学学报，22 (3)：370-378.
赵玉新，常帅，张振兴. 2014. 地磁异常场的多重分形谱分析及构图法 [J]. 测绘学报，43 (5)：529-536.
郑文俊，张培震，袁道阳，等. 2009. GPS 观测及断裂晚第四纪滑动速率所反映的青藏高原北部变形 [J]. 地球物理学报，52 (10)：2491-2508.
Adiri Z, El Harti A, Jellouli A, et al. 2017. Comparison of Landsat-8, ASTER and Sentinel 1 satellite remote sensing data in automatic lineaments extraction: a case study of Sidi Flah-Bouskour inlier, Moroccan Anti Atlas [J]. Advances in Space Research, 60 (11): 2355-2367.
Ahmadirouhani R, Rahimi B, Karimpour M H, et al. 2017. Fracture mapping of lineaments and recognizing their tectonic significance using SPOT-5 satellite data: a case study from the Bajestan area, Lut Block, east of Iran [J]. Journal of African Earth Sciences, 134: 600-612.
Allen G H, Barnes J B, Pavelsky T M, et al. 2013. Lithologic and tectonic controls on bedrock channel form at the northwest Himalayan front [J]. Journal of Geophysical Research: Earth Surface, 118 (3): 1806-1825.
Bagnold R. 1966. An Approach to the Sediment Transport Problem From General Physics [M]. US Geological Survey, Washington, DC: Physiographic and Hydraulic Studies.
Bahiru E A, Woldai T. 2016. Integrated geological mapping approach and gold mineralization in Buhweju area, Uganda [J]. Ore Geology Reviews, 72: 777-793.
Bai D, Unsworth M J, Meju M A, et al. 2010. Crustal deformation of the eastern Tibetan plateau revealed by magnetotelluric imaging [J]. Nature Geoscience, 3 (5): 358-362.
Baumgardner R W, Jackson M L W. 1987. LANDSAT-based Lineament Analysis, East Texas Basin, and Structural History of the Sabine Uplift Area, East Texas and North Louisiana [M]. Austin: Texas Univ. Bureau of Economic Geology.
Bhuiyan C. 2015. Hydrological characterisation of geological lineaments: a case study from the Aravalli terrain, India [J]. Hydrogeology Journal, 23 (4): 673-686.
Bishop P, Hoey T B, Jansen J D, et al. 2005. Knickpoint recession rate and catchment area: the case of uplifted rivers in Eastern Scotland [J]. Earth Surface Processes and Landforms, 30 (6): 767-778.

Boulton S J, Stokes M. 2018. Which DEM is best for analyzing fluvial landscape development in mountainous terrains? [J]. Geomorphology, 310 (11): 168-187.

Boulton S J, Stokes M, Mather A E. 2014. Transient fluvial incision as an indicator of active faulting and Plio-Quaternary uplift of the Moroccan High Atlas [J]. Tectonophysics, 633: 16-33.

Boulton S J, Whittaker A C. 2009. Quantifying the slip rates, spatial distribution and evolution of active normal faults from geomorphic analysis: field examples from an oblique-extensional graben, southern Turkey [J] . Geomorphology, 104 (3-4): 299-316.

Bull W B, Mcfadden L D. 1977. Tectonic geomorphology north and south of the Garlock fault, California [J]. Synthetic Metals, 119 (s1-3): 215-216.

Burbank D W, Leland J, Fielding E, et al. 1996. Bedrock incision, rock uplift and threshold hillslopes in the northwestern Himalayas [J]. Nature, 379 (6565): 505-510.

Castillo M. 2017. Landscape evolution of the graben of Puerto Vallarta (west-central Mexico) using the analysis of landforms and stream long profiles [J]. Journal of South American Earth Sciences, 73: 10-21.

Chen S, Fan S, Wang X, et al. 2018. Neotectonic movement in the southern margin of the Ordos Block inferred from the Qianhe River terraces near the north of the Qinghai-Tibet Plateau [J]. Geological Journal, 53: 274-281.

Chen Y C, Sung Q, Chen C N. 2006. Stream- power incision model in non- steady- state mountain ranges: an empirical approach [J]. Chinese Science Bulletin, 51 (22): 2789.

Cheng B, Cheng S, Zhang G, et al. 2014. Seismic structure of the Helan - Liupan - Ordos western margin tectonic belt in North-Central China and its geodynamic implications [J]. Journal of Asian Earth Sciences, 87 (12): 141-156.

Cheng L Q C, Zuo R G, Wang XP. 2017. Mapping spatial distribution characteristics of lineaments extracted from remote sensing image using fractal and multifractal models [J]. Journal of Earth Science, 28 (3): 207-515.

Cheng Y, He C, Rao G, et al. 2018. Geomorphological and structural characterization of the southern Weihe Graben, central China: implications for fault segmentation [J]. Tectonophysics, 722 (1): 11-24.

Childs C, Manzocchi T, Walsh J J, et al. 2009. A geometric model of fault zone and fault rock thickness variations [J] . Journal of Structural Geology, 31 (2): 117-127.

Cowie P A, Whittaker A C, Attal M, et al. 2008. New constraints on sediment-flux - dependent river incision: implications for extracting tectonic signals from river profiles [J]. Geology, 36 (7): 535-538.

Crosby B T, Whipple K X. 2006. Knickpoint initiation and distribution within fluvial networks: 236 waterfalls in the Waipaoa River, North Island, New Zealand [J]. Geomorphology, 82 (1-2): 16-38.

De OliveiraAndrades Filho C, De FáTima Rossetti D. 2011. Effectiveness of SRTM and ALOS-PALSAR data for identifying morphostructural lineaments in northeastern Brazil [J]. International

Journal of Remote Sensing, 33 (4): 1058-1077.

Dong S, Zhang P, Zhang H, et al. 2017. Drainage responses to the activity of the Langshan range-front fault and tectonic implications [J]. Journal of Earth Science, 29 (1): 193-209.

Duvall A, Kirby E, Burbank D. 2004. Tectonic and lithologic controls on bedrock channel profiles and processes in coastal California [J]. Journal of Geophysical Research: Earth Surface, 109 (F03002): 1-18.

Elmahdy S I, Mohamed M M. 2016. Mapping of tecto-lineaments and investigate their association with earthquakes in Egypt: a hybrid approach using remote sensing data [J]. Geomatics Natural Hazards & Risk, 7 (2): 600-619.

Elmahdy S I, Ali T A, Mohamed M M, et al. 2020. Topographically and hydrologically signatures express subsurface geological structures in an arid region: a modified integrated approach using remote sensing and GIS [J]. Geocarto International, 1-21.

Faghih A, Esmaeilzadeh Soudejani A, Nourbakhsh A, et al. 2015. Tectonic geomorphology of High Zagros Ranges, SW Iran: an initiative towards seismic hazard assessment [J]. Environmental Earth Sciences, 74 (4): 3007-3017.

Fan C, Qin Q, Hu D, et al. 2018. Fractal characteristics of reservoir structural fracture: a case study of Xujiahe Formation in central Yuanba area, Sichuan Basin [J]. Earth Sciences Research Journal, 22 (2): 113-118.

Fan S H, Chen S E, Li R. 2018. Combined effects of the subductions of the Pacific Plate and Indian Plate in central China in the Cenozoic: recorded from the Wei River Basin [J]. Geological Journal, 53 (S1): 266-273.

Fossen H, Rotevatn A. 2016. Fault linkage and relay structures in extensional settings—a review [J]. Earth-Science Reviews, 154: 14-28.

Gao H, Liu X, Pan B, et al. 2008. Stream response to Quaternary tectonic and climatic change: evidence from the upper Weihe River, central China [J]. Quaternary International, 186 (1): 123-131.

Gao H, Li Z, Liu X, et al. 2017. Fluvial terraces and their implications for Weihe River valley evolution in the Sanyangchuan Basin [J]. Science China Earth Sciences, 60 (3): 413-427.

Ge Z, Nemec W, Gawthorpe R L, et al. 2018. Response of unconfined turbidity current to relay-ramp topography: insights from process-based numerical modelling [J]. Basin Research, 30 (2): 321-343.

Gonzalez R C, Woods R E. 2011. Digital Image Processing (3rd) [M]. Beijing: Publishing House of Electronics Industry.

Goren L, Fox M, Willett S D. 2014. Tectonics from fluvial topography using formal linear inversion: Theory and applications to the Inyo Mountains, California [J]. Journal of Geophysical Research: Earth Surface, 119 (8): 1651-1681.

Guy G, Medioni G. 1996. Inferring global perceptual contours from local features [J]. International Journal of Computer Vision, 20 (1-2): 113-133.

Hack J T. 1973. Stream-profile analysis and stream-gradient index [J]. Journal of Research of the U. S. Geological Survey, 1 (4): 421-429.

Haeruddin Saepuloh A, Heriawan M N, et al. 2016. Identification of linear features at geothermal field based on Segment Tracing Algorithm (STA) of the ALOS PALSAR data [J] . IOP Conference Series Earth and Environmental ence, 42012003.

Han L, Liu Z, Ning Y, et al. 2018. Extraction and analysis of geological lineaments combining a DEM and remote sensing images from the northern Baoji loess area [J]. Advances in Space Research, 62 (9): 2480-2493.

Hancock G R, Martinez C, Evans K G, et al. 2006. A comparison of SRTM and high-resolution digital elevation models and their use in catchment geomorphology and hydrology: Australian examples [J]. Earth Surface Processes and Landforms, 31 (11): 1394-1412.

Harkins N, Kirby E, Heimsath A, et al. 2007. Transient fluvial incision in the headwaters of the Yellow River, northeastern Tibet, China [J]. Journal of Geophysical Research, 112 (F3): 1-21.

Haviv I, Enzel Y, Whipple K X, et al. 2010. Evolution of vertical knickpoints (waterfalls) with resistant caprock: insights from numerical modeling [J]. Journal of Geophysical Research: Earth Surface, 115 (F03028): 1-22.

Hayakawa Y, Matsukura Y. 2003. Recession rates of waterfalls in Boso Peninsula, Japan, and a predictive equation [J]. Earth Surface Processes and Landforms, 28 (6): 675-684.

He C, Yang C J, Rao G, et al. 2020. Seismic assessment of the Weihe Graben, central China: insights from geomorphological analyses and 10Be-derived catchment denudation rates [J]. Geomorphology, 359 (15): 1-9.

He H, An L, Liu W, et al. 2017. Fractal characteristics of fault systems and their geological significance in the Hutouya poly-metallic orefield of Qimantage, East Kunlun, China [J]. Geological Journal, 52 (1): 419-424.

Hodge M, Biggs J, Fagereng A, et al. 2020. Evidence from high-resolution topography for multiple earthquakes on high slip-to-length fault scarps: the bilila-mtakataka fault, Malawi [J]. Tectonics, 39 (2): 1-24.

Jackson C A L, Rotevatn A. 2013. 3D seismic analysis of the structure and evolution of a salt-influenced normal fault zone: a test of competing fault growth models [J]. Journal of Structural Geology, 54 (9): 215-234.

Jaiswara N K, Kotluri S K, Pandey A K, et al. 2019. Transient basin as indicator of tectonic expressions in bedrock landscape: approach based on MATLAB geomorphic tool (Transient-profiler) [J]. Geomorphology, 346 (23): 106853.

Jansson K N, Glasser N F. 2005. Using Landsat 7 ETM + imagery and Digital Terrain Models for mapping glacial lineaments on former ice sheet beds [J]. International Journal of Remote Sensing, 26 (18): 3931-3941.

Karnieli A, Meisels A, Fisher L, et al. 1996. Automatic extraction and evaluation of geological linear features from digital remote sensing data using a Hough transform [J]. Photogrammetric Engineering and Remote Sensing, 62 (5): 525-531.

Kayabali K, Akin M. 2003. Seismic hazard map of Turkey using the deterministic approach [J]. Engineering Geology, 69 (1): 127-137.

Kent E, Boulton S J, Stewart I S, et al. 2016. Geomorphic and geological constraints on the active normal faulting of the Gediz (Alaşehir) Graben, Western Turkey [J]. Journal of the Geological Society, 173 (4): 666-678.

Kent E, Boulton S J, Whittaker A C, et al. 2017. Normal fault growth and linkage in the Gediz (Alaşehir) Graben, Western Turkey, revealed by transient river long-profiles and slope-break knickpoints [J]. Earth Surface Processes and Landforms, 42 (5): 836-852.

Kent E, Whittaker A C, Boulton S J, et al. 2020. Quantifying the competing influences of lithology and throw rate on bedrock river incision [J]. GSA Bulletin, 132 (12): 1-16.

Kim Y S, Sanderson D J. 2005. The relationship between displacement and length of faults: a review [J]. Earth-Science Reviews, 68 (3): 317-334.

Kim Y S, Andrews J R, Sanderson D J. 2001. Reactivated strike - slip faults: examples from north Cornwall, UK [J]. Tectonophysics, 340 (3): 173-194.

Kirby E, Ouimet W. 2011. Tectonic geomorphology along the eastern margin of Tibet: insights into the pattern and processes of active deformation adjacent to the Sichuan Basin [J]. Geological Society, London, Special Publications, 353 (1): 165-188.

Kirby E, Whipple K X. 2012. Expression of active tectonics in erosional landscapes [J]. Journal of Structural Geology, 44 (11): 54-75.

Kirby E, Whipple K X, Tang W, et al. 2003. Distribution of active rock uplift along the eastern margin of the Tibetan Plateau: Inferences from bedrock channel longitudinal profiles [J]. Journal of Geophysical Research: Solid Earth, 108 (B4): 2217.

KoikeK, Nagano S, Ohmi M. 1995. Lineament analysis of satellite images using a Segment Tracing Algorithm (STA) [J]. Computers & Geosciences, 21 (9): 1091-1104.

Li W, Dong Y, Guo A, et al. 2013. Chronology and tectonic significance of Cenozoic faults in the Liupanshan Arcuate Tectonic Belt at the northeastern margin of the Qinghai-Tibet Plateau [J]. Journal of Asian Earth Sciences, 73: 103-113.

Li X, Zhang H, Su Q. 2019. Bedrock channel form in the Madong Shan (NE Tibet): implications for the strain transfer along the strike-slip Haiyuan Fault [J]. Journal of Asian Earth Sciences, 181 (1): 1-9.

Lin A, Rao G, Yan B. 2015. Flexural fold structures and active faults in the northern-western Weihe Graben, central China [J]. Journal of Asian Earth Sciences, 114: 226-241.

Lin X, Chen H, Wyrwoll K H, et al. 2011. The uplift history of the Haiyuan-Liupan Shan region northeast of the present Tibetan Plateau: integrated constraint from stratigraphy and thermochronology [J]. The Journal of Geology, 119 (4): 372-393.

Liu Z, Han L, Boulton S J, et al. 2020. Quantifying the transient landscape response to active faulting using fluvial geomorphic analysis in the Qianhe Graben on the southwest margin of Ordos, China [J]. Geomorphology, 351 (15): 1-18.

Loget N, Van Den Driessche J. 2009. Wave train model for knickpoint migration [J]. Geomorphology, 106 (3): 376-382.

Maboudi M, Amini J, Hahn M, et al. 2016. Road Network Extraction from VHR Satellite Images Using Context Aware Object Feature Integration and Tensor Voting [J]. Remote Sensing, 8 (8): 637.

Madani A. 2002. Selection of the optimum Landsat Thematic Mapper bands for automatic lineaments extraction, Wadi Natash area, south eastern desert, Egypt [J]. Asian Journal of Geoinformatics, 3 (1): 71-76.

Magesh N S, Chandrasekar N, Soundranayagam J P. 2012. Delineation of groundwater potential zones in Theni district, Tamil Nadu, using remote sensing, GIS and MIF techniques [J]. Geoscience Frontiers, 3 (2): 189-196.

Mallast U, Gloaguen R, Geyer S, et al. 2011. Derivation of groundwater flow-paths based on semi-automatic extraction of lineaments from remote sensing data [J]. Hydrology and Earth System Sciences, 15 (8): 2665-2678.

Masoud A, Koike K. 2006. Tectonic architecture through Landsat-7 ETM+/SRTM DEM-derived lineaments and relationship to the hydrogeologic setting in Siwa region, NW Egypt [J]. Journal of African Earth Sciences, 45 (4-5): 467-477.

McFeeters S K. 1996. The use of the Normalized Difference Water Index (NDWI) in the delineation of open water features [J]. International Journal of Remote Sensing, 17 (7): 1425-1432.

Montgomery D R, Gran K B. 2001. Downstream variations in the width of bedrock channels [J]. Water Resources Research, 37 (6): 1841-1846.

Ni C Z, Zhang S T, Liu C X, et al. 2016 . Lineament Length and Density Analyses Based on the Segment Tracing Algorithm: a Case Study of the Gaosong Field in Gejiu Tin Mine, China [J]. Mathematical Problems in Engineering, 10: 1-7 .

Ni C, Zhang S, Chen Z, et al. 2017. Mapping the Spatial Distribution and Characteristics of Lineaments Using Fractal and Multifractal Models: A Case Study from Northeastern Yunnan Province, China [J]. Scientific Reports, 7 (1): 10511.

Ntokos D, Lykoudi E, Rondoyanni T. 2016. Geomorphic analysis in areas of low-rate neotectonic deformation: South Epirus (Greece) as a case study [J]. Geomorphology, 263: 156-169.

Pavičić I, Dragičević I, Vlahović T, et al. 2017. Fractal Analysis of Fracture Systems in Upper Triassic Dolomites in Žumberak Mountain, Croatia [J]. Rudarsko-geološko-naftni zbornik, 32 (3): 1-13.

Peacock D C P. 2002. Propagation, interaction and linkage in normal fault systems [J]. Earth-Science Reviews, 58 (1): 121-142.

Qu W, Lu Z, Zhang Q, et al. 2018. Crustal deformation and strain fields of the Weihe Basin and surrounding area of central China based on GPS observations and kinematic models [J]. Journal of Geodynamics, 120: 1-10.

Rădoane M, Rădoane N, Dumitriu D. 2003. Geomorphological evolution of longitudinal river profiles in the Carpathians [J]. Geomorphology, 50 (4): 293-306.

Rahnama M, Gloaguen R. 2014a. TecLines: A MATLAB- Based Toolbox for Tectonic Lineament Analysis from Satellite Images and DEMs, Part 1: Line Segment Detection and Extraction [J]. Remote Sensing, 6 (7): 5938-5958.

Rahnama M, Gloaguen R. 2014b. TecLines: A MATLAB- Based Toolbox for Tectonic Lineament Analysis from Satellite Images and DEMs, Part 2: Line Segments Linking and Merging [J]. Remote Sensing, 6 (11): 11468-11493.

Rao G, He C, Cheng Y, et al. 2018. Active Normal Faulting along the Langshan Piedmont Fault, North China: Implications for Slip Partitioning in the Western Hetao Graben [J]. The Journal of Geology, 126 (1): 99-118.

Regalla C, Kirby E, Fisher D, et al. 2013. Active forearc shortening in Tohoku, Japan: constraints on fault geometry from erosion rates and fluvial longitudinal profiles [J]. Geomorphology, 195: 84-98.

Salui C L. 2018. Methodological Validation for Automated Lineament Extraction by LINE Method in PCI Geomatica and MATLAB based Hough Transformation [J]. Journal of the Geological Society of India, 92 (3): 321-328.

Shi X, Yang Z, Dong Y, et al. 2018. Longitudinal profile of the Upper Weihe River: evidence for the late Cenozoic uplift of the northeastern Tibetan Plateau [J]. Geological Journal, 533: 64-378.

Sklar L S, Dietrich W E. 2001. Sediment and rock strength controls on river incision into bedrock [J]. Geology, 29 (12): 1087-1090.

Snyder N P, Whipple K X, Tucker G E, et al. 2000. Landscape response to tectonic forcing: digital elevation model analysis of stream profiles in the Mendocino triple junction region, northern California [J]. GSA Bulletin, 112 (8): 1250-1263.

Snyder N P, Whipple K X, Tucker G E, et al. 2003. Channel response to tectonic forcing: field analysis of stream morphology and hydrology in the Mendocino triple junction region, northern California [J]. Geomorphology, 53 (1-2): 97-127.

Song Y, Fang X, Li J, et al. 2001. The Late Cenozoic uplift of the Liupan Shan, China [J]. Science in China Series D: Earth Sciences, 44 (S1): 176-184.

Sun A, Guo Z, Wu H, et al. 2017. Reconstruction of the vegetation distribution of different topographic units of the Chinese Loess Plateau during the Holocene [J]. Quaternary Science Reviews, 173 (19): 236-247.

Sun G, Ranson K J, Kharuk V I, et al. 2003. Validation of surface height from shuttle radar topography mission using shuttle laser altimeter [J]. Remote Sensing of Environment, 88 (4): 401-411.

Tam V T, De Smedt F, Batelaan O, et al. 2004. Study on the relationship between lineaments and borehole specific capacity in a fractured and karstified limestone area in Vietnam [J]. Hydrogeology Journal, 12 (6): 662-673.

Tang X, Zhang G, Zhu X, et al. 2013. Triple linear- array image geometry model of ZiYuan- 3 surveying satellite and its validation [J]. International Journal of Image and Data Fusion, 4 (1): 33-51.

Tang X, Zhou P, Zhang G, et al. 2015. Verification of ZY-3 Satellite Imagery Geometric Accuracy Without Ground Control Points [J]. IEEE Geoscience and Remote Sensing Letters, 12 (10): 2100-2104.

Telesca L, Lapenna V, Macchiato M. 2004. Mono- and multi-fractal investigation of scaling properties in temporal patterns of seismic sequences [J]. Chaos, Solitons & Fractals, 19 (1): 1-15.

Tucker G E, Whipple K X. 2002. Topographic outcomes predicted by stream erosion models: sensitivity analysis and intermodel comparison [J]. Journal of Geophysical Research: Solid Earth, 107 (B9-2179): 1-16.

Varade A M, Khare Y D, Yadav P, et al. 2018. 'Lineaments' the Potential Groundwater Zones in Hard Rock Area: A Case Study of Basaltic Terrain of WGKKC-2 Watershed from Kalmeswar Tehsil of Nagpur District, Central India [J]. Journal of the Indian Society Of Remote Sensing, 46 (4): 539-549.

Walsh J J, Bailey W R, Childs C, et al. 2003. Formation of segmented normal faults: a 3- D perspective [J]. Journal of Structural Geology, 25 (8): 1251-1262.

Wang J, Howarth P J. 1990. Use of the Hough transform in automated lineament [J]. IEEE Transactions on Geoscience & Remote Sensing, 28 (4): 561-567.

Wells D L, Coppersmith K J. 1994. New empirical relationships among magnitude, rupture length, rupture width, rupture area, and surface displacement [J]. Bulletin of the seismological Society of America, 84 (4): 974-1002.

Whipple K X. 2004. Bedrock rivers and the geomorpjology of active orogens [J]. Annual Review of Earth & Planetary Sciences, 32 (1): 151.

Whipple K X, Tucker G E. 1999. Dynamics of the stream-power river incision model: implications for height limits of mountain ranges, landscape response timescales, and research needs [J]. Journal of Geophysical Research: Solid Earth, 104 (B8): 17661-17674.

Whipple K X, Wobus C W, Crosby B, et al. 2007. New Tools for Quantitative Geomorphology: extraction and interpretation of stream profiles from digital topographic data [J]. GSA short course, 506: 1-26.

Whittaker A C, Boulton S J. 2012. Tectonic and climatic controls on knickpoint retreat rates and landscape response times [J]. Journal of Geophysical Research: Earth Surface, 117 (F2): F02024.

Whittaker A C, Walker A S. 2015. Geomorphic constraints on fault throw rates and linkage times: Examples from the Northern Gulf of Evia, Greece [J]. Journal of Geophysical Research: Earth Surface, 120 (1): 137-158.

Whittaker A C, Cowie P A, Attal M, et al. 2007. Contrasting transient and steady-state rivers crossing active normal faults: new field observations from the Central Apennines, Italy [J]. Basin Research, 19 (4): 529-556.

Willett S, Hovius N, Brandon M, et al. 2006. Tectonics, Climate, and Landscape Evolution [J].

Special Paper of the Geological Society of America, 398: 1-12.

Wobus C W, Crosby B T, Whipple K X. 2006. Hanging valleys in fluvial systems: controls on occurrence and implications for landscape evolution [J]. Journal of Geophysical Research: Earth Surface, 111 (F02017): 1-14.

Wohl E, David G C L. 2008. Consistency of scaling relations among bedrock and alluvial channels [J]. Journal of Geophysical Research, 113 (F4): 1-16.

Xu H. 2007. Modification of normalised difference water index (NDWI) to enhance open water features in remotely sensed imagery [J]. International Journal of Remote Sensing, 27 (14): 3025-3033.

Yanites B J, Tucker G E. 2010. Controls and limits on bedrock channel geometry [J]. Journal of Geophysical Research, 115 (F4): 1-17.

Yanites B J, Tucker G E, Mueller K J, et al. 2010. Incision and channel morphology across active structures along the Peikang River, central Taiwan: implications for the importance of channel width [J]. Geological Society of America Bulletin, 122 (7-8): 1192-1208.

Ye F Y, Barriot J P, Carretier S. 2013. Initiation and recession of the fluvial knickpoints of the Island of Tahiti (French Polynesia) [J]. Geomorphology, 186 (6): 162-173.

Yue L, Shen H, Zhang L, et al. 2017. High-quality seamless DEM generation blending SRTM-1, ASTER GDEM v2 and ICESat/GLAS observations [J]. ISPRS Journal of Photogrammetry and Remote Sensing, 123: 20-34.

Yusof N, Ramli M F, Pirasteh S, et al. 2011. Landslides and lineament mapping along the Simpang Pulai to Kg Raja highway, Malaysia [J]. International Journal of Remote Sensing, 32 (14): 4089-4105.

Zhang P Z, Shen Z, Wang M, et al. 2004. Continuous deformation of the Tibetan Plateau from global positioning system data [J]. Geology, 32 (9): 809-812.

Zhang T, Fan S, Chen S, et al. 2019. Geomorphic evolution and neotectonics of the Qianhe River Basin on the southwest margin of the Ordos Block, North China [J]. Journal of Asian Earth Sciences, 176: 184-195.

Zhao Q, Zhang X, He Z, et al. 2014. Age of Upper Jinghe River Terraces at the Eastern Piedmont of Liupanshan and Its Significance for Neotectonic Movement [J]. Geoscience, 28 (6): 1202-1212.